青春期心理学

青少年为什么这样想，
那样做

美国心理学会发展心理学分会前主席
美国青少年研究学会前主席

[美] 劳伦斯·斯坦伯格 著
（Laurence Steinberg）

苏彦捷等 译

Age of Opportunity

Lessons from the New Science
of Adolescence

中信出版集团｜北京

图书在版编目（CIP）数据

青春期心理学 /（美）劳伦斯·斯坦伯格著；苏彦捷等译 . -- 北京：中信出版社，2025.4. -- ISBN 978-7-5217-7399-6
I. G479
中国国家版本馆 CIP 数据核字第 2025DJ1938 号

AGE OF OPPORTUNITY by Laurence Steinberg
Copyright© 2014 by Laurence Steinberg
Simplified Chinese translation copyright© 2025 by CITIC Press Corporation
Published by arrangement with author c/o Levine Greenberg Rostan Literary Agency
through Bardon-Chinese Media Agency
All rights reserved.
本书仅限中国大陆地区发行销售

青春期心理学

著者：　　［美］劳伦斯·斯坦伯格（Laurence Steinberg）
译者：　　苏彦捷等
出版发行：中信出版集团股份有限公司
　　　　　（北京市朝阳区东三环北路 27 号嘉铭中心　邮编　100020）
承印者：　河北鹏润印刷有限公司

开本：787mm×1092mm 1/16　印张：20.75　　字数：249 千字
版次：2025 年 4 月第 1 版　　　印次：2025 年 4 月第 1 次印刷
京权图字：01-2025-0359　　　　书号：ISBN 978-7-5217-7399-6
　　　　　　　　　　　　　定价：79.00 元

版权所有·侵权必究
如有印刷、装订问题，本公司负责调换。
服务热线：400-600-8099
投稿邮箱：author@citicpub.com

献给本，
你教会了我什么是青少年期，
更教会了我什么是成熟。

目 录

译者序
青春期与青少年期是两个概念 _ IX

推荐序
青春期兼具机遇与挑战 _ XIII

序　言
青少年成长的新发现与新视角 _ XVII

第一章
抓住时机

青少年期是新的 0~3 岁 _ 005
美国青少年的问题 _ 006
青少年教育有方法 _ 010

第二章
可塑的大脑

记忆隆起 _ 018

青少年的大脑是可塑的 _ 021

什么是可塑性 _ 023

大脑是如何被构建的 _ 025

所有的可塑性都是局部的 _ 028

最重要的连接不在社交媒体上 _ 032

区域经验改变大脑 _ 035

多学习新事物会让未来的学习更加容易 _ 038

青少年大脑发展的"3个R" _ 038

利用大脑发展的积极力量 _ 042

随着进入青少年期,大脑可塑性也在增强 _ 043

青春期和可塑性 _ 045

既是机遇,也是风险 _ 047

第三章
最漫长的十年

青少年期已经变得更长 _ 055

青春期能开始得多早 _ 057

为什么孩子会早熟 _ 059

青春期是如何发生的 _ 060

关注孩子提早进入青春期 _ 064

延缓的成年 _ 068

自我放纵、理性选择，还是发展受阻 _ 069

延迟成年是一把双刃剑 _ 071

重新思考青少年期 _ 073

第四章
青少年如何思考

"乖仔也疯狂" _ 081

青少年大脑发育的各个阶段 _ 082

大脑的警卫员 _ 084

追求快乐 _ 085

青少年期的意义 _ 088

大脑的首席执行官 _ 089

"糟糕的老师" _ 092

这幅青少年期的画像是否具有普遍性 _ 096

第五章
青少年的自我保护

"把你的头发点着":冒险而冲动的青少年 _ 108

同伴效应 _ 112

社会脑:为何青少年会变得敏感与胡思乱想 _ 115

群体失智:和朋友在一起时会更不顾后果 _ 117

在青少年无法自控时保护他们 _ 122

第六章
自我调节的重要性

"现在还是以后"试验 _ 133

在漫长的十年里等待"棉花糖" _ 135

学历并不意味着成功:安杰莉卡的故事 _ 137

坚持不懈比天赋更重要:露西的故事 _ 140

没有决心的天赋不会成功 _ 142

非认知技能:区分成功与不成功学生的真正因素 _ 144

为什么我们忽视了培养孩子的动机 _ 146

有决心的核心是掌握自我调节能力 _ 147

基因与家庭,谁决定了自控力 _ 149

第七章
父母如何产生影响

充满温暖,让孩子感受到被爱 _ 156
坚定要求,对孩子的行为有规定 _ 159
给予支持,做孩子成长的"脚手架" _ 163
三种不同的育儿风格 _ 166
权威型养育的力量 _ 169
培养健康、快乐和成功的孩子 _ 171

第八章
重塑高中

在学校培养孩子自控力 _ 181
重新思考中等教育 _ 183
品格教育是答案吗 _ 186
寻求神经科学的替代方案 _ 189
训练大脑,提高工作记忆 _ 191
练习正念冥想 _ 193
运动 _ 194
教授自我调节技能和策略 _ 195
持续的"脚手架"激励 _ 197

第九章
赢家与输家

以劣势进入青少年期 _ 204
自我调节与犯罪 _ 206
体面生活的四条规则 _ 209
不良养育方式会导致强迫循环 _ 211
贫困与青春期 _ 213
如何保护这个脆弱时期 _ 215
影响青少年的几种优势资本 _ 218
晚熟的优势和希望 _ 220

第十章
受审判的大脑

任何父母都应该知道的常识 _ 230
讨论一个青少年犯罪案件 _ 234
青少年很难理解警告的真正意义 _ 240
年龄界限的划分 _ 241
青少年的堕胎决定权 _ 245
对青少年与成年期边界的再思考 _ 248

结 论
给父母、教育工作者和决策者的建议_253

致 谢_267

注 释_271

译者序

青春期与青少年期是两个概念

苏彦捷

北京大学心理与认知科学学院教授，中国心理学会理事长，
教育部高等学校心理类专业教学指导委员会秘书长

这几年，我对青少年发展阶段的兴趣一直持续着，也在各种场合有点执拗地讨论并区分着青春期与青少年期这两个概念。可能是因为学习了一些与青少年研究相关的论文和图书（其中就有这本书作者的很多著作），我了解到了很多新的研究成果和信息，认为讨论青春期生理发育和青少年心理发展之间的关系，澄清二者之间的区别与联系，有助于理解和促进青少年的成长。

做翻译工作，一方面要调动自己的积累，另一方面也是进一步增加积累的过程，对这本书的翻译就是如此。我想讲一下给我留下深刻印象的两点。

第一，对同伴影响的讨论。我们以往在讨论青少年个体容易出现冒险和违规行为时，常常用同伴压力来解释。但作者根据很多研究结果，提出"同伴在场"，这可能是一种更好的解释。作者说第一次发现这种同伴效应是在一项关于危险驾驶的研究中。我在很多讲座中也

讲过这个研究。该研究的被试是不同年龄的人和他们的两个朋友。有两种分组方式，一组是独自一人，另一组是有朋友在旁边观看。他们的任务是玩一个视频驾驶游戏。

这个游戏的设置情景是经常开车的人都很熟悉的日常情境，即玩家可以决定是否闯黄灯，以便快速到达某个地方。玩家被要求以尽可能快的速度穿越一系列十字路口，这些十字路口的交通信号灯会突然从绿灯变成黄灯。指导语会告知所有被试，他们的报酬与完成任务的速度有关，越快完成任务，得到的报酬就越多。这样他们就有了闯黄灯的动机，而不是停下来等黄灯变成红灯再变成绿灯。当然指导语也会事先告知被试，偶尔会有一辆车随机地在被试的车进入交叉路口时开过来，如果不幸撞车，就会损失很多时间。于是被试也有需要谨慎行事的动机，当交通信号灯变为黄灯时，被试就应该踩刹车。如果被试等到交通信号灯循环回到绿灯时，会损失一点时间，但不如撞车损失的时间那么多。

问题是，被试事先并不知道哪些十字路口是危险的，哪些不是。每次开到十字路口，他们都要在尽快到达终点、拿到更多报酬和可能会撞车、失去更多报酬这两种决策之间进行权衡。现实世界就像游戏世界一样，人们往往会在一个确定、安全的选项和有风险但更有吸引力的选项之间做出选择。

青少年在朋友面前玩这个游戏比单独玩时更容易冒险，即使过程中他们的朋友和他们没有任何交流。他们的表现是闯黄灯次数更多，撞车次数也更多。然而成年人的情况是，与朋友在一起时玩游戏的选择和他们独自玩时完全一样。他们偶尔会冒险，但不会因为有朋友在观察而有不同的行为表现。实验结果与现实状况相当符合，当其他青少年在车里时，开车的青少年更容易出现撞车事故，而成年人开车时不管有没有乘客都是一样的。结果中最有趣的一点是，只有当乘客是其他青少年时，才会对青少年驾驶产生影响。当青少年和父母在一起时，他们会比自己开车时更加谨慎。

结果证明，和朋友在一起时，青少年对社会奖励的高度敏感性使他们对其他奖励也更加敏感，包括冒险活动的潜在奖励。在冒险寻求实验中的脑成像记录显示，如果青少年知道他或她的朋友正在隔壁房间看着自己，青少年而非成人的奖励中枢会被激活。被激活的程度越高，青少年就越倾向于冒险。同时，社会性刺激的奖励作用会与其他物质奖励效果叠加。例如，向有同伴陪伴的青少年展示一大堆硬币图片作为奖励刺激，他们的奖励中枢就比没有同伴在场的情况下更活跃。同样，当我们对成年人进行测试时，他们不会发生这种同伴效应。

第二，也是更有意思的一点是，我们一直讨论青少年是不成熟的，在很多方面会做激进冒险的决策，但其实青少年的发展阶段充满了不平衡和很多矛盾冲突。比如，大脑负责情绪的边缘系统和负责理智的前额叶系统发育的不平衡，营养与对身体意象关注的不平衡，逻辑推理能力与辩证认识世界的不平衡，追求自主和违反社会限制的不平衡。这本书还告诉我们，青少年在不同情境中的反应也是不平衡的。比如，我们能意识到情绪和社会环境会削弱孩子的判断力，但许多青少年在允许他们有时间思考时会表现出卓越的判断力和良好的自我调节能力，他们的最佳状态和成年人不相上下。但在压力、疲劳或与其他青少年在一起时，他们却很难表现出能力所及的最好结果。与同伴在一起的无监督、无组织的时间里，青少年往往更容易做出冒险和鲁莽的行为。所以需要特别注意这类可能影响孩子优秀表现的情况，如应激、缺觉和完全脱离管理。这些时候需要父母、老师以及其他成熟个体尽量提供额外的支持和监督。放手和给予支持也是需要平衡的一对矛盾冲突。

最后，我引用作者在书中的一段话："如果你所在的州已经施行了驾驶证分级制度，禁止青少年新司机搭载其他青少年乘客，你要确保你的孩子遵守规定，否则就取消他的驾驶特权。如果你所在的州没有施行这样的法律，明智的做法是将它作为家庭规则来执行。因为青少年驾驶的车上若有多名青少年乘客，会和酒后驾驶一样危险。"

这次的翻译工作是我和江苏理工学院的心理学团队一起完成的，起因是我的访问学者张长英教授邀请我担任江苏理工学院崔景贵书记领衔的常州市家庭教育研究院专家委员会副主任，我正好可以和江苏理工学院的心理学老师一起为家庭教育做点事情。这本书是我们这个团队的合作成果，书中有很多新的信息和材料，希望为我们的父母和老师了解并理解青少年的发展阶段提供更多的支持。翻译工作的具体分工如下：张长英（第一章和结论）、董云英（第二章）、戴玉英（第三章）、刘礼艳（第四章）、赵晓川（第五章）、谭梦鸽（第六章）、有亚琴（第七章和序言）、孔博鉴（第八章）、倪爱萍（第九章）和赵伟（第十章），我现在的访问学者李金诚老师翻译了致谢部分。我对全书译稿进行了校对，并经原译者确认后定稿。通过双重检查，我们希望既能保证专业性又能够使文本通俗易懂。由于书中内容涉及多学科和多元的文化背景，如果有不足和纰漏之处，敬请读者批评指正。

推荐序

青春期兼具机遇与挑战

袁希

教育投资人，水卢教育创始人

在许多中国家庭中，父母与孩子之间往往呈现出明显的"专制—服从"模式。家长对孩子抱持高期望，却很少倾听他们的想法与需求，甚至依赖打骂、呵斥或惩罚来维持权威。随着年龄的增长，孩子的忍耐逐渐触及极限，在青春期时就会出现更为强烈的对抗。表面上看，一些孩子依旧听话，但他们在内心深处却极度渴望挣脱管控，或对学习生活产生抵触情绪。

在这种高压之下，孩子常常出现以下困扰：他们或是因为学业压力与父母期望值的巨大落差，而滋生出厌学的情绪；或是在得不到情感关怀的情况下，长期陷于负面情绪，导致抑郁与焦虑；或是因为现实生活中缺乏理解与支持，逐渐沉迷于网络游戏或手机社交软件；更有甚者，在家庭中得不到温暖与尊重后，把父母视为对立面，亲子关系日益疏远。专制育儿并没有从根本上解决孩子的成长需求，反而会在青春期成为激化亲子冲突的导火索。中国的教育环境本就竞争激烈、学业负担较重，如果家庭氛围再掺入专制与对立，往往会使孩子出现更加严重的厌学情绪与心理问题。要想扭转这种局面，家长必须反思并调整自己的教养方式，学会在高要求和关怀理解之间找到平衡。

不少家长将青春期简单视为"叛逆期"或"难管教"的时期，实际上，青春期对孩子的成长有着不可忽视的决定性作用。这本书的数据显示，10~25岁的年轻人大脑仍然具有极强的可塑性。此时，不仅身体在迅速发育，大脑神经网络也在加速重组，尤其是负责情绪和奖励的脑区比负责理性决策和自控的前额叶皮质发育更快。正因如此，青少年在行为上更易冲动、情绪波动更大，也会格外关注同龄人的评价。

与此同时，青春期也是培养自我管理、责任意识和核心价值观的黄金时期。若能在这个阶段帮助孩子建立健全的人格与心智，就能为他们成年后的生活奠定坚实基础；反之，如果在这一阶段忽视了孩子的真实需求，或者过度施压并缺乏正确引导，孩子在青春期所累积的负面情绪与不良习惯，就有可能在日后引发更严重的心理或社会适应问题。

劳伦斯·斯坦伯格是美国发展心理学领域的权威专家，他在《青春期心理学》一书中整合了自己数十年的研究成果，深入剖析了青少年大脑与心理变化的内在机理。斯坦伯格指出，青春期孩子的"不可理喻"并非缘于道德或性格缺陷，而是由于大脑尚未完全成熟。情绪和冲动中枢发育得更快，却缺乏前额叶皮质的充分调控，导致他们在面对外界刺激和同伴压力时反应强烈，却无法在第一时间做出谨慎决策或自我抑制。

他同时也强调，正因为青春期大脑仍具备高度可塑性，如果能给孩子提供足够的挑战、机会以及安全和关怀，他们就能在探索与尝试中不断完善自我。譬如，培养延迟满足能力、自控力和社交技能，这些素质比单纯追求分数更能预测孩子的长远成就。通过翔实的数据，斯坦伯格证明了：家长若能调整教养策略，孩子在青春期所迸发出的活力与潜力远超想象。

但在传统的中国家庭中，专制型养育非常常见：父母掌握绝对话语权，要求孩子唯命是从，较少关注孩子的想法与感受。这种模式或许在孩子幼年时能暂时维持秩序，但到青春期往往失灵，且会带来明显弊端。孩子在父母面前表面顺从，却在内心不断积聚不满；离开父母后，他们可能更易迷失方向，或者干脆走向另一个极端，用冷漠和对抗来表达自身需求，甚至是用躺平来惩戒父母的专制。

这本书肯定了另外一种形式的养育方式——权威型养育。完全不同于专制型养育模式，权威型养育在规范与温暖之间取得了平衡。父母依旧制定一定的规则和界限，但会在制定之前与孩子沟通，解释背后的理由，让他们明白遵守规则的意义。同时，父母也会关注并尊重孩子的情感需求，不把孩子当作被动的服从者，而是通过平等交流与合作，让他们逐渐获得自主性与成长。这种养育方式能帮助孩子内化规则，而不是单纯屈服于权威；它还有效降低了亲子对立，使孩子更愿意在困难或压力面前与父母沟通，从而显著减少了抑郁、焦虑和极端行为的发生率。

正因为青春期兼具机遇与挑战，家庭养育方式的转变具有迫切的现实意义。《青春期心理学》正是在这样的大背景下，为家长提供了一份兼具理论深度与实践可操作性的"使用说明书"。斯坦伯格在这本书中不仅阐释了孩子在大脑发育与心理层面的特殊性，也通过大量跨国、跨文化对比，为家长呈现了科学而有效的养育策略。

阅读这本书的家长将能更好地理解孩子在青春期的情感与行为，并摆脱"家长说了算"的思维定式。从科学实证角度出发，斯坦伯格提出了在家庭中建立合理规则、有效沟通与化解冲突，以及引导孩子培养独立自主能力等的具体方法。中国父母若能结合自身家庭环境，将权威型养育的理念应用于现实，就能在尊重孩子的同时，依旧坚持对其行为的必要管束与期望。

对在成长路上苦苦摸索的父母来说，这本书既是化解亲子矛盾的指南，也是为孩子未来幸福奠基的钥匙。它为我们搭建起一座沟通的桥梁，让父母学会用科学、温和且坚定的方式，引领孩子顺利度过这个充满变动和希望的青春期。

但需要注意的是，由于本书的作者是美国学者，他引用的很多案例均发生在美国，在阅读时我们不能盲目照搬，但可以借鉴，用举一反三的方式，从书中的案例中推导出自己家庭的养育之道，这才是正确的读书方式。

假如你的家庭也曾因专制式管教而陷入僵局，相信这本书能为你带来新的思考和尝试。也许只要换一种方法，就能看到孩子在青春期迸发的无限潜能，从而使之真正迈向独立成熟的人生。

序 言

青少年成长的新发现与新视角

当一个国家的青少年在学业成绩方面落后于世界上的很多地区，但在暴力、意外怀孕、性传播疾病、堕胎、酗酒、吸食大麻、肥胖和心情低落等方面位居世界前列时，我们不得不承认这个国家在青少年的教育上出问题了。

这个国家就是美国。

很多年轻人在学校表现不佳或是遭受情绪、行为问题困扰，并不令人惊讶。我们目前在养育青少年方面的做法，往往是误解、不明确和矛盾的混合体现。我们时常一边觉得他们比实际更成熟，一边又常常觉得他们不够成熟。一个社会如果因为12岁的孩子犯下严重罪行就认为他们已经成熟到能"明辨是非"，所以以成人的标准对他们进行审判，但又觉得20岁的人还没有成熟到能够妥善应对酒精，因此禁止他们购买酒，那么这个社会显然对于如何对待这个年龄段的人深感困扰。同样，一个社会如果让16岁的青少年开车（从统计上看，这是最危险的活动之一），却不允许他们看限制级电影（如果有什么活动是无害的，那就是这个），这种做法同样是愚蠢的。

人们通常对青少年期（adolescence）有一种典型的刻板印象，认为这是一个充满迷茫和困惑的阶段。这的确是一个令人困惑的时期，但真正感到困惑的不是正处于其中的人。实际上，成年人对青少年期的困惑远超年轻人自己。[1]

几年前的一天晚上，我接到一个朋友的电话，他请我帮忙照看他10岁的儿子，因为他得赶去处理他16岁女儿的问题。他的女儿（我就叫她斯泰茜吧）刚给他打电话让他去接她，因为她在商店行窃被当场抓住。在离我们住处不远的一个高档购物中心，她试图偷一件泳衣，还和她的两个朋友顺走了其他一些小东西，被当地警察局拘留。我朋友的妻子当时正在出差，他不能把儿子一个人留在家里。

大约一个小时后，我朋友和他的女儿回来了，他站在那里，看着她穿过门厅。女孩从我旁边走过，避免和我们有任何眼神接触，然后上楼去了她的卧室。整个过程无人说话。

我俩坐在客厅里，试图弄清楚刚发生的事情。他女儿一直是个乖巧的孩子，学习成绩也很好，从没惹过事。而且，他家经济条件相当不错，斯泰茜很清楚如果她需要衣服，只要开口就行。那么她为什么要去偷东西，尤其是偷她完全有能力购买的东西呢？在从警察局回家的路上，他试图询问女儿这个问题，但她没有回答，只是耸耸肩，望着窗外。我猜，或许连她自己都不清楚为什么要这么做，而且她似乎并不太在意去找出原因。

我朋友也是一名心理学家，他希望斯泰茜能去看心理治疗师，这样她就可以更好地理解自己的行为。当时，我认为这是一个合理的请求，但现在，我不确定我是否会支持这种做法。当一个十几岁的孩子有明显的情绪或行为问题时，比如抑郁症或慢性行为失控，我完全赞成进行心理治疗，但深究斯泰茜的潜意识也无法找到她偷泳衣的原因。她偷东西不是因为她对父母生气，不是因为缺乏自尊，也不是因为她有某种需要用实际和即时的满足来填补的心理空缺。让斯泰茜为她的行为负责是很重要的。要求她向商店赔偿，并以某种方式惩罚她是合适的，比如禁足、扣除零用钱或暂时取消她的一些特权。

但是强迫她去理解她所做的事是徒劳的。她之所以偷东西，是因为当她和她的朋友们在商店里闲逛，偶尔停下来试用化妆品或者翻看展示台上的衣服时，她们觉得如果偷东西而能不被发现可能会很有趣。事情可能真的就这么简单。在本书中，我会讨论我和同事们对青少年大脑所做的研究是如何解释斯泰茜的所作所为，以及为什么通过反省来寻找青少年问题的答案是没有意义的。

我们需要用一种全新的角度来审视青少年期。值得庆幸的是，在过去的 20 年间，关于青少年期的科学研究蓬勃发展。这些来自行为科学、社会科学和神经科学的丰富知识为父母、教师、雇主、医疗保健提供者以及其他与青少年打交道的人士奠定了扎实的基础，使他们能够更明智地育儿、更高效地教学，以及更富策略性地指导年轻人和与年轻人相处。这些知识让我们能够理解，为何像斯泰茜这样品学兼优的孩子，有时会做出一些明显不明智的行为。

然而，令人遗憾的是，很多这样的知识还没有真正影响到我们培养、教育和对待年轻人的方式。

本书综合阐述了我们这些研究青少年期的人所了解的两组相互关联的变化。首先，青少年期是一个人生阶段发生转变的关键时期，这要求我们从根本上改变培养和教育青少年的方式，并重新审视社会对他们的看法。其次，青少年发展的知识揭示了我们以往的做法为何效果不佳,并告诉我们需要如何调整自己的行为准则。我写这本书的目的是以最新的科学为基础,启动、激励并推动一场关于如何促进美国青少年健康成长的全国性对话。

简单介绍一下我自己:我是一名专注于研究青少年的发展心理学家。在这个领域工作的 40 年间,我在美国和世界各地对数万名年轻人进行了研究。这些研究得到了各种组织的资助,既有美国国立卫生研究院这样的公共机构,也有麦克阿瑟基金会这样的私人慈善机构。

每年都会出版很多关于青少年的图书,这些图书主要基于作为父母、教师或临床医生的经验。相比之下,我是从一名研究人员的角度来探讨这个话题的,尽管我也是一个十几岁孩子的家长。这并不是说个人的观察或个案研究没有价值,只是它们通常仅仅讲述了非常复杂的故事的一小部分。简单地说,我更看重客观的科学证据,而不是逸事。

我参与的研究包括来自所有族裔和各行各业的青少年,从富裕的郊区青少年、农村青少年,到来自美国一些最贫困和最危险社区的城市青少年,也包括那些有情绪或行为问题的青少年,以及在心理上茁壮成长的青少年。我还有幸进入全美一流私立学校,对那里的青少年进行了研究,也对与他们同龄但是在监狱度日的青少年进行了研究。我参与指导的研究项目涵盖了各种类型,从使用脑成像或面对面访谈的小样本研究,到利用问卷收集数千名青少年信息的大规模研究。本书是以我的这些研究结合其他领域学者的研究为基础写成的。在接下来的章节中,我大量引用了心理学研究,但也关注我们从社会学、历史学、教育学、医学、法学、犯罪学、公共卫生学,尤其是神经科学中学到的关于青少年的知识。

特别值得一提的是，我在本书中运用了脑科学的知识。近年来，脑科学被广泛应用于解释日常行为，但也受到了一些攻击。[2]批评者通常尖锐地指出，许多科普书中关于大脑的论述存在夸大之处。他们认为，与心理学和其他社会科学已有的知识相比，脑科学并未对人类行为的解释提供太多新内容，并且我们对脑科学的过度迷恋可能导致对人性重要方面的误解。此外，他们还合理地警告我们不要太急于接受脑科学的研究结果，以改变法院等各种社会机构的运作方式。我对这些担忧表示赞同。

在本书中，我以青少年大脑发展的科学知识为理论基础，不是要将青少年的大脑还原为仅仅由神经元组成的网络，也不是暗示青少年的行为完全由生物学决定，更不是表明青少年的行为是固定不变且不受外界力量影响的。事实上，我提出的观点正好相反——通过研究青少年的大脑发育，我们得到的最主要启示是，我们有能力对青少年的生活产生积极的影响。曾经有人说，基因研究的进展让我们明白了环境的重要性，[3]而我们对青少年大脑进行研究所获得的知识也传递了类似的信息。

在一些圈子里，有关青少年大脑发育的研究受到攻击，被认为这只不过是利用生物学来压迫一个较弱势的群体。很多青少年权益倡导者认为，青少年大脑科学是一种骗局，甚至是某种阴谋。他们声称青少年和成年人在大脑功能方面的差异是科学家的臆想，是给一种老掉牙的、基于对青少年不实的刻板印象赋予高科技加持的可信度。在19世纪末至20世纪初，人们认为青少年不成熟的根本原因是激素的剧烈波动，而现在，人们认为这是因为大脑皮质发育不成熟。在一些批评者看来，无论哪种观点都不过是用伪科学来掩饰对年轻人的偏见。[4]

我也认为我们不应该错误地对青少年形成刻板印象，但断定青少年大脑科学是一种伪科学的观点忽略了大脑发育研究在过去15年里取得的重要进展。从青春期（puberty）开始到20岁出头的这段时间，大脑的解剖结构和功能会发生显著而系统的变化，[5]这一点现在已经得到了充分的证实，没有哪位可靠的神经学家会对此提出异议。这并不意味着青少年的大脑有缺陷，但它确实意味着他们的大脑仍在发育，而指出这一点并不代表对青少年有偏见，就像指出婴儿的行走能力不如学龄前儿童并不是对婴儿有偏见一样。青少年期不意味着一种缺陷、疾病或残疾，它只是一个人在成熟度上不及成年期的一个人生阶段。

以下是关于术语的一点说明。近年来，有很多关于我们应该如何称呼20岁出头的人的讨论，比如"走向成熟的成年人""悬而未定者""已经成年的青少年"。同样，我们是否应该将20岁出头视为一个独特的发展阶段、成年的第一部分或青少年期的延续，这也是一个问题。在本书中，我使用"青少年"这个词来指代10~25岁的年轻人。① 这可能会让那些原本认为"青少年"一词仅指十几岁的人的读者感到意外，同时，把通常用于形容初中生的标签来指代20多岁的人，可能也会令一些人感到不适。

---

① 作者有关青春期和青少年期的区别，在其作品《与青春期和解（增订升级版）》中有详细介绍，即青少年期指代10~25岁这个年龄段，可分为青少年期前期和早期（10~13岁）、青少年期中期（14~18岁）和青少年期晚期（19~25岁），而作者在本书中所说的"青春期"仅指代青少年期开始的时期，结束的时期因为学术界无法达成共识，所以不能准确界定。——编者注

我倾向于将20岁出头视为青少年期的延续，并不是为了贬低这个年龄段的人或暗示他们在情感上不成熟，而是社会已经以某种方式发生了变化，所以我认为用"青少年期"这个词指代10~25岁这个阶段更合适。按照惯例，青少年期是指从青春期开始，到年轻人在经济和社会上独立于父母的发展阶段。参照这个定义，用10~25岁来界定现今的青少年期并没有偏离实际。来自大脑科学的证据也显示，大脑直到20岁出头的某个时候才完全成熟，因此将"青少年"这个词用于指代这个年龄段的人也与我们从神经科学中得到的结论相符。[6] 不论我们如何称呼这个时期，在这段时间里，他们不再是孩子，但又没有完全成为独立的成年人，而这个时期正变得越来越长，并且还在继续延长。青少年期的拉长导致了我们在家庭、学校和社会中对待年轻人的方式出现极大的混乱和误导。

下面对各章节做一个简要的介绍。在第一章，我探讨了为什么现在是时候重新思考我们养育年轻人的方式了，不仅是因为我们在过去30年里几乎没有取得什么进步，还因为关于青少年大脑的新发现能够指导我们以更明智的方式养育他们。第二章阐述了有关青少年大脑的最新发现及其重要性。在第三章，我深入分析了青少年期本身是如何发生变化的。过去一个世纪里，它的跨度已经增加了一倍多，从大约7年增加到大约15年。在第四章，我运用青少年大脑发育的科学知识来解释年轻人的行为方式。在对青少年大脑深入了解的基础上，第五章阐释了为什么冒险行为在青少年期比较常见，以及为什么青少年在一起时更倾向于出现冒险行为。第六章解释了为什么强大的自我调节是青少年期成功和幸福的最重要因素。在这个基础上，我探讨了如何运用青少年大脑发育的科学知识来帮助父母（第七章）和教育工作者（第八章）更好地增进青少年的福祉，并引导他们走向成功。接着，我考虑了我们对青少年的最新理解在更广泛的社会层面上的影响，第九章解释了这个变化是如何加剧贫富差距的。第十章探讨了如何使我们的社会和法律政策与最新的科学知识保持一致。在结论中，我为关心青少年健康成长的父母、教育工作者、政策制定者和其他成年人提供了一系列建议，我相信这些建议将对年轻人以及关心他们的成年人有益。

我以一种号召大家现在就开始行动的语气开始了这篇序言，但我意识到，并非所有读者都赞同我这种紧迫感。有些专家会声称，现在的青少年过得比以前好。在某些方面，这些说法是准确的。现今的青少年饮酒或吸烟的比例少于他们的父母，[7] 青少年犯罪率比 20 年前要低，[8] 青少年怀孕的数量也有所减少，[9] 这些都是好消息。

然而，当我们考虑到在过去 30 年里为了改进年轻人的行为和增进他们的幸福感而付出的巨大努力与大量资源，为现在所取得的这一点进展来庆祝，就像是为一支稍有起色但处于低谷的球队欢呼。确实，现在一些问题没有过去那么严重，但它们的严重程度仍然令人难以接受，而且在青少年成就和健康的大多数指标上，美国也远远落后于其他发达国家。这样的成绩是不够理想的，也没有展示出如果我们对青少年有更深刻的理解，并采用一种全新的教育方法，我们能够达到什么样的效果。在本书中，我要提出一种革命性的、基于前沿科学的理解青少年的全新方法。我深信，如果接受并采用这种方法，我们会看到年轻人的健康发展将有巨大的改善。

第一章
抓住时机

现在是重新评估我们应该如何养育子女的最佳时机，主要有以下几个原因。第一，在过去的15年里，我们对青少年期这个发展阶段有了更深入的了解，部分原因是我们对大脑在这一时期如何变化的了解取得了巨大进展。人们一度认为大脑发育在童年期结束时或多或少就已经完成了，但新的研究表明，大脑在20多岁时还会继续发育成熟。深入了解大脑发育是如何展开的，以及这些神经生物学的变化对青少年行为的影响，会暴露我们在培养年轻人时犯的许多错误。本书最重要的目标之一是分享脑科学的研究成果，解释为什么我们所做的很多事情都是不明智的，并建议如何从中学习、利用和创建我们对年轻人需求的新的理解，以使他们能够发展成为快乐、适应能力强、成功的成年人。

第二，青少年期本身正在发生变化，并且以某种方式使我们对它的看法普遍变得过时、错误甚至危险。正如我所指出的，这个生命阶段曾经只持续几年，现在则是一个更长的时期，早期是由于身心发育的提前开始而延长，晚期是由于年轻人进入职场、婚姻以及经济独立的时间越来越晚而延长。简而言之，儿童进入青少年期的时间比以往任何时候都要早，但青少年要花更长的时间才能成为成年人。

这一变化的影响很重要，也很复杂。一方面，儿童生理成熟年龄的提前比大多数人认识到的更令人担忧，因为这对生理或心理健康来说都不是好兆头。青少年期的提前使孩子们面临大量生理、心理和行为问题的风险显著增加，[1]包括抑郁症、青少年犯罪甚至癌症。另一方面，延迟进入成年期引发了很多关于现今年轻人价值观和人生态度的担忧，但这个问题并不像大众媒体所渲染的那样严重，而且正如我们将看到的，它甚至可能是有益的。如今，人们对成熟期推迟的潜在原因和可能的后果产生了极大的误解，这也导致二十五六岁的人受到了不公平的批评。[2]

然而，不管我们如何看待青少年期的延长，从童年到成年的转变现在需要大约15年的时间这一事实要求我们重新思考这类问题：青少年意味着什么？如何和年轻人打交道？关心他们的父母、教育工作者和成年人应该怎么做？

第三，也是最重要的原因，来源于一项关于大脑发育的令人难以置信却兴奋的发现：青少年期是一个具有巨大"神经可塑性"（科学家用这个术语来描述通过经验可改变的大脑潜能）的时期，但这个发现还没有引起应有的关注。

你可能很熟悉这样一个观点，即儿童早期（一个流行的简称是"0~3岁"）的经验对他们的大脑发育和生命历程产生了重大而持久的影响。这是真的，但是大多数人还没有意识到，青少年期是第二个可塑性还会增强的时期。当科学家发现大脑在儿童早期具有高度的可塑性时，这一发现立即引发了人们的兴趣，大家开始思考，我们的社会应如何利用这个机会，为婴幼儿提供对他们最有益的经验。同样，我们现在必须对青少年提供类似的帮助。

然而，青少年的大脑具有可塑性这一事实既是好消息也是坏消息。正如神经科学家经常说的那样，可塑性是双向的。大脑的可塑性使青少年期成为一个充满机遇又具有巨大风险的时期。如果我们让年轻人置身于积极的、支持性的环境中，他们就会茁壮成长，但如果置身于有毒的环境，他们将遭受严重而持久的痛苦。

青少年期是新的 0~3 岁

大脑是可塑的，它会因经验而改变，这一观点可能会让一些读者印象深刻，甚至感到震惊，但对研究大脑的人来说，这实际上是一个理所当然的研究结果。任何学习的经验都必然会改变大脑的结构。一旦有事情被保留在记忆中，就一定会引起一些潜在而持久的神经变化，否则根本不会被记住。

直到最近，人们还认为，就经验对大脑的潜在影响而言，没有任何一个发育阶段能与 0~3 岁相比。因为大脑在 10 岁左右接近成人大脑的重量，所以很多人都认为大脑的发育在青少年期开始之前或多或少就已经完成了。然而，我们现在知道，大脑解剖结构和活动的内部变化并不总是反映在器官的外表上。事实上，仅仅在过去的三四十年里，科学家才发现大脑系统性和可预测的成熟模式发生在青少年期，更不用说这个阶段的大脑发育模式可能会受到经验的影响。[3]

不过，这一切都在改变。青少年期是大脑成长的时期，对经验的敏感程度远超之前任何人的想象。

大脑在青少年期不仅比之前的几年更具可塑性，且比之后的几年也更具可塑性。随着我们走向成年，大脑可塑性下降的程度和我们进入青少年期时可塑性增加的程度一样显著。事实上，青少年期是大脑可塑性增强的最后一个时期。[4]心理问题在青少年期比在成年期更容易治疗的一个原因是，随着我们年龄的增长，这些心理问题会变得更加根深蒂固。

大脑的可塑性不仅允许它变好，也允许它变坏。接受认知刺激（例如常听父母读书）的婴儿发育会更好，因为接触这种认知刺激发生在大脑易受经验塑造的时候。但是，在生命早期被忽视或虐待的婴儿可能会遭受格外持久的伤害，因为这是大脑更容易由于经验匮乏和其他消极经验而受到伤害的年龄。也就是说，青少年期大脑具有高度可塑性的发现原则上是个好消息，但只有当我们利用好这一发现，为年轻人提供各种有助于他们积极发展的经验和保护他们免受伤害的经验，它才是好消息。

美国青少年的问题

美国青少年的表现并不好。在过去20年里，我们看到的许多一度令人振奋的有关青少年幸福感的指标上升趋势已经放缓，甚至出现了倒退。青少年怀孕率和吸烟率的下降趋势或多或少已经停滞，青少年的药物滥用情况呈上升趋势，[5]自杀未遂、[6]霸凌行为在增加，[7]大学新生对补习教育的需求也在增加。[8]我们在20世纪90年代末取得的许多进展难以再现，其中一些实际上正在瓦解。

目前，我们既没有充分保护年轻人免受伤害，也没有利用这一资源充足的机会促进他们持续地积极发展。问题似乎不在于经济投入不够，事实上，我们目前在培养年轻人上浪费了大量的金钱。美国在每个学生中学和高等教育上的投入几乎比世界上任何国家都多，[9]所以学生平庸的学业成绩或令人担忧的大学生流失情况不太可能是因为缺乏财政资源。我们每年花费数百万美元在一系列未经证实、无效且收效甚微的项目上，[10]而这些项目试图劝阻青少年远离饮酒、药物滥用、无保护措施的性行为和鲁莽驾驶。作为世界上因犯人数最多的国家，我们每年花费近60亿美元监禁少年犯，[11]其中许多犯下非暴力罪行的人可以被分配给社区管理，从而能够节省一大笔费用。如果我们国家的年青一代有暴力问题，那显然不是因为我们没有花足够的钱来惩罚违法者。

以下是我认为我们应该关注的一些具体例子。

- 自20世纪70年代以来，高中成绩标准化测试的分数一直没有提高，[12]美国青少年的表现仍然不如许多其他工业化国家的青少年，而这些国家在学校教育上的花费要少得多。虽然在国际排名中，美国的小学生表现良好，中学生的排名处于中间位置，但不可否认的是，高中生却表现平平，[13]在数学和科学方面，远远低于我们的主要经济竞争对手。这种成绩不佳的代价很高：[14]1/5的四年制大学新生和一半的社区大学新生需要接受补习教育，每年花费30亿美元。这些钱原本可以用来让更多的人上更便宜、更容易考上的大学。

- 美国曾经是世界上大学毕业率最高的国家之一，而现在甚至连前十名都进不去，[15]而且很大一部分毕业生是从教学质量堪忧的营利性大学获得学位的。[16]美国有1/3的大学生毕不了业，虽然美国大学毕业生带来的经济回报是世界上最高的，[17]但它是工业化国家中大学毕业率最低的国家之一。

- 学业成绩惨淡绝不是唯一的问题，美国青少年的心理和生理健康状况也很差。1/5的美国高年级高中生每个月至少酗酒（是酗酒，而不仅仅是喝酒）两次，每天吸食大麻的学生比例也是近二三十年来最高的。[18]美国是世界上青少年最频繁酗酒和滥用药物的国家之一，[19]擅自使用非法药物的情况也正在恶化。

- 在美国，将近1/3的年轻女性在20岁之前至少怀孕过一次。[20]虽然事实上许多其他工业化国家青少年性行为的比率更高，但美国在青少年怀孕和性传播疾病方面仍领先于工业化国家，在青少年堕胎方面也名列前茅。[21]性行为活跃的高中生经常使用避孕套的比例曾经一度上升，但维持现状目前已经有一段时间了。1/3的性活跃青少年没有采取任何措施来保护自己免受性传播疾病的侵害。

- 1980—2007年，未婚女性的生育率增加了80%。2011年，将近1/3的生育女性从未结过婚。非婚生育会导致年轻男女受教育年限的缩减和终身收入水平的降低，生活贫困的可能性也随之增加。它还会降低父母养育孩子的质量，阻碍孩子的智力发育，增加他们出现情感和行为问题的风险。未婚父母所生的孩子更有可能非婚生育，这将使同样的问题代际延续下去。

- 攻击行为仍然是一个普遍的问题。[22]根据美国疾病控制与预防中心（Centers for Disease Control and Prevention，CDC）的数据，在过去的一年中，美国有40%的高中男生发生过肢体冲突，其中超过1/10的男生伤势严重，需要接受治疗。美国是发达国家中青少年暴力发生率最高的国家之一，[23]也是青少年暴力死亡率最高的国家之一。根据美国疾病控制与预防中心的调查，近10%的高中男生经常携带枪支。

- 每年，将近30万名教师（约占该行业的8%）受到学生的人身威胁。[24]在超过15万起的此类事件中，教师实际上已受到人身攻击。近2/3的高中都有携带枪支的保安。[25]

- 在美国，20%的高中男生服用治疗ADHD（注意缺陷多动障碍，又称"儿童多动症"）的处方药，[26]这个数字几乎是这个年龄段男生中ADHD实际患病率的两倍。许多专家认为，这类青少年接受药物治疗是为了使家庭和学校更容易管理。世界各地ADHD的发病率相似，但美国消耗了世界上超过75%的ADHD药物。[27]一个不得不通过武装学校工作人员或给学生服用药物来建立课堂秩序的国家，是无法赢得针对成绩不佳或打击青少年暴力的斗争的。

- 现在青少年肥胖的发病率是20世纪70年代的3倍。[28]美国约有1/6的青少年属于肥胖，另有1/6属于超重，是世界上青少年肥胖和患糖尿病人数最多的国家。美国青少年的学业成绩可能在国际排名中几乎垫底，但他们在软饮料和炸薯条方面的消费量却接近榜首。[29]

- 美国高中生每年试图自杀的比例与二三十年前没有什么不同，约占高中生人数的8%。[30]美国青少年自杀率一直高于世界平均水平，美国高中生的自杀企图和自杀意愿都在上升。[31]一些国际研究曾对表明青少年存在心理问题的隐性症状，例如头痛、胃痛、失眠或忧郁情绪进行了测量，发现美国青少年是世界上最痛苦的人群之一。[32]

- 心理健康问题绝不仅限于年龄更小的青少年或高中生群体。根据最近一项对 4 万多人的全国性调查，[33] 在年龄 19~25 岁的美国年轻人中，每个年龄都有近一半人患有可诊断的精神障碍，最常见的是对某种物质的依赖，但也有抑郁症、焦虑症和某些类型的人格障碍。这些问题不仅限于来自贫困家庭的人。大学生的精神疾病发病率仅略低于那些没有上学的同龄人。
- 随着时间的推移，青少年的心理问题越来越严重。[34] 有一项研究将当代年轻人的心理健康状况与 75 年前的同龄人进行了比较，研究结果发现，即使考虑到今天的年轻人比他们的父母、祖父母或曾祖父母更有可能愿意承认存在这些问题，他们之中测试得分高于严重心理问题分数线的人数也仍然超过了过去同龄人的 5 倍。

虽然我们的高中开展了大量费用高昂的改革，但今天学生的学业成绩并不比 20 世纪 70 年代好多少。虽然在健康教育、性教育和暴力预防方面投入了大量经费，但青少年滥用药物、肥胖、抑郁、意外怀孕以及犯罪和攻击行为的发生率仍然高得令人无法接受。很显然，我们做错了什么。

青少年教育有方法

青少年期已今非昔比。如今，青少年期开始得更早，结束得更晚。在决定成年后的健康、成功和幸福方面，青少年期比以往任何时候都重要得多。此外，由于使青少年期开始得更早、持续时间更长的因素可能会持续存在，影响甚至可能会增强，我们目前把青少年期的概念局限为"十几岁"将变得更加过时和有害。

脑科学不仅解释了为什么青少年期是一个脆弱的时期，还解释了为什么它变得更加脆弱。这个时期的年轻人现在比过去更容易受到危险行为、心理健康问题的影响，也更难成功地过渡到成年。我将在第四章中更详细地解释，青少年期开始时大脑中发生的变化使我们更容易兴奋、情绪激动，更容易生气或沮丧。这种大脑变化在青少年期发生的时间要早于同样关键的另一种大脑变化。后一种变化增强了我们控制思想、情绪和行动的能力（心理学家称之为"自我调节"的一系列技能）。在引发我们情感和冲动的大脑系统的激活与让我们抑制这些感觉和冲动的大脑系统的成熟之间有一个时差，这就像驾驶一辆油门灵敏而刹车不灵的汽车。当我们的自我调节能力不足以控制我们的情绪冲动时，抑郁、药物滥用、肥胖、攻击性行为以及其他冒险和鲁莽行为等问题就更有可能产生。

驾驶一辆油门过度灵敏而刹车不灵的汽车时间越长，发生事故的可能性就越大。同样，从青少年期开始（大脑变得更容易被刺激而兴奋）到青少年期结束（控制自我调节能力的大脑系统最终成熟）之间的时间越长，失衡的时间就越长，发生各种问题的风险也就越大。

虽然青少年期通常是一个高度脆弱的时期，但毫无疑问，一些年轻人比其他人更容易受到伤害。值得庆幸的是，大多数青少年没有变得抑郁、辍学、出现药物滥用问题，或者走进监狱。是什么把那些能够经受住这一时期风暴的个体和那些没能经受住冲击的个体区分开来的呢？那些不仅生存下来，且能真正茁壮成长的个体又有什么特点呢？

自我调节能力可能是取得成就和社会成功以及保持心理健康的唯一重要因素。控制我们的想法、感受和行为的能力可以保护我们免受各种心理障碍的侵袭，有助于让我们建立更令人满意的人际关系，并在学校和工作中表现优异。在对青少年的多项研究中，从享有特权的郊区青少年到贫困的市中心青少年，那些在自我调节方面得分高的人总是表现最好，他们在学校成绩更好，更受同学欢迎，不太可能陷入困境，也不太可能出现情绪问题。[35] 这使得培养自我调节能力成为青少年期的中心任务，也是我们作为父母、教育工作者和健康护理专家应该追求的目标。

好消息是，控制自我调节能力的大脑系统在青少年期尤其具有可塑性。这一认识迫使我们无论是在家里还是在学校，抑或是在年龄较大的青少年的工作场所，都应更认真地考虑我们为年轻人提供的经验质量。同时，我们应避免让青少年在发展自我调节能力之前就暴露于潜在的危险环境中，更糟的是，这种经历实际上损害了这一调节系统的正常发展。从第五章到第八章，我讨论了自我调节能力的重要性，父母和学校如何培养这种自我调节能力，以及在青少年自我调节系统发展成熟之前，我们可以做些什么来保护他们。

青少年期开始和结束之间的时间越来越长，对所有年轻人来说，这是一个比以往任何时候都更加危险的时期，对那些缺乏应对这一人生阶段崭新现实所需资源的人来说尤其如此。

青少年期的延长使贫富差距日益扩大，而教育工作者和政策制定者还没有意识到这一点，更不用说解决这个问题了。毫无疑问，这群最危险的年轻人不仅包括数百万在贫困中长大的人，也包括越来越多来自工薪阶层甚至中产阶层家庭的人。

在清楚了青少年期在大脑可塑性方面与 0~3 岁时不相上下之后，专家就一直在争论哪个时期值得我们投入更多的资源。对我来说，这有点像问呼吸和进食哪个更重要。窒息肯定会比饥饿更快置你于死地，但如果你不吃东西，再多的呼吸也不能让你活很久。同样的道理，早期投资的确至关重要，但如果我们只做早期投资，当这些孩子成长为青少年时，大部分的早期投资就将被浪费。确保婴幼儿有一个健康的开端至关重要，但也需要记得，童年早期干预是一种期待回报的投资，而不是一种一劳永逸的预防接种。

正如我将在接下来的章节中所阐述的那样，我们对青少年期的许多设想都是错误的。这些设想导致父母犯下他们本可以避免的错误、学校忽视基本技能的培养、立法者通过误导性的法律，以及那些希望通过信息影响青少年的人使用注定要失败的策略。

作为大脑可塑性增强的第二个且也是最后一个阶段，青少年期可能是我们让个体走上健康道路，并期望我们的干预具有实质性和持久性效果的最后一次真正的机会。为了了解大脑可塑性对青少年期的重要性以及对我们整个人生的影响，我们必须探索这种显著的，有时甚至是令人惊讶的大脑可塑性机制，就像我们将在下一章所做的那样。正如我将要解释的，一旦个体到了成年期，帮助他们改变并不是不可能，但青少年期可能是我们最后一个重要的机会窗口。

第二章
可塑的大脑

我对自己的青少年期有着异常生动的记忆，比对童年期或成年期的记忆更丰富、更具体。虽然我现在 60 岁出头了，但我能无比清晰地回忆起我十几岁时经历的重要人物、地点和事件，甚至是关于它们的最微小的细节：我记得不同朋友的声音有着独特的特点；我记得某个女孩上学时穿着苏格兰格子裙和深绿色紧身袜所展现出的双腿，看上去非常美；还有从附近的比萨店回家的短暂车程中，我坐在父亲旁边，将装着比萨的硬纸盒放在腿上，我能感受到的它的温度和香气。

我能够回忆起自己童年期和成年期的很多事情，当然，这些记忆基本上都是与重大事件、生活转折点有关的，几乎所有经历过这些事件的人都能回忆起来：搬进新家、领养新宠物、收到第一份工作邀约、求婚、看着孩子出生等。但我对自己童年期或成年期日常生活的回忆是模糊且不详细的，就像伍迪·艾伦对快速阅读过的《战争与和平》的描述一样，"它讲的是关于俄国的事"。这大概就是我对整个童年期和成年期回忆细节的水平。但出于某种原因，我的大脑却以 3D 高清格式存储了关于青少年期最平凡、最琐碎事物的记忆。

其实令人惊讶的是，我的青少年期非常普通。我们家既没有遭受任何悲剧，也没有中过彩票。我非常幸运，因为作为一个十几岁的孩子，我青少年期的生活没有受到家庭破裂、严重疾病、死亡或生活剧变的影响。生活一天天平稳有序地过去，就像在机场搭乘摆渡车一样平稳且可预测。

老实说，我无法想出任何一个原因使我的青少年期比童年期或成年期更加突出。事实上，如果要我列举生命中最重要的事件清单，就会发现在我十几岁的时候，对我产生重大影响和改变一生的事情的数量远比不上我30多岁时。在我30多岁的时候，我结婚了，成了一名父亲，换了两次工作，在三座不同的城市居住过，并获得了终身教职。然而，我对青少年期的记忆更加全面且深刻。

多年来，我向许多同事和朋友询问过他们是否也有相同的经历，至少有90%的人表示同意。与生命中的其他阶段相比，几乎每个人对青少年期的记忆都会更加深刻。

记忆隆起[1]

对很多人而言，青少年期的记忆都特别清晰，以至心理学家给它取了一个名字——记忆隆起（回忆高峰）。在受控实验中，研究人员考虑了回忆者的年龄（这是必要的，因为一般来说人们更容易回忆起近期的事件而非远期的事件），结果证实了人们的主观体验，即10~25岁之间的事件比其他时期的事件更容易被回忆起来。

这并不是因为我们在青少年期的记忆力普遍更好。记忆力在童年期和青少年期之间确实会提高，但我们的记忆力一直到40多岁都会非常出色，[2] 之后才会出现可预见的记忆力衰退。在基本记忆力上的年龄差异可能解释了为什么我们对青少年期的记忆比童年期更清晰，但无法解释为什么我们记忆十几岁到 20 岁出头之间的经历比记忆 30 多岁或 40 岁出头的经历更清晰。

如果青少年期记忆隆起不是由于我们在那些年里有更好的记忆力，那么它可能与事件本身的性质有关。这个可能性已经成为大量研究的重点，因为它看起来非常合理。关于这个基本假设，已经提出了三个不同的版本。

第一个版本是，相比其他时期，我们对青少年期的回忆更多，这是因为在那些年里会发生相对更多的"第一次"（初吻、第一份工作、第一辆车、第一杯啤酒），而且研究表明，我们更容易记住新奇而不是熟悉的事物。

第二个版本是，发生在青少年期的事件通常更为重大，情绪也更为丰富。因为许多重要的事件发生在青少年期，比如毕业、离家、失去童贞，所以，我们对这个时期有更多的回忆并不奇怪。我们对情绪强烈的事件有特别清晰的记忆（但事实证明，这并不意味着我们的回忆更准确）。[3] 因为青少年期涉及很多"戏剧性"事件，我们会期望人们对这个时期有更多的记忆。

第三个版本是，一些科学家假设，由于青少年期是我们首次形成连贯的自我认同感的阶段，我们更有可能利用这个年龄段发生的事件来定义自己，这可能会使我们在长大后更容易记住这些事情，并将这些事情融入我们不断丰富的人生经历。[4]

这些版本似乎都非常合理，但都是错误的。虽然青少年期确实有许多新颖、情绪丰富、重要和定义自我的事情发生，但这些并不是它更容易被记住的原因。

研究人员通过向被试展现常见单词（如"书"或"风暴"），[5]并要求他们写下每个单词触发的一段记忆来研究这个问题。所有线索展示完之后，被试需要回顾这些事件并大致指出每个事件发生时他们的年龄。确定了这些事件的日期后，被试需要从一个或多个维度对每个事件进行评价，例如事件的新颖性、重要性或情绪性等。

听到被试回忆起的青少年期事件通常比其他年龄段的事件都多，你不会感到惊讶，但他们回忆起的这些事件并不比其他年龄段的事件更新颖、更重要、更情绪化或更有个人意义。实际上，我们回忆起更多青少年期事件的原因完全是我们记住了更多来自这个时期的平凡事件。无论发生在哪个时期，那些不寻常的、充满情绪的、重要的和自我定义性的事件都会被记住，但我们更有可能记住在青少年期发生的普通事，而不是其他年龄段发生的普通事。在这个时期，即使是琐碎的事件也会被深深地烙印在记忆中。

我们也更有可能记住在这个年龄段里听过的音乐，看过的图书和电影。[6]就像记住的经历、人和地方一样，我们最容易记住的歌曲、小说和电影是我们在10~25岁时第一次接触的。同样，新闻中的信息也是如此，这尤其令人惊讶，因为青少年对时事并不那么感兴趣。

青少年期记忆隆起具有启示性的原因有几个。因为这种记忆隆起与青少年期发生的事件的性质无关，所以我们在青少年期的记忆方式一定有一些特殊之处，才使得这个时期成为一个充满回忆的宝库。

在青少年期，对日常经历的编码方式似乎有所不同，就好像大脑的"记录设备"在这个年龄段被调整得更加敏感。[7]当某些神经递质（如多巴胺）在经历某一事件的同时被释放时，相比于这些化学物质水平没那么高时，该事件更容易被记住。当我们经历那些引起强烈消极或积极情绪的事情时，这些化学物质就会被释放。正如我们将看到的，大脑中负责强烈情绪的区域在青少年期尤其敏感。因此，青少年的大脑在化学层面上已经准备好对记忆进行更深入的编码。记忆隆起的出现并不是因为在青少年期发生了更多的情绪性事件，而是因为普通事件会引发更强烈的情绪。

青少年的大脑是可塑的

记忆隆起只是越来越多证据中的一个，表明青少年的大脑对环境特别敏感，这是导致青少年期神经可塑性增强的一个因素。我们更容易回忆起青少年期所发生事件的另一个原因，是大脑对环境的高度敏感性导致我们更深入、更详细、更牢固地编码经历。如此多的自传和小说作品都将背景设定在青少年期，或者说这个时期经常被描述为一个重生的时期，绝非巧合。虽然小说家、剧作家、哲学家和成长回忆录的作者可能不知道这一时期潜在的神经生物学基础，但他们在引起人们注意到青少年期多么具有可塑性上绝对是有的放矢的。

直到最近，神经科学家还认为发育可塑性主要是生命早期的一个特征。产生这种信念的原因很容易理解，因为我们知道在这个阶段大脑发育迅速，许多基本能力在这个时期得到提高（如视觉）、涌现（如语言）和巩固（如大肌肉运动技能）。我们的大脑在生命早期经历的"建设"比我们一生中的任何阶段都要多。

这些早期发育的大脑系统一旦成熟，就很难改变。这就可以解释为什么生命早期的极端匮乏所产生的影响很难逆转。孤儿院中的婴儿如果没有得到足够的环境刺激，且在 2 岁之前没有离开这些有害环境，他们将无法正常发育。研究者对机构养育的婴儿开展了广泛研究，在其中一项研究中，研究人员将随机安置在寄养家庭的罗马尼亚儿童与 2 岁后仍留在孤儿院的匹配组儿童进行了比较。[8]他们发现，寄养家庭组的儿童智力损害明显较少，例如，他们的智商要显著高于那些一直生活在社会福利机构里的儿童。被安置在寄养家庭的儿童也更不容易遭受情感和行为问题的困扰。

我们现在知道，青少年期也是一个大脑重组和可塑的重要时期。这一发现非常重要，对于我们如何培养、教育和对待年轻人有着深远的影响。如果大脑在青少年期对经验特别敏感，那么在从儿童成长为成年人的过程中，我们必须非常仔细和谨慎地考虑我们给予他们的体验。

我们还必须重新审视我们长久以来一直坚信的观点，即生命早期具有独特的重要性。在生命早期，大脑具有较强的可塑性，而且确实之后会失去一些可塑性。但是新的证据显示，大脑的可塑性在青少年期被重新增强，并保持在相对较高的水平，直到成年。大脑可塑性在青少年期是否像生命早期那样强并没有标准答案，因为正如我将解释的那样，在这两个时期，大脑的可塑性分别表现在不同的区域。

在过去的二三十年里，我们对大脑可塑性的看法并不是第一次发生变化。直到最近，人们还认为，一旦我们成年，大脑就几乎失去了所有的可塑性，而且基本没什么办法阻止这种可塑性的流失。但事实证明，这种看法完全是错误的。成年人的大脑并不像年轻时可塑性那么强，但可塑性低并不等同于没有可塑性。（我们是否确切地知道要如何利用这一点是另一回事，而且关于如何"改变成年人的大脑"的未经证实的说法比比皆是。）人们也曾认为，我们出生时脑细胞有特定的数量，随着年龄的增长，我们不会产生新的神经元。这种看法后来也被证明是错误的。

什么是可塑性

用 plastic（塑料；可塑的）这个词来描述大脑可能会令人感到困惑，因为这个词有两个截然不同的含义。我们每天使用的塑料制品，比如我正在打字的键盘，往往又硬又结实，一点也没有延展性。通常情况下，我们不会将塑料制品视为可以轻易被永久改变形态的物体。我可以挤压放在桌子上的塑料水瓶，但只要我松开手，瓶子就会恢复原状。

我们说大脑是可塑的，含义更接近这个词的词源。plastic 一词源自希腊语 plastikos，源自动词 plassein，意为"塑造"。可塑的大脑是一种可以被多次塑造的大脑，就像未经硬化成最终形态的工业塑料一样。从这个意义上说，实际上用"可塑的"这个词来描述处于某些发育阶段的大脑是合适的，因为正如塑料可以从柔软、可塑的状态转变为坚硬、固定的状态一样，大脑也会从相对可塑的状态转变为相对固定的状态。青少年的大脑更像是处于柔软可塑的状态，而不像是塑料经过硬化后的状态。

我们大多数人都可以接受一个观点，即我们的发展受到成长过程中所经历的事情的影响——我们成为什么样的人不仅取决于从父母那里遗传的基因，还取决于在整个生命过程中的经历。即使只是从最基本的角度看，也很容易想象遗传对我们的影响——它们被编码在我们身体所有细胞的 DNA（脱氧核糖核酸）中。我们知道这些基因的影响是如何在体内形成的。它们从受精开始就成为我们的一部分，通过父母双方携带的遗传物质的选择性融合进行传递。

然而很难想象的是，那些影响我们发展的经历是如何进入我们内心世界的，或者这些经历在进入我们内心世界后藏于何处。研究人员发现，被父母殴打的孩子会变得更具攻击性；如果青少年是由婚姻幸福的父母抚养长大的，他们会更容易建立亲密关系；如果幼儿时期父母经常给他们读书，那么在他们开始上幼儿园后学习会更容易。这些研究发现你可能并不会感到惊讶。你很可能有一种直观的感觉，即体罚就是会导致攻击性，父母有幸福的婚姻生活就是有助于孩子在青少年期晚期生活中建立更稳定的关系，家庭中的智力刺激就是能够使孩子在校学习更轻松。

但是，承认特定的经历会产生特定的结果，甚至对于为什么会产生这些结果建立起一个合理的心理学理论，与理解将经历和发育联系起来的潜在生物学过程是不同的。被体罚如何影响儿童对他人的暴力倾向？在互表爱意的父母的陪伴下成长，是如何影响孩子建立亲密关系的能力的？阅读对智力发展有何促进作用？

可塑性是外部世界进入我们内心世界并改变我们的过程。如果经验没有真正改变大脑，我们将永远无法记住任何事情。

因为可塑性使我们能够从经验中学习，所以它使我们能够适应环境。事实上，正是你第一次被火烧伤时大脑发生的变化，使你无论看到火焰的颜色多么诱人，都会避免把手伸进火里。

大脑的可塑性是我们演化遗产的一个基本组成部分。如果没有它，我们的祖先就无法记住哪些环境是安全且宜居的（这些环境提供了食物或水），也无法记住哪些环境是应该躲避的（这些环境是危险的）。大脑的可塑性使我们受益匪浅，因为它使我们能够获得新的信息和能力。所以，像婴儿期或青少年期这样大脑具有高可塑性的时期是进行干预以促进积极发展的绝好时机。

然而，这种可塑性也存在风险，因为在这些敏感期，大脑更容易受到生理伤害（如药物或环境毒素所致）或心理伤害（如创伤和压力所致）。可塑性打开了大脑通向外界的窗户，打开的窗户可以让海风、鸟语和花香进入，但同样也很容易让花粉、噪声和蚊子进来。当这些窗户敞开得特别大时，就像在婴儿期和青少年期，我们必须格外关注从窗户进来的东西。

大脑是如何被构建的

大脑可塑性有两种类型。[9]"发育可塑性"指的是大脑正在形成时期的可塑性，此时其结构仍在发生着深刻的变化。其中一些变化涉及脑细胞的发育或丧失，但最重要的变化涉及大脑的连接方式，即其1000亿个神经元是如何相互连接的。

正如一些房屋安装的电线和管道比其他房屋更高效一样，一些孩子的大脑在可塑期比其他孩子的大脑组织得更好。就像专业的电工和水管工知道如何建造一套特别好用的住宅基础设施一样，发育神经科学家（大脑发育方面的专家）正在逐渐了解如何构建更好的大脑。

想象一下，如果你家中的每个插座都与其他插座相连，而不考虑它们的位置；想象一下，你家厨房中的每个插座都与卧室、走廊和其他房间里的所有插座相连，如果你家只有四个房间，每个房间只有四个插座，那么每个插座将延伸出15根不同的电线；想象一下，你家墙后隐藏着一团乱麻的电线，这种配置会有多低效，而且电流会沿着电线流向不需要的插座，浪费能源和时间。之所以我们将家中的插座排成一串，按照独立电路连接起来，就是为了提高效率。

大脑之所以工作得很好，也是因为它的神经元并非全部相互连接，而是有选择性地连接。在出生时，我们已经拥有了大多数神经元。在生命的最初几年里，我们的大脑并不会产生太多新的神经元，但它们会在神经元之间建立数以亿计的连接。[10] 这个过程是如此广泛，以至神经科学家经常称其为"爆发式增长时期"。在出生后的前6个月内，大脑每秒钟会形成10万个新的神经元连接。[11] 那确实是爆发式的。

因为每个神经元与其他所有神经元都相连是低效的（而且在生理上也不可能实现，因为如果每个神经元之间都彼此相连，那么大脑中神经元的连接布线就需要约曼哈顿大小的区域），[12] 所以大脑神经网络的良好组织非常重要，而婴儿期过度生成的神经元连接往往是严重过剩的。

因此，很多发育可塑性的过程涉及消除不必要的连接，这个过程被称为"修剪"。一岁时，神经元之间的连接数是成年人大脑神经元连接数的两倍左右。修剪可以让大脑更有效地工作，就像修剪树木可以让剩余的树枝长得更强壮一样。修剪是大脑回路重塑的一部分，通过这个过程，神经元之间的连接被创建、加强、削弱或消除。

大脑中调节基本感觉能力（如视觉和听觉）的区域在生命早期就被修剪过了，并且在此之后不会有太大变化，除非大脑因受伤或疾病而受损。而控制高级认知功能（如做出复杂决策）的大脑区域则需要更长时间来修剪，而且大脑系统中的许多功能直到20岁出头或者25岁前后才完全成熟。这些大脑区域在青少年期是被修剪的重点，这就是为什么我们执行这些功能的能力可以通过青少年期的经验来塑造。[13]

通过发育可塑性，经验可以塑造正在发育的大脑，这一过程持续到 25 岁左右。另一种类型的可塑性就是"成年期可塑性"。因为每次我们学到了某些东西时，大脑必然会发生一些持久的生物学变化，所以大脑在各个年龄段都必须具有一定程度的可塑性，否则，我们成年后就不可能获得新的知识或能力。然而，因为我们总是可以学习新的事物，所以无论年龄多大，大脑都具有一定程度的可塑性。但这两种可塑性有着显著的差异。[14]

首先，成年期可塑性不会从根本上改变大脑的神经结构，而发育可塑性会。发育可塑性涉及新的脑细胞的生长和新的脑回路的形成，而成年期可塑性主要涉及对现有回路的相对较小的修改。这就像学习如何阅读（这是一种改变生活的变化）和阅读一本新书（通常不会改变生活）之间的区别。

其次，在成年期可塑性阶段，大脑系统的可塑性远不及发育可塑性阶段。事实上，发育中的大脑在化学层面上更容易被经验改变，就像软泥在变硬之前一样，而成年期的大脑更倾向于抵抗改变，就像已经变硬的泥土一样。[15] 这就是为什么我们在成年期之后在视觉或听觉方面不会变得更好，为什么成年人比儿童更难学会滑雪或冲浪。当我们成年时，调节视觉、听觉和协调能力的大脑系统已经固化。这也是为什么在青少年期之前学习一门外语要比在青少年期之后学习容易得多，因为后一时期负责语言习得的大脑系统已经成熟了。

最后，由于发育中的大脑可塑性更强，它可能比成熟大脑更易受到广泛的经验的影响。在发育时期，大脑甚至会被我们没有意识到的经验所塑造。一旦大脑发育成熟，我们就需要关注我们的经验并赋予其意义，才能使其对我们产生持久的影响。

发育中的大脑既会受到被动接触的影响，也会受到主动经验的塑造。[16]这意味着在我们的大脑完全成熟之前，每一次经历都有可能以潜在的方式永久影响我们，无论是积极的还是消极的，无论我们是否理解它，甚至无论我们是否意识到它。因此，我们更容易回忆起青少年期而不是成年期的事情，这一点并不令人意外。虽然我当时并没有试图记住那个女孩穿着深绿色紧身袜或者开车回家时把比萨盒放在腿上的情景，但它们在我内心产生的图像和感觉都被大脑记录下来了。伴随青少年期而来的大脑可塑性确实无法解释为什么我们每个人会记住从这个时期开始做的特定的事，但它可能解释了为什么我们会记住这个时期更多的事。①

所有的可塑性都是局部的

大脑并非一次性发育成熟的。不同的大脑系统按照不同的时间表发育成熟，并具有不同时段的发育可塑性，有时也被称为"敏感期"。[18]调节人类最基本能力（如视觉、听觉和学习能力）的大脑系统具有非常早且短暂的敏感期，通常发生在生命的头几个月。调节更

---

① 你可能会好奇，既然大脑在生命早期也具有高度的可塑性，那为什么我们很难回忆起那个时期发生的事件。因为很少有人能记住自己3岁左右之前发生的事情。人们认为，在婴儿期，海马（大脑中负责记忆的很重要的一部分）中新神经元的生成会干扰早期编码的事件（新神经元的发育在生命早期过后明显减缓）。换言之，在婴儿期，一种可塑性（新神经元的发育）干扰了另一种可塑性（新神经元连接的发育）的效果。[17]

复杂能力（如语言能力或与父母建立情感连接的能力）的大脑系统具有较晚且更长的可塑期，通常跨越生命的头两年。

控制我们最高级能力（如逻辑推理、计划和自我调节能力的许多方面）的大脑系统具有更长的可塑期。这些系统的许多部分直到20岁出头甚至25岁左右才完全成熟。[19]

虽然早期发育且控制我们最基本和最重要能力的大脑系统也会受到经验的影响，但与调节更复杂功能的大脑系统相比，它们不太容易受到环境中微小变化的影响。这些基本大脑系统的提早成熟主要是由我们基因编码的生物程序驱动的，这个程序在母亲子宫内和生命的最初几个月中就已经启动了。这是合理的。不论我们出生的环境如何，这些基本系统有限的可塑性，增加了我们获得坚实神经基础的可能性，而更高级的能力正是在这个基础上建立起来的。

以视觉为例。虽然生命早期需要一些视觉刺激来发展视觉能力，但实现这一目标所需的经验水平和类型几乎是所有婴儿都会遇到的。正常视力的发展不需要花哨的玩具和昂贵的物体来吸引婴儿的注意力，也不需要特殊的环境。同样，几乎所有婴儿都能发展出产生和理解言语的基本能力，因为促进语言能力发展所必需的主要经验就是简单地听别人说话，这是几乎所有婴儿都能接触到的东西。

像视觉和语言等能力的发展被称为"经验预期"[20]，因为我们可以预期在人类通常所处的环境中找到刺激这些发展过程所需的经验。无论在哪里出生，所有婴儿都有东西可以看，而且几乎所有的婴儿都能听到人类的声音。假如你把一个婴儿放在完全黑暗或者听不到任何人类语言的环境中抚养，那么他的视觉和语言能力就不会得到应有的发展，只有这种极端的环境才能产生这种异常的结果。

相比之下，由于控制更复杂能力的大脑系统相对更具可塑性，因此经验的差异会更加强烈地影响这些能力的发展和最终形态。这种能力的发展被称为"经验依赖性"，因为它们的最终形态在很大程度上取决于奠定其大脑系统成熟基础的特定环境。

无论我们出生在什么样的世界，视觉、听觉、学习能力和运动能力都是至关重要的。听到别人家新生儿的"非凡"成就往往令人厌烦的原因之一是，它们很少与其他婴儿的成就有什么不同。在相对良好的环境中正常发育的婴儿几乎都以相同的方式和时间表发育着。

然而，青少年期发展的能力并不像生命早期发展的能力那样对生存至关重要。你可以在没有逻辑推理、提前计划或控制情绪能力的情况下生活，无数行事毫无逻辑、冲动和脾气暴躁的成年人就是证明。这些能力在许多环境中是有用的，但它们并不像视觉、听觉、学习能力或运动能力那样关键。说得更确切些，它们的价值取决于个体发展的环境。

初级能力的发展受到预先编程的生物学的严格调控，而演化在复杂能力的发展中留下了更多的变化空间。这就是为什么不同的人在逻辑推理能力、未来计划和情绪控制方面存在如此大的差异，而在视觉、听觉和行走方面的差异则要小得多。

在过去，并不是所有的环境都需要特别高级的认知能力。在基本生存都成问题的社会中长大的人，可能不得不快速奔跑以躲避捕食者，但他们可能不需要提前几个月精心计划。事实上，那些在冲刺前花了太多时间思考的人，可能更容易成为其他动物的晚餐。

然而，在当今社会，正规教育对成功越来越重要，那些不善于推理、计划和自我调节的人将处于严重的劣势，而这些能力的发展对环境影响的高度敏感则是一把双刃剑。负责这些高级能力的大脑系统在很长一段时间内会保持可塑性，这使得这些能力可以通过经验得到塑造和优化。对在良好环境中成长的个体来说，大脑系统的可塑性是一种奇妙的特质，但对那些没有得到良好条件的个体来说，这种可塑性可能会带来灾难性的后果。

而且这不仅仅是早期经验的问题。确实，如果在生命的最初几年没有奠定基础，就无法获得这些高级能力——没有从经验中学习的能力，就无法培养出提前计划的能力。但是，早期大脑的完善发育并不能保证这些高级能力可以得到充分发展。为了实现这一点，大脑除了需要儿童早期的经验，还需要某些特定类型的经验。

这就是为什么关于大脑何时最具可塑性的争论是毫无意义的。[21]询问大脑何时最具可塑性，或询问可塑性何时最重要，最好用另一个问题来代替："大脑哪些区域的可塑性最强或最重要，以及出于什么目的？"同一种经验在发育的不同阶段可能会影响大脑的不同区域，这取决于在经验发生时哪些部分最具可塑性。例如，一项关于儿童遭受性虐待对大脑影响的研究发现，受虐待经历对大脑造成不利影响的区域因发生虐待的年龄而异。[22]儿童早期的受虐待经历会影响海马，这是大脑中对记忆很重要的一部分。然而，青少年期受虐待的经历会影响前额叶皮质，这是大脑的另一个部分，它在这个年龄段特别具有可塑性，并且支配着自我调节能力。

如果我们只关心培养个体学习、交流和形成依恋关系的能力，我们就可以满足于在童年期早期提供足够的刺激。但如果我们还想培养孩子能够应对他人需求、动机和意图，能够制订计划并执行计划，能够思考行为的长期后果，以及能够调节自己的行为、情绪和思维，我们就不能只在童年期早期提供刺激，然后抱着侥幸心理希望一切顺利。为了实现这些目标，我们需要在调节这些高级能力的大脑系统具有可塑性时提供适当的刺激，并特别关注可塑性最强的时期。

最重要的连接不在社交媒体上

为了理解为什么大脑在青少年期具有如此强的可塑性以及如何发挥作用，你需要了解一些关于大脑如何运作的知识。

大脑通过在相互连接的细胞组成的电路中传递电信号来发挥功能，这些细胞被称为神经元。每个神经元有三个部分：一个细胞体；一个细长条状突起，它被称为轴突，其末端分成许多小尖端（神经末梢）；以及成千上万个像触须一样的微小分支，它们被称为树突，其本身又分成越来越小的棘状突起（树突棘），就像植物的根系一样。在成年人的大脑中，每个神经元大约有1万个连接。总的来说，神经元和连接它们的突起被称为"灰质"[①]。

当电脉冲沿着神经回路传播时，它们通过轴突离开一个神经元，并通过接收神经元的树突进入下一个神经元。从一个神经元到另一个神经元的电流传输可以被看作沿着特定路径的信息传递，就像接力赛中田径运动员传递接力棒一样。我们所思、所知、所感、所做的一切都取决于电脉冲在大脑回路中的传递。

实际上，一个神经元的轴突并没有与另一个神经元的树突直接连

---

① 神经元的胞体和树突集中的部分，在新鲜标本中呈暗灰色，故被称为灰质。——译者注

接在一起，这和家里的电线与开关的连接方式，或者电器插头的插脚与插座内的活动触点接触方式不一样。在一个神经元的轴突末端和另一个神经元的树突之间有一个微小的间隙，它被称为突触。为了将一个电脉冲传递给相邻的神经元，电荷必须"跳过"这个间隙。这种情况是如何发生的呢？

当一个神经元发送信号时，跨越突触的电流传递是通过释放被称为神经递质的化学物质实现的。你可能听说过一些最重要的神经递质，比如多巴胺（多巴胺在青少年的大脑中扮演着非常重要的角色，原因我将在第四章解释）或5-羟色胺。例如，许多被广泛使用的抗抑郁药就通过改变控制情绪的大脑回路中的5-羟色胺的数量而发挥作用。

当神经递质从"发送"神经元中释放出来，并与"接收"神经元树突上的受体接触时，突触的另一侧会发生化学反应，产生新的电脉冲，并沿着神经回路传递给下一个神经元，在神经递质的帮助下跳过下一个突触。当信息通过大脑复杂的神经回路传递时，这个过程就会重复进行。

每种神经递质都具有特定的分子结构，这种分子结构可以与专门为其设计的受体相匹配，就像钥匙插入锁孔一样。激活神经元释放多巴胺的电脉冲将触发具有多巴胺受体的神经元的反应，但不会影响只具有其他神经递质受体的神经元，这使得大脑能够保持有序性。如果每次神经元发送信号都会激活附近的其他神经元，那么信号传递就会变得杂乱无章，无法维持界限清晰的大脑回路。对在你颅骨内的狭小空间中容纳了1000亿个神经元，每个神经元又有1万个连接的器官来说，这是一个巨大的挑战。通过这种严格匹配的方式，当调节情绪的神经回路中的一个神经元被激活时，它就只会影响你的感受，而不是你能否移动自己的大脚趾。

除了神经元，其他细胞在大脑回路的电脉冲传递方面也发挥着作用。这些细胞被称为"白质"①，它们为神经元提供支持和保护，并组成一种被称为髓鞘的物质，包裹着某些神经元的轴突，就像电线周围的塑料护套一样。髓鞘绝缘了大脑回路，使电脉冲沿着预定的路径流动，而不会泄漏出来。被髓鞘包裹的回路传递电脉冲的速度大约是没有髓鞘包裹的回路的 100 倍，这使得它们更加高效，特别是当回路覆盖了较大的区域时。多发性硬化就是一种髓鞘受损导致的疾病，它干扰了大脑和其他神经系统中电脉冲的传递，从而使控制肌肉变得困难。

脑部髓鞘的数量在我们 40 多岁时仍然在增加，并且随着我们的成熟，越来越多的大脑回路被髓鞘包裹起来，起到绝缘作用。除了重塑神经元之间的连接，大脑回路的髓鞘化是改变大脑可塑性的另一个主要因素。然而，虽然神经元连接的重塑使大脑更容易发生改变，即今天被强化的回路可能在以后的某个时刻被削弱，反之亦然，但髓鞘化稳定了已经形成的回路，而不是创建新的回路。[23] 一旦我们进入成年期，大脑的可塑性就会降低，原因之一是在青少年期，某些抑制新突触形成的脑蛋白在增加，同时促进髓鞘化的其他脑蛋白也在增加，这两类蛋白质使得大脑更难改变神经元之间的连接。[24]

---

① 神经元的轴突因包被有髓鞘，而髓鞘内含髓磷脂，在新鲜标本中呈白色，故称为白质。——译者注

区域经验改变大脑

将我们家中的电路与大脑回路进行类比在一定程度上能够帮助我们理解，但对于一个非常重要的方面，这种类比并不适用。在家中，你越是频繁地使用一个电路，比如反复点亮灯泡里面的钨丝，它就越有可能磨损并需要更换。但在大脑中，情况正好相反。你越是频繁地激活一个特定的大脑回路，它就会变得越强大——神经元之间的连接实际上会因为经验而倍增。这方面最著名的例子也许是对伦敦出租车司机的研究，他们在获得执照之前必须通过对伦敦街道知识的广泛测试。[25] 对他们大脑的扫描显示，在训练过程中，他们的大脑灰质增加了，也就是说，神经元之间的连接增加了，特别是在管理地理信息记忆的大脑区域。

换句话说，神经元之间的连接使我们能做一些事情，比如思考一个特定的想法，感受一个特定的感觉，做出一个特定的行为，记住一张城市街道的地图。我们每次进行这些行为时，神经元之间的连接都会变得更强。[26] 这就是为什么事情通过练习会变得更简单，为什么我们越经常看到的物体就越容易识别，为什么学习一些东西有助于我们记住信息并在我们需要时回忆起来。调节这些行为的大脑回路在每次使用时都会变得更强大。

大脑可塑性不仅加强了我们使用的脑回路，还消除了我们不使用的脑回路。当一个脑回路不被使用时，它的连接会变得越来越弱，轴突会收缩，树突棘会消亡，结果就是，突触开始消失，到最后这个回路通常都不复存在了。这个过程被称为"突触修剪"。

想象一下两个村庄之间的丘陵草地。数百条轻微踩踏出的小径将一个村庄与另一个村庄连接起来。随着时间的推移，人们发现其中一条小径比其他小径更直接。随着人们开始更频繁地使用这条小径，它会变得越来越宽、越来越深，就像被经验强化了的大脑回路一样。由于其他小径不再使用，草又恢复了原样，那些小径也消失了，就像大脑回路中的突触被修剪了一样。被修剪过的大脑区域和未被修剪的大脑区域之间的区别，就像是由大量狭窄的土路组成的公路系统与由少量组织高效的宽敞路径而形成的高速公路系统之间的区别。

经验还会影响髓鞘化，使得回路不仅更高效，而且更持久。当我们练习某件事、学习某项新技能或接受旨在增强某种认知能力的训练时，这些活动会刺激相关脑区的白质生长。比如，对专业钢琴演奏者来说，练习钢琴可以刺激负责手指运动的区域；对杂耍演员来说，练习杂耍动作可以刺激负责眼手协调的区域。虽然某些最著名的例子都来自对身体活动的研究，如杂耍和钢琴演奏，表明练习会促进髓鞘的生长，但最近对认知能力的研究，如记忆和冥想，也证实了重复会刺激髓鞘的形成。[27]

大脑对经验的反应具有显著的可塑性使我们能够学习和强化各种能力，从非常基础的能力（比如记忆）到非常高级的能力（比如自我调节）。这是大脑可塑性的核心。这不仅仅是"不使用它就会失去它"，而且还是"越用越好用"。这对所有年龄段都适用，但在成年之前能更容易、更可靠地实现。

然而，"越用越好用"也有一个重要的限定条件。单纯的重复本身并不能足够有效地刺激大脑发生变化。为了充分利用大脑的可塑性，我们对大脑的需求必须超过大脑满足这些需求的能力。[28] 只有当我们目前能做到的与强迫自己做的存在稍许的不匹配时，才能刺激大脑。如果没有这种不匹配，或者这种不匹配大到令人不知所措的程度，那么大脑的进一步发育就不会发生。优秀的父母和教育工作者知道如何作用于所谓的"最近发展区"[29]①，使儿童或青少年的大脑发育最有可能发生。他们参与了一个被称为"脚手架"的过程，这个过程使得青少年的能力可以逐渐加强。我将在下一章中解释"脚手架"的作用。

强化大脑就像去健身房做举重训练一样。你可以日复一日地用同样的重量进行锻炼来维持一定的力量，但如果你想变得更强壮，你就需要增加举起的重量或重复的次数。类似的情况也适用于神经回路。

我们经常听说需要花费1万个小时来培养某个领域的专长，但很少有人注意到，这1万个小时需要专门投入有意识的练习，逐步挑战正在被训练的大脑系统。[30]仅仅一遍又一遍地重复相同的活动，而不提高要求，对训练大脑并没有什么作用。

但请记住，大脑不同区域的可塑性发生在不同的年龄段。经验，即使在最近发展区内，也不是机会均等的大脑发育特效药。因此，在青少年期最有可能发展、强化或削弱的能力与其他年龄段发展、强化或削弱的能力并不相同。青少年期之所以重要，不仅因为这个年龄段的大脑是可塑的，还因为可塑性发生的区域与其他年龄段不同。

---

① "最近发展区"是苏联心理学家维果茨基提出的概念，指儿童独立解决问题的实际水平和在成人指导下或与有能力的同伴合作中解决问题的潜在发展水平之间的差距。——编者注

多学习新事物会让未来的学习更加容易

　　大脑对经验做出反应的能力已经很不寻常了，但以下这个事实更加引人注目。近年来，科学家发现，某些经验不仅会在特定时刻刺激神经生物学上的变化，而且还会增强"元可塑性"[31]，也就是大脑进一步变化的潜力。换句话说，可塑性实际上会带来更多的可塑性，不仅仅影响被经验直接改变的回路。对某一特定大脑回路的修改引起的化学反应，甚至可以诱发邻近的大脑回路产生未来的可塑性。这就好像记住欧洲国家的首都不仅使随后学习其他大洲国家的首都变得更容易，而且学习如何记住与地理无关的东西也会变得更容易，比如记住历任美国总统的顺序或乘法表。

　　一项特别令人兴奋的发现是，在大脑可塑性增强的时期，学习新事物可以使后续的学习更容易，就好像最初的学习经验会以某种方式激活大脑，使下一次学到的知识更加容易被吸收。[32]这意味着能够在大脑可塑性增强的时期，比如青少年期，持续接触新颖而富有挑战性经历的人，实际上能够在更长时间内保持可塑性窗口的开放。换言之，当大脑处于可塑性阶段时，主动接触新鲜事物和挑战是很重要的，不仅因为这是我们获得和强化技能的方式，还因为这能够帮助大脑保持从未来更加丰富的经验中受益的能力。这就是为什么聪明的人比不那么聪明的人有更长的敏感期，即大脑可塑性特别强的时期。[33]

青少年大脑发展的"3个R"

　　神经科学家主要通过fMRI（功能磁共振成像）研究大脑活动的

年龄差异，这种技术可以帮助他们确定大脑完成不同任务时的活跃区域。功能成像让我们对青少年大脑的理解增加了一个全新的维度。fMRI的魅力在于它可以显示出青少年和成年人大脑运作方式的差异，而这些差异是通过研究他们大脑的解剖结构所无法揭示的。事实上，我们现在已经知道，青少年和成年人的大脑在功能上的差异要比在外观上更为显著。

过去15年已经进行了数百项关于大脑活动年龄差异的研究，这些研究揭示了儿童、青少年和成年人在控制高级思维能力（如提前计划和做出复杂决策的能力）的脑区、体验奖励和惩罚的重要区域，以及调节如何处理人际关系信息的区域方面存在极其显著的差异。[34]青少年的大脑在调节愉悦体验、看待和思考他人的方式以及运用自我调节能力的区域经历了特别广泛的成熟过程。奖励系统（reward system）、关系系统（relationship system）和调节系统（regulatory system），是青少年期大脑发生变化的主要区域。我们可以将它们看作青少年大脑发展的"3个R"。它们是青少年期对刺激反应最敏感的大脑系统，但也是最容易受到伤害的系统。

事实上，我们能够比其他时期更好地回忆起青少年期，而青少年期也是许多大脑区域发生变化的时期。这两个事实表明，大脑在这个时期特别具有可塑性。另一个证据是关于严重心理障碍的平均发病年龄的统计数据。青少年的大脑对压力特别敏感。

严重心理健康问题的平均发病年龄是14岁。不同的心理障碍在最有可能发病的年龄范围上有些不同。有些心理障碍发病的年龄范围非常小，比如社交恐惧症的发病年龄通常在8~15岁；其他一些心理障碍发病的年龄范围则很宽泛，比如惊恐障碍首次出现的年龄是

16~40岁。

但除了注意缺陷多动障碍、分离焦虑障碍、学习障碍和孤独症谱系障碍，其他主要心理障碍的典型发病年龄范围都在10~25岁。[35]青少年期首次出现的心理障碍清单令人震惊：

- 心境障碍，如抑郁症和双相障碍；
- 药物滥用障碍，如酒精依赖或药物依赖；
- 大多数焦虑障碍，如强迫症、惊恐障碍和广泛性焦虑症；
- 大多数冲动控制障碍，如品行障碍和对立违抗性障碍；
- 进食障碍，如厌食症和暴食症；
- 精神分裂症。

一方面，严重的心理问题很少会在10岁之前首次出现；另一方面，如果一个人在25岁之前没有出现过任何心理障碍，那么他或她以后出现心理障碍的可能性也很小。

在这方面，对药物滥用和物质依赖的研究特别能说明问题。这些障碍的神经基础机制已经得到了充分的研究，因为药物成瘾的模拟实验可以很容易地在动物身上开展。（许多其他物种和人类一样喜欢娱乐性药物。）

因为所有的哺乳动物都会经历青春期——激素的变化标志着一个新的发育时期的开始——所以可以利用其他物种来研究在青春期之前、期间或之后的某些经历是否会产生更持久的影响。科学家在实验中比较了接近青春期和完全成熟后接触成瘾性药物的动物大脑，结果显示，在青少年期早期使用尼古丁和酒精等药物，可以永久性地影响大脑奖励系统的功能，因为这一大脑系统在青春期特别具有可塑性。

在这一时期反复使用尼古丁、酒精等药物以及其他药物，会使大脑不仅在使用这些药物时感到特别愉快，甚至必须使用它们才能体验到正常水平的快感。[36]这就是成瘾的基础。

出于明显的伦理原因，我们不能在人类青少年身上开展这类实验。但大规模的调查显示，在青少年期接触成瘾性药物比在成年期接触更容易上瘾。[37]与那些到21岁才饮酒的人相比，那些在14岁之前就已经开始饮酒的孩子在青少年期酗酒的可能性要高出7倍，在他们的一生中出现药物滥用或依赖障碍的可能性要高出5倍。类似的证据表明，那些在15岁之前开始经常吸烟的孩子比那些在青少年期晚期才开始吸烟的个体会面临成年后对尼古丁上瘾的更大风险。家长应该让青少年在任何年龄段都远离酒精、烟草和其他成瘾性物质，特别是对于年龄小于15岁的青少年，这样做尤为重要。

这些相关研究无法排除一种可能性，即那些在青少年期早期就开始吸烟、饮酒或使用非法药物的个体，可能只是因为他们的性格特征（比如自控能力差）导致他们过早地开始尝试这些并成瘾。但动物研究告诉我们，其他因素也会起作用，因为在这些研究中，接触药物的青春期动物别无选择，它们是被随机分配在这个年龄段接触药物的，并与成年后首次接触药物的动物进行比较。

青少年易患精神疾病和成瘾只是这个时期大脑可塑性可能带来风险的一个原因。其他研究表明，青少年的大脑比成年人的大脑更容易受到脑震荡的不良后果影响。遭受脑震荡的高中橄榄球运动员的康复时间比大学生球员要长，而当大脑仍处于第一次撞击的恢复期时，青少年受到第二次撞击的不良影响更大。[38]因此，我们有充分的理由担心，在如此易受脑损伤影响的时期玩橄榄球，可能会带来长期后果。

利用大脑发展的积极力量

正如我之前提到的，大脑可塑性既可以是一种积极的力量，也可以是一种有害的力量。

虽然科学上尚未得出确凿的结论，但似乎老年人的大脑在学习新技能时也会发生回路的改变，尽管变化程度不及年轻人的大脑。[39]这与成年期可塑性的观点是一致的，只是成年人的大脑可塑性远不及青少年的大脑可塑性强。认知神经科学家正在积极研究青少年是否比成年人对"大脑训练"更敏感，以及如果是，大脑的哪些区域更容易得到增强。[40]

然而，这是一个挑战，因为大脑在不同的时间以不同的方式发育成熟。如果你想研究恐怖电影对个体情绪状态的影响，而你的研究对象是蹒跚学步的孩子，那么测量哭泣的频率可能是合理的，但如果你的研究对象是成年人，那可能就不太合适了。同样，相同的大脑训练可能会导致儿童表现出大脑回路修剪的次数增多，成人表现出髓鞘化程度升高，而青少年的大脑可能这两种表现都有所增加。这表明，提出一种适用于不同年龄段的测量"大脑发育度"的通用方法极具挑战性。

有助于达到这一目的的新型脑成像应用可能是结合使用 fMRI 和 TMS（经颅磁刺激[41]）技术。TMS 是一种通过在头皮上施加轻微磁力并以脉冲方式来刺激大脑的技术。根据磁脉冲的频率和模式，大脑中靠近磁铁的脑区活动可以增强或抑制。例如，研究表明，使用 TMS 来干扰控制自我调节能力的脑回路会使人变得更加冲动。TMS 是安全的，即使刺激停止后，其对大脑的影响也可以研究，因为这种影响会持续约一个小时。

由于大脑回路中对神经活动的刺激或抑制方式在不同年龄段的个体中看起来大致相似，因此可以对不同年龄段的个体的同一脑区施加相同强度的磁刺激，并比较他们的激活程度。如果青少年对施加在同一脑区的相同磁脉冲的反应比成年人更大，那么就表明，年轻群体的可塑性更强。

TMS 已被批准用于临床治疗那些对常规医疗手段无效的青少年重度抑郁症，但它目前尚未用于研究未被诊断为心理疾病的年轻人。然而，一些临床试验的证据表明，与成年人的大脑相比，青少年的大脑对 TMS 的反应更灵敏。[42]

这与一般观点一致，即心理问题刚出现时比之后变得更棘手时更容易治疗。从某种程度上说，鉴于青少年大脑更具可塑性，我们不仅要防止青少年接触导致心理障碍的各种压力和物质，而且还要尽可能早地治疗在青少年期出现的心理问题，这一点至关重要。青少年期的一些情绪波动是正常的，但如果一个十几岁的孩子出现了情绪或行为问题的迹象，而且持续时间超过两周，那么最好去检查一下。父母如果认为他们正处于青少年期的子女可能正在遭受抑郁、焦虑或药物滥用等问题，应该及时寻求专业帮助。一旦可塑性的窗口开始关闭，这些问题就会变得更难处理。

随着进入青少年期，大脑可塑性也在增强

虽然迄今为止还没有多少直接证据证明大脑在青少年期比在童年期中期更具可塑性，但有几个原因让我们认为这可能是事实。虽然尚

未有确凿的证据，但支持这一观点的证据正在逐渐积累，一些神经科学家也得出了类似的结论（尽管是推测性的结论）。[43][①] 有几个原因支持这一观点。

第一，青少年期的心理变化远比童年期中期的心理变化更为剧烈，这表明大脑在青少年期正在经历更为迅速或广泛的改变，因为我们行为的任何变化都一定会与大脑的变化相关联。这种发展观点也与一些个体的逸事相一致，这些逸事说明童年期中期远不如青少年期那么动荡不安。毕竟，弗洛伊德将童年期中期称为"潜伏期"，这是一个高度稳定和巩固现有能力的时期，而不是进行重大心理变革的时期。这种变革直到青少年期才发生。正如卢梭所写，我们出生了两次——次是为了存在，一次是为了生活。[44] 他所说的第二次出生就是指青少年期。

第二，关于记忆隆起和心理障碍的研究结果表明，青少年期比儿童中期更敏感，至少对记忆和心理健康问题而言是如此。请记住，与随后的岁月相比，青少年期不仅仅是一个回忆格外清晰、情感格外丰富的时期；与之前的岁月相比，它也带来了更生动的记忆和更多的心理困扰。同样，这并不是证明青少年期的大脑比童年期更具有可塑性的直接证据，但它肯定与这个观点是一致的。

第三，研究还表明，相比青少年期前的大脑，青少年期的大脑对

---

① 由于大多数关于可塑性的研究是在啮齿动物身上进行的，它们从出生到青春期之间的发育时期非常短暂（老鼠仅约 30 天），因此很难像人类那样在实验动物中划分童年期和青少年期之间的界限。研究老鼠的科学家通常会谈到青春期前（包括婴儿期）、青春期前后（青少年期）和青春期后（成年期）的发育。如果大脑可塑性的过程是开始很高，之后下降，然后再升高、再下降，那么在寿命如此短暂的实验动物身上很难得到证明。

压力和刺激的反应更强烈。[45] 人们所经历的生活压力事件（如家人生病、重要友谊的失去、宠物死亡、父母失业等）的数量与抑郁、焦虑或其他心理问题的症状之间的相关性在青少年期比童年期更强。这种在青少年期对压力的高度反应是另一个指标，表明这个时期对环境的影响特别敏感。

第四，在童年期和成年期之间的许多大脑活动的模式变化并不遵循一条直线，而是遵循一条看起来更像是 U 形或倒 U 形的轨迹。例如，大脑对奖励性图片（如微笑的面孔）的反应，从童年期到青少年期会增强，然后在青少年期到成年期下降。[46] 这表明，青少年的大脑与儿童和成人的大脑有所不同。如果大脑的可塑性在出生时很强，然后随着年龄的增长逐渐平稳地减弱，我们就不会期望看到这样的模式。

第五，在童年期和青少年期之间，大脑发生了某种变化，这为这一时期可塑性可能会发生变化提供了一个合理的解释。这就是青春期。

青春期和可塑性

我们通常认为青春期是这样的：它把我们转变为身体和性发育成熟的成年人。青春期的激素变化使我们长得更高、更重，并发育出性成熟的外在标志（如女性的乳房和男性的面部毛发）。它们促进了我们生殖系统的发育，并激活了我们的性欲。

但是，青春期对我们身体机能的影响比对我们的外貌、生殖能力和性欲的影响更深远。大脑会被睾酮和雌激素等性激素彻底改变。这些物质的含量在青春期时会急剧增加，影响大脑的生理结构，从化学层面上改变其回路的实际结构。[47] 性激素促进髓鞘化，刺激新神经元的发育，并促进突触修剪。[48] 青春期使大脑对各种环境的影响更加敏感，无论是好的还是坏的。它还刺激大脑可塑性的显著增强，使我们不仅对世界更加关注，而且更容易受到其潜在的持久影响。例如，我们在青少年期获得的恐惧体验在以后的生活中特别难以摆脱。[49]

当我们的青少年期结束时，另一系列的神经化学变化使得大脑的可塑性越来越弱。随着我们从青少年成长为成年人，大脑可塑性的窗口逐渐关闭（虽然没有完全封闭），这是一个渐进的过程，持续到20多岁，大脑的化学成分从促进我们神经结构的变化趋向于稳定。[50] 在青少年期，新的突触和新的神经元大量激增，同时许多现有的神经回路被修剪，但随着大脑发育成熟进入成年期，这些过程都会显著减缓。[51]

我们不知道是什么信号让大脑在青少年期结束时从更具可塑性转变为具有较小的可塑性，但最近的动物研究显示，如果控制这种转变的基因之一被阻断，成年老鼠的大脑就会保留其幼年期的一些可塑性。即使这个基因开关已经被翻转，即将其再次切换回青少年期的状态，其影响也可以被逆转。[52] 虽然这项研究尚未在人类身上进行，但如果相同的模式被发现，对于恢复遭受脑损伤的成年人的大脑可塑性有重大的意义。[53] 一旦使大脑再次具有可塑性，修复受损的成年人大脑应该会容易很多。

青少年期结束时发生的可塑性的自然下降并不仅仅是青春期引发的上升趋势的逆转。事实上，并没有证据表明性激素的变化会降低可塑性。这是很合理的，因为性激素的水平直到30多岁才开始下降。如果大脑在成年期早期失去了一些可塑性，应该与睾酮或雌激素的减少没有关系。

相反，进入成年期后可塑性的降低可能至少有一部分是由于经验造成的。许多研究表明，寻求新奇和刺激体验的动机在进入青春期后不久就会增加，然后随着我们从青少年期晚期进入成年期而下降——这种模式在其他动物身上也可以观察到。这种在青少年期探索世界的内在需求如此强烈，以至于我们在童年期可能已经形成的许多恐惧被暂时压制，直到成年后才会重新出现，这也许是为了确保它们不会干扰我们能够与父母分离并走出家庭完成繁衍的天性。[54] 寻求新奇感的增加是确保个体在大脑处于学习新经验的最佳状态时大胆进入世界的一种方式，因为青少年的大脑不仅更具可塑性，也更具"元可塑性"，所以在追求新奇的过程中发生的学习很可能有助于保持大脑在青少年期的可塑性。

我们知道，环境对大脑的要求与大脑的现有能力之间的不匹配促进了成年期的大脑可塑性。[55] 我们越少将自己置身于新奇的环境中，就越少遇到这些不匹配的情况。当这种情况发生时，且学习新事物的需求变得越来越不迫切时，大脑就会开始失去一些可塑性。当我们度过青少年期并停止寻求新的体验时，我们的大脑就结束了最后一个具有广泛可塑性的阶段。

既是机遇，也是风险

随着大脑的更多回路变得稳定，它们变得不那么容易被修改，这使得大脑更加高效——电脉冲传递得更快，但也使得大脑不会随着经验的变化而改变。这在演化上是有意义的。

青少年期是我们获得最后一组独立生活所需的技能和能力的时期，最重要的是，能生存足够长的时间以繁衍后代并将其带到这个世界上。这个为成人生活做准备的最后时期，也是我们在独立生活之前学习所需知识的最后机会。我们对信息是如此渴求——这就是为什么青少年的大脑能够如此敏锐地意识到周围所发生的一切，即使是我们没有意识到的事物。随着青少年期的结束，所需的知识和能力已经获得，其中一些是通过积极寻求这些信息获得的，但也有大量的信息是无意中吸收的，大脑开始改变其"投资组合"，更加重视对现有资源的有效利用和保护，而不是增加新资源。在我们的发展过程中，可塑性是至关重要的，但要记住，所有环境都存在风险和机遇。一旦我们拥有了独立生存所需的能力，再为了保持足够的可塑性而让我们受到不利经验的潜在伤害就没有任何意义了，因为根本不值得我们再冒这种风险了。这就像我们在达到一定年龄后，将退休投资从高风险的股票转换为更保守的债券一样。

当我们进入青少年期时，大脑仍然具有可塑性，但青春期生物学上的程序变化会打开更大的可塑之窗。当度过青少年期时，我们会逐渐放弃——无论是出于选择还是出于必要——那些本来会保持大脑可塑性的经验，也会关闭这扇窗户。

考虑到这一点，对如今许多70岁出头的人来说，进入成年期的漫长过程开始显得比父母和评论家所认为的更为有益。实际上，那些有幸能够延长青少年期的个体可能确实具有优势，只要他们延长青少年期时所处的环境提供了持续刺激和不断增加挑战的机会，并避免对可塑性的大脑造成伤害。最近的研究表明，高等教育通过改善大脑白质的结构，促进了高级认知能力的发展，而大学教育对大脑发育的贡献超过了单纯的年龄增长带来的影响。[56]也许我们应该停止为越来越多的年轻人延迟过渡到成年期而担忧，而应该从更积极的角度来看待它。

我曾多次指出，大脑的可塑性既带来了机遇又带来了风险。正如我们将在下一章中所看到的，这个充满希望和危险的时期从未如此漫长，因此，青少年期现在比以往任何时候都更重要。

第三章
最漫长的十年

如今，人类的青少年期比历史上任何时候都更长。我们如何定义人生的这个阶段——何时开始，何时结束，本质上是比较主观的。专家用青春期代表青少年期的开始，因为它很容易衡量，有明显的特征（比如性成熟），并且是普遍的。在过去有正式仪式的社会中，青春期一直被用来表示人们已经不再是孩子的时点。

　　在现代社会，我们可能缺乏正式的成人仪式，但仍然用青春期来标志进入青少年期，然而关于这个时期何时结束却很难达成共识。虽然青少年期和成年期之间有一些客观的生物学界限，例如，人们不再长高，或者可以生育孩子，但有时这些指标并不准确。有些人十二三岁就会突然完成了他们的成长，有些人甚至可以在这个年龄成为父母，但我们中很少有人——至少在当今世界——会觉得可以给13岁的孩子贴上"成年人"的标签。这就是为什么我们倾向于用某种社会指标来划分青少年期和成年期，比如达到法定成年年龄、开始全职工作或者搬出父母家。理性的人可能在哪一个社会指标最有意义上存在异议，但他们可能会同意象征成年的文化性标志比生物学标志更有意义。

这就是为什么专家用生物学特征代表青少年期的开始，而用文化性特征代表青少年期的结束。

在青少年期开始和结束的所有可能标志物中，如果青少年期真的变长了，那么月经初潮和结婚可能是最好的标志物，因为我们对这两者都有丰富的体验，并且可以明确标注它们的时间。对大多数女性来说，月经初潮是一个难忘的事件，其日期经常会被医生记录在档案中。自1840年以来，西方社会的科学家一直在跟踪女孩月经初潮的平均年龄，并且从那时起，人们对青春期到来的标志是如何变化的有了很好的了解。对男孩而言，他们没有和女孩情况相似的、直接表明"我成为男人了"的青春期事件，但同一社会中的男性和女性青春期开始的年龄存在很高的相关性。虽然女孩通常比男孩提前一两年进入青春期，但在女孩青春期提前的社会中，男孩的青春期也会相应提前。

人们结婚的年龄比初潮的年龄更可能被准确记录。政府官员早就注意到人们宣誓结婚的年龄，因此，几个世纪前我们就有了关于婚姻的准确统计数据。这当然不是说一个人必须结婚才能成为成年人，而是平均结婚年龄有助于追踪历史趋势，即人们向成年人过渡的年龄是如何随时代而变化的。对这种趋势的监测也可以通过记录人们完成学业、开始职业生涯，或者建立独立家庭的年龄来完成，但我们在记录这些方面上并没有像记录婚姻状况一样保持悠久且详尽的官方记录。虽然不同的个体结婚、毕业、开始职业生涯或组建一个家庭并非都发生在同一年龄，但同一时代的人往往会倾向于步调一致。当结婚的平均年龄随着时间的推移而增大时，其他行为发生的时间也会随之延后。①

青少年期已经变得更长

19世纪中叶，青少年期大约持续5年，即女孩从月经初潮到结婚所花的时间。在19世纪与20世纪之交，普通美国女性在14~15岁第一次来月经，在不到22岁的时候结婚。可以说，在1900年，美国女性青少年期持续不到7年。

在20世纪上半叶，人们开始更早地结婚，但进入青春期的年龄却不断提前，这就使青少年期的时间维持在7年左右。例如，在1950年，美国女性平均在13.5岁左右经历月经初潮，在20岁结婚。

然而，从1950年开始，情况发生了变化。进入青春期的年龄仍然在持续提前，但人们结婚的时间越来越晚。月经初潮的平均年龄每10年提前3~4个月，而平均结婚年龄却延后了约一年。按这样计算，到2010年，一般女孩从月经初潮到结婚需要大约15年的时间。

如果这些趋势持续下去——出于我接下来将解释的原因，它们很可能会持续下去，到21世纪30年代，青少年期从开始到结束将需要约20年的时间跨度。

月经初潮的这些有效信息，使得记录女孩的青春期提前时间比男孩更容易。为了研究男性青春期年龄的历史趋势，研究人员不得不使

---

① 我和同事使用"监测未来"进行了一项分析。我们使用了一个具有全国代表性的美国高中毕业样本，取样时间为1977—2010年。我们研究了人们向成人角色转变的不同年龄之间的相关性。每个毕业生第一次结婚时的平均年龄与他们完成最后一年的教育、开始第一份全职工作、组建自己的家庭或生孩子时的年龄相关性最强。

用更多灵活变通的方法。有几项非常巧妙的研究使用了更间接的方法，证明如今的男孩比过去也成熟得更早。

男性进入青春期的一个可靠指标是他们的声音变得低沉了，或被称为"变声"。如果从事组建儿童合唱团的工作，你就会密切关注这一变化，而合唱团指挥长期以来一直坚持记录他们的歌手何时出现"变声"。根据这些记录，男孩变声的平均年龄从18世纪中期的约18岁提前到1960年的约13岁，今天已经下降到10.5岁左右。[1]男孩成熟后声音变得低沉通常发生在青春期开始时，大约3年后发育成熟，所以我们可以推断：如果当下男孩的变声平均发生在10.5岁，那么他们大约13岁时就完成了身体发育。这意味着在过去的几个世纪里，男孩完成青春期的年龄也在提前，且与在女孩身上观察到的情况相似，即大约每10年提前3~4个月。

我们还能够从死亡率统计数据中收集到有关男性青春期变化的信息。在所有文化和时代中，男孩的死亡率在他们成为青少年后的几年会急剧上升。这一时期被称为"事故高峰"。[2]之所以会出现这种情况，是因为青春期睾酮水平的升高会使男性变得更加好斗和鲁莽，这使得他们更有可能做一些让他们丧命的事情，比如打架或做一些冒险的事情。因为许多社会都会记录死者的身份信息和死亡时间，我们就可以看到"事故高峰"的时间是否已经提前，进而证明青春期开始的时间有所提前。事实上，在过去的几个世纪里，"事故高峰"也以每10年3个月的速度在提前。①

---

① 早在20世纪之前，"事故高峰"的时间就一直呈提前趋势，所以我们知道这种提前并不是由于工业化或汽车的使用所导致的。

科学家不得不依靠这些间接的测量方法来计算如今男孩进入青春期的年龄是否比遥远的过去更小。得益于现代医生的详尽记录，关于最近的趋势我们得到了更完整的数据，这些新的统计数据揭示了类似的规律。2012年，一份基于美国儿科医生提供的信息报告记录，到2010年，男孩进入青春期的时间比20世纪70年代提前了两年。[3] 男性进入青少年期的年龄正在持续提前，就像女性一样。

男性进入青春期的生理特征可能比女性更难测量，但婚姻却不是，所以我们可以像追踪女性一样比较容易地追踪男性向成年角色过渡的年龄。男性第一次结婚的平均年龄持续增加：1950年，美国男性普遍在23岁结婚；到2011年，结婚的平均年龄已经上升到29岁，大约每10年增长1岁，与女性的增长速度大致相同。[4]

1960年，男孩在16岁左右完成青春期，23岁结婚；如今，他们的青春期在14岁左右结束，而第一次结婚大约在29岁。

"等你结婚"是一种越来越难以遵循的传统智慧。

青春期能开始得多早

1850—1950年，青春期的年龄急剧提前，然后在20世纪下半叶趋势有所放缓，这使科学家相信，我们正在接近生物学上固定的性成熟的最小年龄。20世纪90年代末，当青春期提前的现象越来越普遍的报道开始出现时，人们既震惊又怀疑，但从那时起，多项研究证实了这一趋势，并且让人们有理由相信，我们还没有看到这一提前趋势的结束。

女孩月经初潮的年龄并不完全等于她们开始进入青春期的年龄，

事实上，它更接近于她们达到性成熟的年龄。如今，青春期不仅结束得更早，而且开始得也更早。对月经初潮的研究甚至还没有捕捉到这种下降趋势是多么令人震惊。

年轻女孩成熟过程中最早可观察到的变化是乳房发育和阴毛的生长，每一种变化都可能发生在她第一次来月经的前三年。如果今天的女孩平均在12岁左右第一次来月经，那这就意味着她们平均在9岁左右开始进入青春期。

我们没有关于更早以前乳房发育平均年龄的可靠数据，因为医生和科学家仅记录了女孩月经初潮时的年龄，很少有其他数据，但我们至少掌握了近几十年来发生变化的信息。一项针对20世纪60年代初出生的美国儿童的大型调查发现，乳房发育的平均年龄接近13岁，到20世纪90年代中期，这一数字已提前至不到10岁。

如今，儿科医生报告说，早在7~8岁时就出现乳房发育迹象的女孩数量有所增加。美国最近的一项基于21世纪第一个10年中期数据的研究发现，1/10的白人女孩和近1/4的黑人女孩在7岁时已经开始发育（这意味着她们刚上小学一年级或二年级）。[5]我在约翰斯·霍普金斯大学人口、家庭和生殖健康系的一位同事告诉我，她和她的同事现在已经观测到了小学二年级的孩子来月经，这意味着相当一部分女孩——最典型的是来自市中心贫困区的黑人女孩——在幼儿园里就表现出了性发育的最初迹象。

虽然最近对男孩的研究较少，但据报道，男性青春期开始的年龄也出现了类似的提前趋势。在男孩身上，青春期的第一个外部迹象是睾丸大小的变化。使用这一指标的研究表明，到2010年，10%的白人男孩和1/5的非洲裔美国男孩在6岁或一年级时就出现了青春期的最初迹象。

重要的是，无论是男孩还是女孩，青少年期都开始得更早、结束得更晚，持续的时间比以往任何时候都长——是150年前的3倍，是20世纪50年代的2倍多。

为什么孩子会早熟

科学家过去认为，进入青春期的时间在很大程度上是由基因决定的，如果你的父母早熟，你也很可能早熟。但我们现在知道，一个人发育成熟的年龄是由遗传和环境影响的综合作用决定的。[6]

最有力的影响因素是健康和营养。一般而言，那些母亲在怀孕期间营养充足、身体状况良好的孩子，以及在饮食合理、身体健康的情况下长大的孩子，更有可能提前进入青春期。这一点已在许多研究中得到证实。这些研究比较了来自世界不同地区经济条件相似，或者同一国家不同经济水平的儿童，发现越健康、吃得越好，就越有可能早熟。1850—1950年，进入青春期年龄的大幅提前主要是由于母婴健康状况的改善。

近几十年来，青春期年龄的持续提前被认为是出于不同的、更令人不安的原因。在美国近代史上，母婴健康和日常饮食的改善速度并没有显著到加速儿童青春期的到来。

为了理解儿童进入青春期的年龄持续提前的原因，尤其是对于那些来自最不健康、最贫穷地区的儿童，比如美国市中心贫困区的黑人儿童，我们需要研究青春期的开始是如何被引发的。虽然它最终会通过直接作用于身体的性激素影响我们的外表和发育方式，但是这些都是"下游事件"。性成熟不是从卵巢或睾丸开始的，而是从大脑开始的。

青春期是如何发生的

青春期是由一种名为吻素（之所以如此命名，是因为它是在宾夕法尼亚州好时巧克力 Kisses 系列的生产地被发现的）的大脑化学物质增加而引发的。[7]吻素刺激一系列神经化学过程，最终向卵巢或睾丸发出信号，增加雌激素、睾酮和其他激素的产生，从而激活我们的性欲，使我们产生繁殖的意愿。这些激素还会调节青春期的所有外表变化，如乳房发育、阴毛生长和性器官外观的变化。吻素在大脑中的产生还受到一些其他化学物质的影响，其中最重要的是激活它的瘦素（又称瘦蛋白）和抑制它的褪黑素。[8]

瘦素是一种由脂肪细胞产生的蛋白质，它在我们体内的含量与我们体内的脂肪含量成正比。它会抑制我们饱腹时的进食欲望，在调节饥饿和食欲方面发挥着关键作用。在某些意义上，瘦素不仅向大脑发出信号表明我们吃饱了，还向大脑发出我们"足够胖"的信号。

褪黑素是一种有助于调节睡眠周期的激素，它的水平在一天中会忽高忽低。褪黑素水平随着天黑而升高，从而使我们犯困。随着褪黑素水平的持续升高，我们会变得昏昏欲睡，而随着早晨的临近，褪黑素水平又开始下降，我们就醒了。

这种循环是由身体内部的生物钟引导的，但它可以通过接触光亮而改变。如果你乘坐夜间航班从纽约市起飞，并于巴黎时间上午8:00到达法国，想在降落后不那么困的一种方法是，一下飞机就让自己暴露在大量的光线下，这会抑制褪黑素的产生，并有助于将你的生物钟调整到早上（而不是所离开的居住地的凌晨2点，这原本是飞机着陆时身体的默认时间）。有些人发现在长途旅行时服用褪黑素很有帮助，它能帮助你比平时在家的那个时区更早入睡。服用褪黑素的最佳时间是目的地的晚上，无论你离开的城市是什么时间。

褪黑素水平对人造光和自然光都很敏感。这就是为什么不主张人们在上床睡觉前盯着发光的屏幕看（如计算机显示器、智能手机或平板电脑），它们发出的光会抑制褪黑素的产生，从而使人们更难以入睡。毫不奇怪，今天的青少年几乎全天候地都在使用电视、计算机和其他带有发光屏幕的设备，因此他们的睡眠问题比前几代人更严重。

你的基因会设定你在某个特定的年龄进入青春期，但你的脂肪细胞越多，接触的光线越多，你就越有可能比遗传倾向时段更早地进入青春期。有着相同基因，但又瘦又不过多暴露在阳光下的人，青春期会来得更晚些。这就是为什么肥胖儿童和生长在赤道附近的儿童青春期开始得更早。肥胖儿童体内脂肪较多，会产生更多的瘦素，从而刺激吻素的产生；生活在赤道附近的儿童每年接受更多的阳光照射，他们的褪黑素水平较低，产生的吻素并不像生活在两极附近的孩子那样容易受到抑制。

从演化史的视角来看，我们发现身体脂肪和接触光照是影响青春期时间表的原因。人类是在资源匮乏的时代演化的，因为并不是所有的后代都能存活下来，所以尽可能多地受孕和生育是一种适应。又因为女性一生的月经周期次数有限，她们越早进入青春期并开始性生活，生下更多后代且容易存活的机会就越大。青春期提前意味着更多的月经周期次数和更多生育孩子的机会。①

如果最终目标是生育尽可能多的孩子，那么一旦个体囤积了足够的脂肪，并感觉到了适合收集食物的时节，就是身体开始成熟的时候。基因不知道我们不再生活在一个资源匮乏的世界里，今天我们可以把食物储存在橱柜和冰箱里，这样我们就可以在黑暗的冬天有充足的食物吃。虽然环境发生了变化，但我们的大脑演化要慢得多，进入青春期的时间仍然受到大脑循环中瘦素和褪黑素水平的影响。

了解我们的演化史有助于解释为什么今天的青春期比以往发生得更早。我们的孩子更胖了，他们花更多的时间坐在屏幕前，尤其是在晚上，这增加了他们每天接触到的光线（这也使他们久坐不动，进一步导致了肥胖）。就进入青春期的时间而言，每天晚上天黑以后还在计算机前多待几个小时，其效果就如同在赤道附近长大一样。

女孩比男孩更清楚地证明了肥胖、光照和青春期提前之间的联系，这是有道理的，因为女性需要有足够的脂肪和食物才能成功怀孕。但男孩进入青春期的年龄也更早了，于他们而言，这不可能是因为在演化上需要增加体重或在合适的时节储存足够的食物，那我们该如何解释今天男孩成熟得更早？

答案是，肥胖和过度的光照并不是导致青春期提前的唯一原因，许多其他因素也正在影响着男性和女性的发育时间。

"内分泌干扰物"是一种会破坏我们身体正常的激素功能的化学物质。[9]随着接触内分泌干扰物程度的增加，男孩和女孩进入青春期的年龄都在提前。这些化学物质通过改变天然性激素的产生和作用，

---

① 如果你想知道，我可以告诉你，女性进入青春期的年龄与绝经的年龄是无关的。

以及模仿激素本身，来影响青春期的时间节律。这些干扰物存在于塑料（不仅存在于制造食品容器的塑料中，还存在于我们经常接触的家具和其他家居用品中）、杀虫剂、头发护理产品以及许多肉类和乳制品中，其中可能包括动物激素以及影响我们内分泌系统的人造物质。环境中存在的可以加速青春期发育的化学物质如此普遍，以至孩子们早已与之接触，即使他们的父母在饮食方面非常小心。在现代社会，由于高度暴露于内分泌干扰物中，儿童在他们年龄较小时就开始发育几乎不可避免。

较早进入青春期的现象在出生时体重较轻的儿童中也更常见，无论性别如何，这通常因为他们是早产儿。低出生体重会导致胰岛素分泌过剩，而胰岛素在血液中的异常高水平会导致体重过度增加乃至严重肥胖。然而，除了通过增加体重来加速青春期的到来，高胰岛素水平也会刺激性激素的产生，从而使青春期更早开始、更快发展。在过去的几十年里，早产儿的数量和存活下来的极低体重儿的比例显著增加，这很可能是导致早熟青少年数量增加的一个原因。[10]

最后，更早进入青春期也可能是由于家庭压力的增加。虽然关于这一主题的研究结果在女孩身上比在男孩身上更具一致性，但许多研究发现，在父母和孩子之间冲突相对较多的家庭、父亲缺席的家庭，以及父母和孩子彼此感觉不那么亲密的家庭中长大的青少年，青春期开始得更早。[11]造成这种情况的原因尚不清楚，但很可能是在高于正常水平的家庭紧张氛围中成长所带来的额外压力起到了一定作用。大剂量的应激激素，如皮质醇，会干扰正常发育，因此长期暴露在慢性压力下的儿童往往发育迟缓。但即使应激激素的量很小，比如只是来自经常与父母争吵所产生的压力，实际上也会刺激身体发育。一些研究人员还假设，父亲的缺席会增加女孩与无关的成年男性（例如与她们母亲约会的男性）的接触，后者的信息素可能会刺激性发育，从而触发女孩提前进入青春期。信息素是我们分泌的影响他人生理和行为的化学物质。女性的性发育对信息素尤其敏感，经常接触无血缘关系的成熟男性的气味可能会刺激女孩更早进入青春期。

青春期提前与肥胖、人造光、内分泌干扰物、早产和家庭压力等因素都有关，这表明，青春期开始的年龄很可能会继续提前，因为没有迹象表明这些外部因素会减弱（最近关于幼儿肥胖率下降的报道被证明过于乐观）。[12] 虽然这听起来令人震惊，但很快我们可能就不得不对幼儿教师进行有关青少年发育基础知识的培训了。

关注孩子提早进入青春期

除了少数患有罕见疾病的个体，每个人都迟早会进入青春期。每个人都会经历一个身心迅速发育的成长期，开始看起来像一个性成熟的人，并对性产生兴趣。那么，为什么我们还要细究青春期发生的早晚呢，毕竟无论怎样它都会到来？

青春期的时间节律之所以重要，有两个原因。首先，早熟的人往往受到他人的不同对待，这会影响他们的行为和自我感觉。早熟的青少年更有可能希望自己更快长大，能和年长的同伴在一起，远离学校，行事也更倾向于与他们的同伴保持一致。[13] 与年长同伴相处时间的增加，常常会让早熟的人做出一些他们本来在很久以后才会尝试的行为，比如性行为、违规、逃学、吸烟、饮酒和使用某些药物。[14] 因为这类行为有聚集倾向，所以早期参与其中一种行为（如饮酒）往往会导致参与另一种行为（如性行为）。早期的性行为通常是疏于保护的，以至于早熟的青少年可能更频繁地将自己暴露在怀孕和性传播疾病的风险之中。

提早进入青春期发生问题行为的影响在两性中都是相似的，但早熟对女孩的心理影响更大。对大多数男孩来说，早熟能提升他们的自我形象，因为提早发育使他们看起来又高又壮，而这时正是男孩运动能力最充沛的时期。[15] 由于他们的外表更像成年人，早熟的男孩更有可能被赋予责任，并被要求担任领导职务。也许正因为如此，早熟的男孩和男人一样，在工作中更成功。

早熟对女孩却没有这种影响。青春期提前的女孩更容易出现抑郁、焦虑、惊恐发作和进食障碍，不难想象其中的原因。来自与周围人形象不同的压力（因为平均而言，女孩比男孩成熟得早，早熟的女孩确实在人群中更加突出）、男孩的关注，以及在情感或理智上做好准备之前就不得不做出有关性行为的决定，都会使青少年期早期成为一个对她们而言特别有压力的时期。在发育的某个阶段，当一个女孩还在自我探索时，因为她的外表而受到很多关注会影响她看待自己的方式，以及其他人对她的看法。毫不奇怪，早熟女孩遭受性虐待的风险更高。[16]

社会对青少年的性特征感觉非常矛盾。看上去性感的青少年会引起更不舒服的反应。比如萨拉就是一个很好的例子，我第一次见到她是在她12岁的时候。

萨拉是一个非常漂亮的女孩，有着浅棕色的头发和不同寻常的蓝灰色眼睛，但在10岁时她就进入了青春期，到她12岁时，引起人们注意的并不是她的脸，而是一个成熟的年轻女性的身体。男人们在街上从她身边经过时都会盯着她看，他们很可能没有意识到盯着的是一个六年级的学生。

萨拉过早的身体成熟也引起了学校里高年级男孩的注意，他们被她的性感外表所吸引，并渴望利用她情感上的不成熟。萨拉很难抗拒他们的示好，她逐渐开始把更多的时间花在与高年级男孩的关系上。年龄大一点的青少年更喜欢一些过火的娱乐活动，而一个12岁的孩子很少会想到这些。早熟的女孩经常与年龄大一些的男孩发生恋爱关系，而年龄大一些的男孩可能会给她们施加压力，让她们在性关系方面走得比她们自己所希望的或准备好的更远。事实上，年龄大一些的男孩是早熟女孩面临问题的重要一部分。一般来说，早熟女孩很容易受到情绪困扰，尤其是当她们有很多男性朋友时，以及当她们和年龄大一些的同伴在同一所学校时（例如，六年级的女孩在一所也有七年级和八年级学生的学校）。[17]

到九年级的时候，萨拉已经习惯于酗酒、抽烟，甚至染上毒瘾。她的母亲离婚了，自己也酗酒和服用安定药，对萨拉的情况浑然不觉。到了十一年级，萨拉几乎不上学了，但当在校外看到她的朋友时，她无意中听到他们在谈论将在哪里申请大学，萨拉开始担心她的同学都搬走后她的日子会是什么样子的。她陷入了深深的抑郁，几次险些自杀。

幸运的是，如今萨拉有了工作，结了婚，生活幸福。虽然相对于她的同学，她的学习时间表被推迟了，但她最终从社区大学毕业，在经历了几段糟糕的关系后，遇到了一个对她很好、能理解和共情她的经历的年轻人。但在青少年时期，萨拉是一个麻烦缠身的人，也遭遇过困境，她花了几年的时间才使自己的生活重回正轨。萨拉很幸运，许多早熟的女孩都会出现严重的心理障碍，比如抑郁症，甚至一直持续到成年。一些研究表明，她们的学业成绩也从未从青少年期早期的挫折中完全恢复过来。[18]

萨拉的故事表明，当早熟改变了青少年与他人互动的动态过程，进而影响了他们的心理健康和行为时，问题会有多严重。

早熟青少年的身体成熟和其他方面的成熟之间也会有较大的差距，这种差异可能会导致诸多问题。比如，一个男孩在可以提前做好准备并记得携带避孕套之前就对性产生了兴趣，或者当一个女孩在有足够成熟的心智来拒绝男生的示好之前就开始吸引男生。

青少年期大脑发育的某些方面是由青春期发育驱动的，但其他方面则不然。[19]当儿童过早进入青春期时，可能发生的最重要的不匹配之一是大脑中那些受青春期激素影响而提前成熟的系统与那些尚未成熟的系统之间的不匹配。事实上，早熟的青少年往往比他们的同龄人遭遇更多问题的原因与他们身边的人无关，而是因为发生在他们的头脑里的事。我将在下一章中对此做出解释。

提早进入青春期不仅在心理上是危险的，还与某些类型的癌症有关，尤其是女性。与16岁月经初潮相比，12岁或更早初潮会使女性患乳腺癌的风险增加50%。[20]也有研究将女孩青春期提前与成年后的卵巢癌、代谢综合征（增加患心血管疾病和糖尿病的风险）和肥胖联系起来。青春期提前也可能是睾丸癌症的一个危险因素。[21]

由于青春期提前会带来严重的健康和行为风险，父母应该尽其所能减少孩子早熟的机会。不过，他们需要早在青春期之前就进行干预，最好是在童年期早期。在最后一章中，我将解释在时机成熟之前，父母可以做些什么来推迟青少年期。

延缓的成年

在父母经常通过干预手段尝试推迟青春期开始时间的同时，社会本身似乎正在推迟成年的时间。尽管总体模式有例外，但官方统计数据和大规模调查显示，青少年在学校待的时间越长，就会在经济上和住房上越多地依赖父母，并推迟结婚和生育。

虽然有些代际变化对一个性别比对另一个性别更显著，但男性和女性的基本情况是一样的。如今，在 20 多岁的年轻人中，已经进入成年人的比例远低于他们父母那一代在同一年龄段的比例。这是一项基于近 40 年样本的大规模调查，在 1976 年和 1977 年的高中毕业生与 2002 年和 2003 年的高中毕业生之间对比得出的结论。[22]

在老一辈父母 23 岁时，他们中超过 80% 的人没有继续学业。大多数人没有从他们的父母那里得到任何钱，即没有任何经济支持，只有 30% 的人依靠父母提供 1/5 或者更多的收入。2/3 的人完全靠自己赚钱生活，其中 3/4 的人在全职工作（每周工作超过 35 小时），约 1/3 的人在这个年纪已婚。

而当年轻一辈 23 岁时，他们中完成学业、有全职工作、独立生活或结婚的人很少。他们中 1/3 的人还是学生，只有大约 60% 的人在全职工作。近 50% 的人与父母住在一起，从父母那里得到钱的比例从（他们父母那一代的）不到一半攀升到 2/3。超过 50% 的人至少有 20% 的收入依赖父母，只有 1/6 的人结婚了。

这些巨大的代际差异在 25 岁时仍然很明显。当老一辈 25 岁时，超过 80% 的人在全职工作，50% 的人已婚，1/3 的人在这个年龄已为人父母；不到 1/4 的人仍与父母住在一起，只有 1/4 的人会得到父母的经济援助，15% 的人至少 1/5 的收入依赖父母，是 23 岁时的一半。

而当年轻一辈 25 岁时，约 70% 的人有全职工作，但超过 1/3 的人住在家里，超过 1/3 的人还在从父母那里得到钱，其中超过 1/5 的人，父母的经济援助至少占他们年收入的 20%。只有 1/4 的人在这个年龄结婚，这个比例是他们父母那一辈的一半。只有 1/5 的人有了自己的孩子，相比之下，他们父母那一辈 1/3 的人在这个年龄时已为人父母了。

这种转变是惊人的，尤其是当我们关注 25 岁的年轻人时，他们中继续学业的人数是老一辈的两倍，只有一半的人结婚了，50% 以上的人与父母住在一起，并且有近 50% 的人需要从父母那里得到经济援助。

自我放纵、理性选择，还是发展受阻

收集这些统计数据比知道如何利用它们更容易。毫无疑问，情况已经发生了变化，但这些数据并不能告诉我们为什么，甚至这些变化是否重要。对此有以下三个基本观点。

第一个是比较流行的观点，即年轻人之所以选择不扮演成年人的角色，是因为他们懒惰、自恋、被宠坏了。根据这种观点，如今 20 多岁的年轻人的父母溺爱他们，过度照顾他们，并让他们相信自己有权利过上美好的生活，这种权利包括花大量时间去寻找自我。如果你一直认为自己应该得到最好的工作、伴侣或家庭，那么当你仍然有条件可以继续寻找自我，尤其是父母还愿意承担一些费用时，你为什么会选择拒绝呢？根据这一理论，推迟成年是情感不成熟的结果。

第二个观点认为，这些变化只是反映了客观现实的大势所趋。工作的世界已经发生了变化，高薪工作需要更高的学历，因此年轻人相应地会选择在学校待更长的时间。当然，上大学是昂贵的，但大学学位的经济回报也很巨大，尤其是在美国。[23] 在过去的 25 年里，性别角色发生了很大变化，年轻女性在高等教育（她们的人数远远超过男性）和职场（她们比前几代女性更有可能从事高薪工作）中权利的增加使女性减少了对男性的依赖，因此，在事业步入正轨之前，她们不太愿意结婚。至少对中产阶层来说，推迟结婚往往意味着推迟生育。对更大比例的、25 岁左右却与父母住在一起或依靠父母提供经济援助的人来说，窘迫的经济条件肯定要对他们的晚婚晚育承担很大的责任。根据这种观点，今天的年轻人没有错，他们只是对不断变化的环境做出了明智的反应。如果他们的父母也处于类似的困境，他们可能也会做同样的事情。

第三个观点侧重于后果而非原因。这种"发展受阻"观点的前提假设是，健康的发展是受成年后的需求驱动的，比如婚姻和为人父母的责任，以及对工作的期望、自给自足的挑战等。几年前，《纽约时报杂志》的一篇封面文章提出了一个问题："20 多岁意味着什么？"[24] 作者将年轻人描述为"无拘无束""逃避责任""阻碍成年生活的开始"。这篇文章的副标题特别发人深省——"为什么这么多 20 多岁的人需要这么长时间才能长大？"。根据这种观点，我们应该为今天的年轻人担心，不是因为他们选择留在学校、保持单身和接受父母的钱，而是因为这些选择可能会对他们的未来造成一些影响。

我们需要第四个看待这个问题的视角，并尝试介绍和应用最近关于大脑发育的发现。推迟向成年期的过渡是好事还是坏事，取决于这些额外的青少年期是如何度过的。正如我在前一章中所指出的，在我们进入成年期之前，大脑仍然保持着高度的可塑性。如果这种可塑性是通过坚持参加新颖、富有挑战性和认知刺激性的活动来维持的，并且如果进入重复或乏味的雇员角色和配偶角色有可能会关闭大脑可塑性的窗口，那么推迟进入成年期不仅可以，而且很可能对年轻人而言是一件好事。

这种有益活动最明显的例子是高等教育，这类经验已被证明可以刺激大脑发育。[25]上大学不仅仅是一次学习经历或获得学位的机会，实际上还刺激了更高层次的认知能力和自我控制能力的发展，而这是简单的年龄增长所不能实现的。当然，人们有可能在不让自己面临挑战的情况下上大学，或者相反，人们在职场中让自己置身于新奇而智力要求高的环境。但总的来说，在工作中比在学校里更难实现这一点，尤其是在底层职位上，因为这些职位不太可能在最初的培训之外需要学习新的知识，大多数入门级工作的学习曲线在相对较早的时候就达到了平稳期。我还怀疑，对许多人来说，在最初的新奇感消失后，婚姻也创造了一种比单身更常规、更可预测的生活方式。研究发现，在结婚后的头几年，丈夫和妻子对婚姻的满意度都会急剧下降。[26]无论你的配偶多有趣，你们在晚餐时做肉馅饼或讲述自己一天经历的方式都是有限的。

延迟成年是一把双刃剑

大多数对青少年期个体的组织管理和监督的重要性的研究都集中在高中生身上，但也适用于年龄较大的、自我控制能力仍在发展中的青少年。[27] 在十八九岁和 20 岁出头的时候，自我调节能力正在提高，但这一能力的培养是一个渐进的过程。正如任何与大学生相处的人都知道，他们经常会犯错，还会因酒精、压力、疲劳或同伴影响而加剧犯错。[28] 这个年龄段的一些人能够一直表现出成年人的自我调节水平，而另一些人则一直没有，但对大多数人来说，自我控制能力会随着环境的不同而增减。因为控制冲动的能力仍在成熟的过程中，所以很容易被破坏。对大多数独自住校的大学生而言，一个容易被激发的寻求激励的大脑系统，加上无组织的，且只有最低限度监督的日常生活，可能会产生问题。随着大学生人数的增加，这个问题的严重性也随之增加。

在过去，25 岁左右仍在上学的人相对较少，但自 1980 年以来，22~24 岁的在校学生比例几乎翻了一番，从 16% 上升到 2009 年的 30%。[29] 与 20 岁出头但不读大学的人相比，这个年龄段的学生更容易从事各种冒险和鲁莽的活动。[30]

从 20 岁出头到 25 岁左右，推迟向成人角色的转变是一把双刃剑。一方面，它延长了生活节奏混乱的时间，所增加的与青少年期相关的各种问题行为的风险将持续到更大的年龄。另一方面，在 20 岁出头就开始像成人一样按部就班地生活可能会导致大脑可塑性的提前流失。

这个延迟的成年过渡期对青少年是机会还是风险，取决于他们度过这段时间的方式。争论当前这一代人进入成年期的时间是否令人担忧，而不区分在延迟的过渡期是努力提升自己的勤奋青少年还是那些浪费时间在 YouTube（油管）上看会说话的猫的人，就好比争论电视节目对人的影响是好是坏，而不区分《经典剧场》和《泽西海岸》的欣赏价值一样。①

重新思考青少年期

我们自然会根据对自己孩子同龄人的期望来评价他们，但这些期望往往是基于我们年轻时的样子预设的，即我们在 10 岁时的行为、在高中时所关注的事物，以及在 24 岁时所取得的成就。

青春期的提前开始和向成年角色的延迟过渡导致了青少年期的延长，这需要我们改变对这一人生阶段的思考方式。父母、学校和社会尚未适应这样一个世界：7 岁的孩子开始出现性成熟的迹象，而 27 岁的青年仍然依赖父母的经济援助；一个 11 岁的孩子想要以男孩觉得有吸引力的方式穿着并不一定代表她是性早熟，而一个 25 岁的青年还没有开始职业生涯也不一定代表他或她会自动陷入困境。

我们需要一套新的标准来评判青少年期早期的孩子、十几岁的青少年和更成熟的青年的行为。正如我们将在下一章中看到的，最近几年关于青少年如何思考的研究成果为我们以一种新的方式看待这几个年龄段提供了良好的基础。

---

① 《经典剧场》(*Masterpiece Theatre*) 是美国 PBS（美国公共广播公司或美国公共电视台）的一个最受欢迎的长篇连续节目，它将世界名著改编成广播剧，从 1971 年开播至今。《泽西海岸》(*Jersey Shore*) 是以新泽西海岸几位意大利裔年轻人为主角的真人秀节目，于 2009 年首播。——编者注

第四章
青少年如何思考

丹尼认为那晚他没有喝多，他的朋友们也持同样的观点。根据警方的报告，当晚派对上的孩子们都认为丹尼不应该开车回家，他们看到丹尼离开时正在用手机通话。电话中，丹尼与他的女友发生了激烈的争吵，女友一直在挂断他的电话。女友比丹尼大一岁，现在在外地上大学，她想结束他们两年的恋情，和其他人约会。丹尼显然很难过，但他并没有喝醉。派对上没有人想到要阻止丹尼上自己的雅阁车离开。

11月的那个晚上，他并没有回家。

当救护车到达当地医院的急诊室时，丹尼的血液酒精含量为0.06，刚好低于该州的法定上限，也就是成年人的法定上限。然而，因为丹尼刚17岁，虽然这个年龄可以驾驶，但是尚需遵守对未成年人的另一套规则，所以他被指控酒后驾驶。未成年司机无论血液中酒精含量为多少都不允许驾驶。十多岁的孩子被判酒后驾驶是很严重的事情，但是没有他惹上的另一个麻烦大。

丹尼到达医院时神志不清，头脑混乱，但他并没有受重伤。当医生给他做检查时，丹尼知道他出了车祸，但他完全不知道自己造成了一起正面相撞的交通事故，夺去了一位有三个孩子的 60 岁母亲的生命。①

警方调查员基于对事故现场的分析重建了事故经过，结果显示丹尼的车速低于限速，但他很有可能急转弯时越过了双黄线，开到了对面的车道上。手机记录显示，从离开派对到车祸发生的 20 分钟内，丹尼给他的女友打了 10 次电话，发了至少 20 条消息。每个未得到回应的电话和消息都会激怒他再次联系女友。调查人员得出结论，不停地发短信和打电话，再加上足量的酒精使他反应迟钝，可能导致丹尼暂时失去了对汽车的控制。

县检察官乔治·罗伯逊想向社区内的青少年传达一个信息：他们不会对未成年人酒后驾驶宽大处理。在这个富裕的郊区，像丹尼参加的这种聚会已经变得司空见惯。这里的父母经常在周末把十几岁的孩子们独自留在家里。每周六晚上，如果哪家的父母出城了，那么他们家的房间就会很快堆满成打的啤酒、伏特加和威士忌。

丹尼是一名优秀的学生和杰出的运动员，也经常参加这种聚会。在被捕之前，他正准备凭借棒球奖学金进入常春藤联盟的学校。不用说，现在这是不可能的了。

检察官并不关心丹尼的未来。他相信，公开宣传一个未成年的饮酒者被当作成年人接受审判并锒铛入狱的案例，将使该县的青少年保持高度警惕，并遏制那些威胁到社区安全的周末聚会和危险的青少年驾驶。在他看来，这是因为某个富有的高中生与女友争吵而无法专注

---

① 我已经更改了当事人的姓名和涉及事件的一些细节。

于驾驶，而使一名无辜的女性失去了生命。

丹尼的年龄使他处于法律的灰色地带，即在某些方面他是青少年，但在其他方面则是成年人。毫无疑问，他造成了这起事故，但检察官提出了几种指控选项。最宽松的选择是在少年法庭以"机动车肇事致死"起诉丹尼，这种罪行最多可将他送入少年犯管教机构服刑3年。

第二种可能性是以同样的罪名将丹尼作为成年人在刑事法庭上提出指控。如果罪名成立，他将被判处至少5年的刑期，在县监狱服刑。这样的话，丹尼不仅面临一个更长的刑期，而且将在一个更令人不快的环境中服刑，即与那些犯下抢劫或强奸等罪行的成年人一起服刑。而少管所的重点是改造，青少年会在那里接受疏导和继续教育，虽然不算轻松，但是比监狱要宽容得多。监狱唯一的重点是惩罚。

检察官可能采取的最严厉的措施是在刑事法庭上指控丹尼犯有严重的一级过失杀人罪，其罪行特点是"对人命的鲁莽无视"。检察官必须证明丹尼完全知道自己在做什么，也完全意识到自己的行为有很大可能会导致某人死亡，但仍然有意为之。如果该罪名成立，丹尼可能会被关进州立监狱服刑30年。他在那里的狱友会让县监狱的犯人们看起来"单纯"得像童子军。

乔治·罗伯逊认为，丹尼没有喝醉的事实使情况更加糟糕。这位17岁的少年在离开派对，以及一边开车一边继续打电话和发短信时，完全知道自己在做什么。检察官倾向于以过失杀人罪起诉。当地报纸头版若刊登一篇一名高中三年级学生因酒驾入狱的报道，可能会防止其他青少年重蹈丹尼的覆辙，并避免另一个无辜的人丧命。虽然检察官不会承认，但公众的关注也不会影响他的职业生涯。社区对打击未成年人饮酒表示大力支持，而且每个人都在担心日益增长的在开车时使用手机的问题。

很难理解一个即将进入常春藤联盟学校的优秀学生会做出像丹尼那晚如此明显的鲁莽行为。丹尼不是一个经常无视法律的坏孩子。他不仅是一名优秀的学生和运动员，还在社区做志愿者，在镇上的青年棒球联赛中担任教练。他以前从未惹过麻烦，而且在星期六晚上喝两瓶啤酒也不能算是道德败坏的表现。

我们如何解释那晚发生的事情呢？

丹尼的律师请我作为专家参与这个案件，争取在少年法庭审理此案，并说服法官在定罪时合理考虑丹尼的年龄因素。她认为，将脑科学引入讨论会有所帮助。她指出，丹尼毕竟是一个17岁的孩子，他产生糟糕的判断至少部分原因在于他无法控制的事情：不成熟的大脑。我答应尽力而为。

我知道丹尼这样的案例并不罕见，因为我每个月至少要接到一次律师的电话。有些律师代理的是像丹尼这种十几岁的孩子造成严重车祸的案件，希望能够得到宽大处理。有些律师代理的则是那些犯下抢劫或谋杀等暴力罪行的案件，他们认为当事人的不成熟应该使他们的惩罚减轻。有一位打来电话的律师是为一名下载了含有恋童倾向的色情资料而被联邦调查局抓了个现行的青少年辩护。还有些律师则代表某个严重伤害了自己甚至丧命的青少年的父母，那些青少年做了一些愚蠢的事情，比如，在暴风雪中小便时试图在甲板栏杆上保持平衡，或者不会游泳就跳进游泳池的深水区。（父母通常会寻求管辖单位的赔偿，认为那些应该更密切地监管这些孩子的人需要承担责任。）在所有这些案件中，像丹尼的律师一样，他们都希望说服法庭，当事人的糟糕判断是他们大脑运作方式的结果。

在丹尼的案件中，我们只取得了部分成功。检察官同意以较轻的罪名起诉他，但前提是他必须以成年人的身份认罪。作为交换条件，检察官将同意建议最低的监禁刑期——5年。丹尼接受了这个认罪协议。在达成认罪协议之前的几周里，仅仅是想到在未来的30年里有可能被囚禁在州立监狱，周围都是这个州最暴力的罪犯，丹尼就感到恐惧，甚至产生了自杀的念头。

他的律师告诉我，当他们给丹尼戴上手铐并把他送进监狱时，丹尼脸上那恐惧的样子让她永生难忘。我能想象，如果要被关押在监狱一直到将近50岁，他的脸上会出现什么样的表情。

"乖仔也疯狂"

丹尼那晚的糟糕判断对他这个年龄的人来说并不罕见。青少年冒险行为的一个特别引人注目的特点是，在各种各样的鲁莽行为中，都可以看到相同的年龄模式。在几乎所有领域，青少年都比儿童或成年人更容易冒险，冒险行为的发生率通常在十八九岁的时候达到高峰，暴力行为的发生率也在这个年龄段达到高峰，自残、意外溺水、尝试吸毒、意外怀孕、财产犯罪和致命车祸也是如此。[1]不管是哪种行为，共同之处在于它们都涉及冒险。

这种模式最令人困惑的一点是，当年龄达到十八九岁时，他们就和成年人一样聪明了。[2]他们的记忆力很好，推理能力与二三十岁时一样好。人们在衡量认知能力的标准化测试上的表现从出生开始会不断提高，并在16岁左右达到顶峰，然后在至少30年的时间内保持相对稳定，之后才开始下降。根据有关冒险行为的调查，青少年对各种鲁莽行为危险性的了解程度与成年人一样。与刻板印象相反，他们不比成年人更容易产生自己"刀枪不入"的错觉。他们知道如果进行不安全的性行为、酒后驾驶或吸烟会发生什么。

既然青少年如此聪明，为什么他们会做出如此愚蠢的事情呢？

答案与他们大脑的发育水平有关。

青少年大脑发育的各个阶段

大脑在10岁左右达到成年人的大小。在青少年期，大脑发生的变化与其说是生长，不如说是重组。

大脑神经网络的重组就像青少年社会网络的重组一样。在青少年期早期，当孩子们从小学进入中学时，新朋友的数量会激增。然而，许多新关系并不能持续很长时间，它们会逐渐消失，因为青少年开始把时间集中在与他认为最重要的一小部分新朋友一起开展活动上。由于他们不断重复地开展活动，这个较小的朋友圈的关系变得越来越紧密。团体开始形成，友谊模式开始巩固，这些不可渗透的社交网络也变得更加不受外界影响。青少年期结束时，虽然人们经常搬迁，但在高中和大学期间建立的许多友谊已经变得如此牢固，以至即使身处异地，他们也会继续交流。

到了20岁出头，青少年的神经网络，就像他们的社交网络一样，更加根深蒂固，更加不受外界影响，并且能够更好地进行远距离沟通。是的，就像同龄人群体会发生变化一样，青少年期之后人们的大脑也会有变化。但是，青少年期大脑发生的转变和重组，就像年轻人在社交世界中发生的转变一样，在之后的人生中再也不会达到这个水平。

青少年期的大脑发育与其他阶段的区别并不在于重塑正在发生，而在于在哪里发生。它主要发生在两个区域，即前额叶皮质和边缘系统。前额叶皮质位于前额的正后方，是大脑中负责自我调节的主要脑区，它使我们变得理性。边缘系统位于大脑的中心深处，位于皮质下方。边缘系统在产生情绪方面发挥着特别重要的作用。

青少年期的故事是这些区域如何学会协调工作的故事，这个故事分三个有所重叠的阶段展开。

第一个阶段：启动引擎。青春期前后，大脑的边缘系统变得更容易被激活。这个阶段被描述为"启动引擎"的阶段。在这个时期，青少年变得更加情绪化（体验和表现出更高的"高潮"和更低的"低谷"），对他人（尤其是同龄人）的意见和评价更加敏感，并更坚定地追求刺激和强烈的体验，即心理学家所称的"感觉寻求"。在大多数家庭中，处于青少年期早期的孩子和父母之间常常发生争吵。由于大脑的成熟主要是由青春期的激素变化驱动的，这一阶段的开始和结束将取决于青少年生理成熟开始和完成的年龄。早熟者的父母经常会感到惊讶，因为他们的孩子在正式迈入青春期之前就进入了这一阶段。晚熟者的父母却直到很久以后才会看到这些心理变化。

第二个阶段：发展更好的制动系统。大脑发育的第二阶段是渐进的，从青少年期前期开始，直到16岁左右才完成。在这个阶段，伴随着突触修剪和髓鞘化，前额叶皮质逐渐变得更有组织性。随着信息在大脑内能够在更远的距离间以更快的速度流动传播，高级思维能力，即所谓的"执行功能"得到了加强，从而提高了决策、解决问题和提前计划的能力。在第二个阶段，青少年的思维变得更像成年人。在青少年期中期，父母往往发现他们的孩子变得更加理性、更容易沟通。青少年期早期许多夸张的冲突逐渐消失。

第三个阶段：让熟练的驾驶员驾驶。虽然第二个阶段结束时已经有了一套精密的制动系统，但青少年并不能总是有效和持续地使用刹车。在第三个阶段，也就是 20 岁出头才完成的这个阶段中，大脑内的相互连接更加完善，特别是前额叶皮质与边缘系统之间的连接。这种连接的增加使青少年的自我管理更加成熟和可靠。在十八九岁和 20 岁出头的时候，青少年变得更加善于控制冲动、思考自己决定的长期后果和抵制同伴压力。他们的理性思维过程不那么容易受到疲劳、压力或情绪激动的干扰。年轻人在生活方面仍有很多要学习，但无论如何，成年期的智力机制此时已经完全就位了。

在某些方面，大脑成熟的过程在生命早期就开始了，而青少年期则是大脑成熟过程的延续。例如，前额叶皮质的改善自出生以来就一直在进行，尽管它们在青少年期比之前改变得更为广泛。然而，在其他方面，大脑在青少年期的发展变化是这个发展阶段所特有的，尤其是发生在边缘系统内的一些最初的变化。边缘系统就像大脑的警卫员。

大脑的警卫员

边缘系统是由彼此相邻却有着各种不同功能的大脑结构所组成的一个集合。然而，这些结构有一个共同点，就是它们主要负责检测需要关注的即时环境元素，共同构成了大脑的警卫员。边缘系统对于检测即时环境中的奖励和威胁——要趋近的事物和要回避的事物——尤为重要，这使我们能够根据具体情况采取行动。

边缘系统的主要任务是在对环境中发生的事情做出反应时产生一种激励我们行动的情绪。然而，我们是否行动以及如何行动并不仅由边缘系统决定。边缘系统和前额叶皮质之间保持着持续的沟通。一旦一种情绪产生，就会向前额叶皮质发送一份"报告"，前额叶皮质对该情绪进行评估和解释，并决定如何对其做出回应。

前额叶皮质防止我们一直盲目地追随自己的感觉。虽然边缘系统会发出信号，但我们并不是每次看到自己喜欢的食物就吃，不是每次被惹恼就打人，不是每次被别人吸引就开始调情，也不是每次害怕就会尖叫。我们最终的行动取决于两个因素：情绪的强度和我们管理情绪的能力。这就是为什么有些诱惑比其他诱惑更容易抗拒（那些引发更强烈感觉的诱惑更难以抗拒），为什么我们在某些条件下比在其他条件下更容易屈服于同样的诱惑（例如在压力或疲劳时，我们自我控制的能力会受到损害），以及为什么有些人比其他人更难控制自己的行为（他们的边缘系统反应更强烈，或自我控制能力较弱，或两者兼有）。

追求快乐

正如我在前面的章节中所解释的那样，青春期重塑了大脑，并使其更加具有可塑性。青春期还改变了大脑，尤其是边缘系统的化学物质。这种重塑使它在应对奖励时更容易被激活，因为性激素对依赖多巴胺的大脑回路有着特别强大的影响。

多巴胺在大脑中发挥着许多作用，其中最重要的作用之一是为快乐体验提供信号，并激励我们去追求快乐。当我们看到使我们感觉良好的因素，如快乐的面孔、成堆的硬币、一盘盘巧克力蛋糕或色情照片等图片时，大脑中依赖多巴胺的大脑回路的活动会增加，这使我们渴望交际、金钱、甜食或性。

一些作家将这种感觉描述为"多巴胺喷涌"。当我们期待获得奖励时，如在下注后观看轮盘转动，或者看着服务员推着甜点车过来时，多巴胺就会让我们兴奋。当我们最终得到自己想要的奖励，如品尝蛋糕、感受亲吻、中了大奖时，多巴胺会产生愉悦的感觉。可卡因或酒精等药物之所以会让我们感觉飘飘欲仙，就是因为它们的分子结构与多巴胺非常相似。这些分子会与大脑中为多巴胺设计的受体结合，使我们感受到与天然多巴胺分泌产生的相同的快乐。这是因为它们使电脉冲能够跨越相同的突触，激活相同的大脑回路，让我们感到快乐。

青春期引发了多巴胺受体浓度的急剧增加，特别是在从能够产生快乐感的边缘系统向决定如何处理这些信息的前额叶皮质传递奖励信息的回路中。多巴胺受体的增加使这些通路更容易被激活，因为当有更多的受体接收多巴胺分子时，电脉冲更容易通过突触传递。

你还记得自己激情初吻的感觉有多美好，在十几岁时流行的音乐你有多喜欢，和高中朋友一起大笑你有多开心吗？愉悦的感受在青少年期会被强化。伏隔核是一个位于边缘系统内的小结构，它是大脑中体验快乐最活跃的部分，是奖励中枢的中心。当我们从童年期进入青少年期时，它会变得更大，但遗憾的是，随着我们从青少年期到成年期，它也会变得越来越小。[3]

这就是为什么在长大后，无论是与朋友在一起、做爱、舔冰激凌甜筒、在温暖的夏日傍晚驾驶着敞篷车飞驰还是听你最喜欢的音乐，都不会像你十几岁时的感觉那么好。青少年实际上对甜食的偏好比成年人更强，因为对他们来说，甜味更加甜美。[4]如果你想知道为什么十几岁的女孩喜欢的香水通常闻起来像糖果，这就是答案。

不幸的是，十几岁孩子的奖励中枢对酒精、尼古丁和可卡因等化学物质带来的快感也更敏感。[5]这就是青少年特别容易被这些物质吸引的原因之一，也就是为什么人们在这个年龄段对这些物质的尝试往往会变成经常使用，以及在这个年龄段的经常使用会导致成瘾。如果大脑在成年后才第一次尝试这些物质，它们产生的多巴胺喷涌就不会那么强烈，也就不会那么容易上瘾。

因为在青少年期的前半段（从青春期开始到16岁左右），人们对很多事情都感觉特别愉悦，所以这个年龄段的孩子会想尽办法寻求有奖励的体验。当然，在任何年龄段，我们都会寻求让我们感觉良好的事情。但青少年为了追求潜在的奖励，甚至会把自己置于潜在危险的境地。与大脑奖励中心的多巴胺活动一样，感觉寻求（实际上不过是寻求多巴胺喷涌）在青少年期也会上下波动，并在16岁左右达到顶峰。[6]

这不仅适用于物质奖励，如食物、成瘾性物质或金钱，也同样适用于社会性奖励，比如来自他人的赞扬和关注。这就是青少年对朋友的看法如此敏感的原因之一。

虽然青少年比成年人对奖励更加关注和敏感，[7]但实际上他们对损失的敏感性较低。[8]因此，与儿童和成年人相比，青少年更有可能趋近他们认为会获得奖励的情境，而不太可能回避他们认为会有损失的情境。父母和教师应该牢记这一偏差：用奖励的前景来激励青少年，比用潜在的惩罚来威胁他们，更容易改变他们的行为。

青少年期的意义

青少年期是一个对奖励高度敏感的时期，这是完全有道理的。想一想青少年期的"意义"是什么。它与交配有关——这是最原始的快乐。

交配需要几个条件，其中一些是显而易见的：繁殖所需的生理器官、驱使我们进行交配的性欲，以及愿意与之交配的伴侣，最好是家族之外的人，以避免近亲繁殖。青春期确保了这些事情的发生。它使我们在性方面成熟，变得性欲高涨，并寻找与自己性欲匹配（或至少可激发性欲）的伴侣。

青春期所发生的另一件事情并不那么明显，但从我们对其他动物青春期的了解来看，这件事也是非常有意义的。在野外，当动物进入青春期时，它开始寻找潜在的配偶。取决于物种的不同，有些甚至可能冒险进入陌生的环境去追求配偶，这有可能是非常危险的。幼年的动物必须与年长、更强壮的竞争者争夺最理想的性伴侣。为了完成任务，幼年的动物需要愿意承担风险。进入青春期后不久，多巴胺活动会快速增加，以确保人类在生育能力特别高的时候不惜一切代价繁衍后代。年轻女性在接近20岁时达到最高的生育能力。[9]在这个年龄段，适时的性行为[10]（即女性排卵时）导致怀孕的概率接近1/3，但随着进入成年期，怀孕的概率开始下降，到快30岁的时候下降到大约1/4。这并非巧合，青少年期冒险行为的高峰期发生在与潜在回报（成功繁殖）最大时相同的年龄段。

在当今世界，我们不用担心捕食者，我们更有可能在互联网上而不是在野外遇到潜在伴侣。你可能认为将青少年期对奖励的高度敏感与寻找生殖伴侣联系起来是牵强的，毕竟，现在大多数人直到30多岁才开始尝试生育，远远超过了青春期。但是，人类在演化过程中形成的许多特征被保留了下来，即使有些特征不再发挥它们曾经具有的适应作用。青少年的冒险行为就是这样一个遗留物。

我们通常认为青春期会点燃我们的性欲，确实如此，但我们现在知道，性激素让我们对奖励更加敏感，而不仅仅是对性带来的愉悦感兴趣。[11]因此，青春期引发了各种寻求奖励的行为，其中一些很好，但另一些则是危险的，这是一个"坏"的冒险行为与"好"的冒险行为共存的组合。问题在于，我们希望青少年承担一些风险，如尝试学校的戏剧演出、参加大学先修课程而不是标准课程，或者成为校队球员，但我们不希望他们尝试毒品、闯入建筑物，或开车时闯黄灯。

幸运的是，我们的祖先也演化出了一个可以调节青春期引发冲动的大脑系统。

大脑的首席执行官

前额叶皮质是大脑的首席执行官，负责高级认知功能，如前瞻性思考、评估不同选择的成本和收益，以及协调情绪和思维。前额叶皮质的神经元连接从出生开始增加，直到10岁左右，然后逐渐被修剪，这是一个一直持续到25岁左右的漫长过程。[12]在同一时期，前额叶皮质的白质稳步增加，因为在修剪过程中幸存下来的回路更多地被髓鞘化。

在青少年期早期，孩子们并不善于前瞻性思考。他们难以控制自己。老师会花很多时间要求他们坐好或举手回答问题，而不是脱口说出答案。即使在中学阶段，当要求他们停止互相交谈和胡闹时，学生们也很难做到。虽然可以在被迫的情况下控制自己，但很困难。

这一切在青少年期中期会逐渐改变。在使用相对简单的自我控制任务进行的 fMRI 实验中，例如快速连续呈现字母，要求参与者每次看到字母大写时按下按钮，但看到字母小写时不按下按钮。科学家发现，与青少年相比，儿童的前额叶激活模式更为分散，即使两个年龄组的表现相似。在儿童的大脑中，那些实际上并不需要执行任务的区域更有可能被激活，而在青少年的大脑中，激活模式更为集中。想象一下，在晚饭后，你拿着一本期待已久的书走向你最喜欢的椅子。青少年期早期和青少年期之间的区别就像是在房间里打开所有的顶灯与使用椅子旁边的阅读灯之间的区别。两种方法都能完成任务，但后者消耗的能量要少得多。

然而，大脑不会一夜之间成熟。因此，在青少年期中期，成熟的自我控制具有"时有时无"的特点。科学家在非常不同的条件下对青少年和成年人进行相同的自我控制任务来研究这一点。当环境理想，例如没有干扰、没有强烈的情绪，16岁青少年的表现与成年人一样好。事实上，当他们知道自己会因成功而获得奖励时，青少年的自我控制能力可以和成年人一样好，甚至比成年人更好。[13] 但是，情绪激动、兴奋或疲劳对青少年前额叶功能产生的干扰比成年期更大，因为相关的大脑回路还没有完全成熟。在任何年龄段，疲劳和压力都可能会干扰自我控制，但当青少年期防干扰的能力还有些薄弱时，它们的影响尤其强大。

这些研究表明，家长和教师了解青少年的自我控制能力和良好判断力可能会受到环境因素的影响而增强或减弱是多么重要。当青少年保持冷静、休息良好，并意识到他们会因做出明智的选择而获得奖励时，他们会做出更好的决策。当他们情绪激动或被社交刺激时，他们的判断力会下降。例如，在下一章中，我将解释为什么仅仅是其他青少年在场就会让青少年更有可能冒险。

随着我们成长为成年人，前额叶皮质不仅变得更加高效，当任务需求超出该区域的能力范围时，它还能更好地调动其他资源。与青少年相比，成年人更有可能同时使用大脑的多个部分。在非常具有挑战性的自我控制任务中，成年人的大脑和儿童一样，通常显示出比青少年的大脑更广泛的激活区域，但与儿童大脑广泛和散乱的激活模式不同，成年人大脑中不同部分的活动高度协调，就像经验丰富的足球运动员的动作一样，而不是那些知道基本规则但尚未理解团队合作细节的孩子们的无组织游戏。

这种协调合作是通过增加非相邻脑区之间的实际物理连接来实现的。与儿童的大脑相比，成年人的大脑有更多稳定的白质"电缆"连接广泛分布的大脑区域。一般来说，儿童的大脑有很多相对"局部"的连接，即只连接附近的脑区。随着我们从青少年期进入成年期，更远的脑区开始相互连接。直到22岁左右，大脑各区域之间的相互连接还在继续增长。[14]

因此，在青少年期的前半段，前额叶皮质通过变得更加聚焦来改善自我控制能力，这在遇到相对简单的挑战，且环境因素（如疲劳或压力）不会削弱青少年的专注力时是有效的。青少年期前期的自我调节能力比童年期更强，但仍然相对脆弱且容易受到干扰。在青少年期的后半段，自我控制能力逐渐由一个协调良好的大脑区域网络来控制，这在面对具有挑战性的任务、注意力被削弱，或者我们需要额外的脑力时是有帮助的。成为成年人的一部分就是学会何时独立完成任务，何时需要寻求帮助。大脑在这个阶段的成熟也遵循着类似的过程。

"糟糕的老师"

对奖励的高度敏感和对不成熟的自我控制能力这两个因素的结合，有助于解释为什么像丹尼这样聪明的青少年会做出如此明显的鲁莽行为。幸运的是，并非所有反映青少年判断力差的例子都会导致致命的结果，但很多情况下还是会产生严重的、有可能改变生活的后果。

贾斯廷·斯威德勒是一名优秀的学生，但他和他的数学老师凯瑟琳·富尔默彼此厌恶。[15]没人知道这个14岁男孩到底有什么地方让他的老师感到讨厌，但根据他的说法，凯瑟琳一直针对他，在课堂上不断地攻击他、谩骂他，并在其他学生面前暗示他是同性恋。有一次，当贾斯廷弯腰捡起他扔向垃圾桶但未扔进去的一张纸时，凯瑟琳对全班说他看起来将来可能成为一个捡垃圾的。根据贾斯廷的说法，凯瑟琳曾向他喷水，用枕头打他，还在沿着他座位旁边的过道走过时，为了惹恼他，故意用手指弹他的耳朵。

贾斯廷是个聪明的学生，具备出色的计算机技能，没有违纪记录，于是他创建了一个网站进行报复。如果他的老师取笑他，他也会对她做同样的事情。他向他在宾夕法尼亚州伯利恒的中学同学展示了他的作品——"欢迎来到糟糕老师的世界"，几天之内，其他几个学生也学会了如何访问该网站。

这个网站的编程对一个八年级的学生来说非常复杂，但其内容却是典型的幼稚。内容中包括了一份列表，列举了凯瑟琳该死的十大理由，其中包括她的体味、她"胖得吓人的腿"，以及她作为数学老师的无能。还有一个页面，她的脸部照片变成阿道夫·希特勒的照片，然后再变回来，不断重复。另一个页面上有一张画，画中老师的脖子被割开，鲜血喷涌而出。网站上还有一个给贾斯廷寄20美元的请求，这样他就能雇用一个"杀手"。

在贾斯廷的朋友们发现了这个网站后不久，消息就在学生之间传播开来。一位老师收到了一封告知网站存在的匿名邮件，这位老师调查了此事，并向学校校长报告了这个网站。事实证明，凯瑟琳·富尔默并不是学校员工中唯一被嘲笑的人。校长托马斯·卡尔索蒂斯也是贾斯廷憎恶的对象。一个粗糙的视频游戏邀请访问该网站的人射击一个卡通形象的眼睛，这个卡通形象就是这位校长本人。一份列举校长"糟糕"理由的清单上暗示了他与该区另外一所学校的校长有染。

贾斯廷的网站反映了一个不考虑行为后果的八年级学生的判断，而且他选择这样做的时机再糟糕不过了——当时校园枪击事件正开始受到全美国的关注。在他创建网站的两个月前，即1998年3月，阿肯色州琼斯伯勒市发生了一起被广泛报道的致命枪击事件，一名11岁和一名13岁的学生杀死了4名学生和1名老师。接下来的一个月内，宾夕法尼亚州爱丁堡的一名14岁学生在一次中学舞会上开枪杀死了1名老师。就在托马斯·卡尔索蒂斯第一次得知"糟糕的老师"网站的一周后，一名叫基普·金克尔的15岁学生在俄勒冈州斯普林菲尔德开枪杀死了他的父母和2名同学，并打伤了其他25人。

卡尔索蒂斯将网站的事情报告给了当地警察和联邦调查局，他还向凯瑟琳·富尔默展示了这个网站。她被吓坏了。根据她的报告，她变得焦虑不安，开始失眠，并食欲不振。在学校校长将此事报告给有关部门大约一周后，贾斯廷主动关闭了"糟糕的老师"网站。联邦调查局进行了调查，但决定不再追究此事，认为贾斯廷并不构成"确实的威胁"。然而，托马斯·卡尔索蒂斯对学校员工的士气感到担忧。这场危机耗费了每个人太多的时间和精力，让人筋疲力尽。

这一学年的结束让这个问题暂时告一段落，但问题仍然存在。在夏季学期进行了几次听证会后，学区决定开除贾斯廷，并禁止他在秋季返校。他的家人起诉了学区，认为开除贾斯廷违反了宪法第一修正案赋予公民的言论自由权。

此案引起了当地媒体的极大关注，以至于在贾斯廷正式被开除之前，他的父母就决定将他送到科罗拉多州的一所寄宿学校。随着贾斯廷事件在媒体上的传播，该事件甚至开始在伯利恒以外的地区引起关注。保守派脱口秀节目主持人劳拉·施莱辛格（"劳拉博士"）指责了贾斯廷，并称他为"小恶魔"。她呼吁听众给学区捐款，以帮助其支付针对贾斯廷一家起诉的法律费用。[16]学区在初级法院胜诉，在贾斯廷一家就初审判决上诉到高级法院后也维持了原判。[17]在两次判决中，法官们都认为，虽然网站的讽刺和幼稚内容并不构成确实的威胁，但它仍然对学校造成了干扰，这足以证明贾斯廷被开除是合理的。①

然而，事情并没有就此结束。贾斯廷的新同学的家长向科罗拉多州的学校投诉，要求贾斯廷离开。他回到了宾夕法尼亚州，在家接受

---

① 在以前的案例中，法院认为学校履行教育使命的需要优先于学生享有的言论自由权。学生可以表达自己的观点，但这种表达不能妨碍学校开展教育事务。

了几年的教育，完成了高中的学业要求，进入佛罗里达州的大学就读。贾斯廷最终毕业，并获得了杜克大学的法学学位。现在他在一家小型律师事务所工作。

贾斯廷一家对学区的诉讼并不是"糟糕的老师"网站引发的唯一法律问题。1999年，在凯瑟琳·富尔默对贾斯廷及其父母提起的民事诉讼中，贾斯廷的律师与我联系过。[18] 在诉讼中，凯瑟琳·富尔默声称这个八年级学生的不当行为诽谤了她的人格，侵犯了她的隐私，给她带来了巨大的精神痛苦，以至于她不得不结束28年的教学生涯。她要求对她的精神损伤和未来收入的损失进行赔偿。

从第一次与贾斯廷的律师交谈的那一刻起，我就确信这起民事诉讼不会进入审判阶段。我理解为什么学区在贾斯廷的开除案中获胜，因为这个案件已经成为一个破坏性的干扰因素。当时可能有更好的处理方式，而不是迅速进行开除听证会，但学区迫使贾斯廷去别的学校上学以恢复学校秩序的做法显然是合理的选择。但是，一位老师以名誉诽谤罪起诉一个14岁的孩子，让我感到很荒谬。

令我惊讶的是，法官允许诉讼继续进行，但我绝对相信陪审团会支持贾斯廷。甚至之前支持学区的法官们也指出，虽然这个网站粗俗无聊、粗鲁无礼，引发了混乱，但并不具有危险性。然而，当我驾车前往北安普顿县法院为贾斯廷做证的那一天，我开始有些紧张了。那是2000年总统选举的前几天，当我离费城的家越来越远、离法院越来越近时，遍布社区的阿尔·戈尔的竞选标语逐渐消失。我到达目的地时，目力所及的选举标语都在支持乔治·W. 布什。这将是一个很难被说服的陪审团，尤其是在琼斯伯勒、爱丁堡和斯普林菲尔德的枪击事件引发公众关注之后。但我仍然认为，公众的常识将会占上风。

在证人席上,我做证说贾斯廷的行为在我看来是错误的,但对一个与老师有矛盾的八年级男孩来说,这是相当典型的行为,无论是学区还是老师都反应过度了。[19] 我呼吁陪审团不要混淆媒体传播的信息与真实具体的信息。如果贾斯廷只是在笔记本上写下他的十大理由并在学校传阅,而不是制作一个复杂而生动的网站,我怀疑我们是否还会坐在法庭上讨论这件事。这个网站显然表明了他糟糕的判断力,但这明显是一种拙劣的模仿,很难构成真正的威胁。正如贾斯廷一家败诉后一位持不同意见的法官所写的那样,这种恶搞幽默在诸如《南方公园》[①]等流行电视节目中经常可见。如果每位被14岁学生取笑的老师都因此感到不安以至于辞职,我们将不得不关闭我们的初中学校;如果每个老师都决定提起诉讼,我们将不得不关闭我们的法院。

结果,我错了。陪审团最终判决凯瑟琳·富尔默胜诉,并判给她50万美元的赔偿金。

这幅青少年期的画像是否具有普遍性

观察青少年在日常生活中的冒险行为可以告诉我们他们在做什么,但并不能告诉我们他们为什么这样做。如果我们想要真正了解青少年是如何做决策的,比如贾斯廷为什么决定创建自己的网站,或者

---

① 《南方公园》是美国喜剧中心频道(Comedy Central)播出的一部动画片。该频道主要播放各种幽默喜剧节目,包括脱口秀、幽默动画片、喜剧短片集等,旨在进行出色成熟的幽默表演的同时,也更加注重严肃时事的深刻讨论。——编者注

丹尼为什么坚持在开车时给女友发短信，那么了解他们是如何思考的就会很重要。我们不知道丹尼的事故是否真的像检察官所主张的那样是由于他驾驶时分心发信息导致的。也许他真的没有意识到这样做有多么危险；也许事故与发短信无关；也许丹尼偏离正常车道，是因为他在忙着调音响，或者因为他短暂地打了个盹儿。为了防止类似青少年驾驶引起致命事故这样的悲剧发生，我们需要了解青少年是如何做决策的。

不幸的是，我们不能仅仅通过要求青少年解释他们的行为来做到这一点。青少年和成年人一样，并不总是知道他们为什么会有这样的行为。有时，了解人们如何做决策的最好方法是在控制条件下对他们进行测试，并观察在条件改变时他们的思维过程如何变化。在实验中，我们可以诱导不同类型的心理状态，如分心、疲劳、改变激励方式诱发人们做出保守或冒险的行为，或者改变人们对自己选择的潜在后果的了解程度，并观察结果。

在过去的15年里，我和我的同事在实验室中对成千上万名青少年和成年人进行了测试，以了解青少年冒险行为的根本原因。我们探究青少年是否比成年人更愿意将自己置于危险的境地，以及这种意愿的产生是因为他们不知道什么是危险，还是因为他们过于关注冒险行为可能带来的乐趣，以至于没有仔细考虑决策可能出错的情况。关于青少年冒险行为的每种解释都是有道理的，但对于我们可能采取的阻止青少年鲁莽行为的措施，这些解释都有其潜在的不同意义。例如，如果无知不是根本原因，那么花费大量时间教育青少年什么是危险将毫无意义。

我们的实验持续地表明，儿童、青少年和成年人之间存在两个重要差异。首先，人们对冒险选择可能带来的潜在奖励（比如低概率中奖的可能性）的敏感性，在 16 岁左右达到顶峰。与儿童或成年人相比，青少年更容易在获胜的概率较小或不确定的情况下进行赌博。其次，儿童做出的冲动决策比青少年多，青少年做出的冲动决策比成年人多。这种奖励敏感性和冲动性的结合，使得青少年期中期（从 14 岁到 18 岁）成为一个非常脆弱和危险的时期。青少年对奖励的吸引力驱使他们做一些刺激的事情，即使这些事情可能是有风险的。然而，他们较差的自我控制能力使他们很难在行动之前放慢节奏并进行思考。

这项研究描绘的青少年画像如今已被科学界广泛接受。[20] 然而，大多数关于青少年决策的研究都是在美国进行的，这是一个局限。也许，寻求刺激、自我控制能力差的十几岁孩子的样子并不是青少年期的固有特征，而只是美国人教养孩子方式的结果。当然，也有人说美国的青少年容易失控是因为他们的父母不够严格。

然而，我们有充分的理由认为，这种基本模式在世界其他地方也会出现。所有的孩子（或几乎所有孩子）都会经历青春期，他们的大脑都会受到性激素的影响。这些激素对多巴胺受体的影响是一个基本的生化过程，这在许多研究中已经得到证实。[21] 因此，在全球范围内，青少年期对奖励的敏感性都会达到高峰。正如我们在前一章中看到的，青春期的其他后果，如事故高峰，也是跨越时间和地点的普遍现象。

对受性激素影响较小的自我控制能力的预测就会更困难一些。一方面，我们希望在几乎所有地方都会看到青春期孩子的自我控制能力能有所改善，因为所有社会都要求青少年对自己的行为负责，而且人们练习自我控制的次数越多，他们就会变得越擅长。另一方面，前额叶皮质的成熟似乎比边缘系统的发育对经验更敏感。这使我们认为，在对自我控制要求较高的文化中，比如亚洲，青少年的自我控制能力可能会得到更快的发展。

2010年，在瑞士苏黎世的雅各布斯基金会的支持下，我发起了一项研究，以验证我们在美国青少年身上观察到的情况是否在世界其他地方也是如此。与之前对近1000名美国人（年龄为10~30岁）进行的测试相同，我们对中国、哥伦比亚、塞浦路斯、印度、意大利、约旦、肯尼亚、菲律宾、瑞典和泰国的大约500名同龄人进行了一系列测试。我们还对来自美国的大约500名新的同龄人进行了测试。

我和我的同事惊讶地发现，虽然这些地方差异很大，但结果却如此相似。我们之前在美国青少年研究中观察到的奖励敏感性和自我控制的年龄模式，在这些截然不同的国家中也是非常明显的。

尽管如此，这种奖励敏感性的增强在表现方式上也存在着文化差异。例如，在我们的研究中，我们观察到美国、瑞典和意大利的青少年早期饮酒的现象显著增加，因为这些国家的成年人广泛饮酒，所以青少年很容易获取。然而，在约旦，我们却没有观察到这种增加情况，因为在那里即使对成年人来说，饮酒也受到严格限制，对青少年来说获取酒精就更难了。虽然约旦的青少年饮酒率非常低，但吸烟率在13岁左右急剧增加，就像在美国、瑞典和意大利一样。这是因为在约旦，吸烟是被社会所接受的，青少年也很容易买到香烟。

归根结底，在那些与美国完全不同且彼此间也差异显著的地方，青春期的特点表现为强烈寻求感观刺激、自我控制能力的持续发展，以及具有更愿意冒险的倾向。这些倾向在现实世界中是否表现出来以及以何种形式表现出来可能取决于文化，因为不同的国家给予年轻人尝试冒险行为的机会程度不同。在青少年很难获取酒精的地方，我们并不会看到青少年饮酒率居高不下。在婚前性行为不被接受的社会中，我们也不会看到许多青少年发生不安全的性行为。在实行严格枪支管制法的国家，青少年枪支暴力行为几乎不会发生。但导致青少年冒险行为的潜在倾向似乎是普遍存在的。

换句话说，全球青少年冒险行为的比率不同，并不是因为各国的青少年有本质上的不同，而是因为他们生活的环境不同。这一认识对于我们应该如何尝试预防美国青少年的冒险行为具有重要意义。它表明，我们不应该把更多的精力放在如何试图改变青少年上，而应该更多地关注如何改变他们所处的环境。我将在下一章中详细讨论这个问题。

青少年期的特点不仅在人类中明显可见，在所有哺乳动物中也能看到。在小鼠、大鼠和其他灵长类动物的边缘系统中，多巴胺受体的密度在青春期达到顶峰。与人类青少年一样，其他物种的"青少年"从酒精、可卡因、尼古丁和甲基苯丙胺等药物中获得的快感也会大大增加。像人类青少年一样，当小鼠进入青春期时，与同龄同伴社交、尝试新鲜事物和进行冒险行为的兴趣也会急剧增加。[22]

现在，青少年期开始的年龄比以往任何时候都要小，这一事实为整个故事增添了一个有趣的转折。由于青春期开始的年龄在继续提前，大脑的奖励系统变得容易被激活的年龄也在提前，然而，大脑的自我控制系统的成熟并不是由青春期驱动的，这意味着自我控制能力的发展并没有受到儿童更早进入青春期的影响。青少年的规划、前瞻性思考和控制冲动的能力可能并没有比100年前有更快的发展。

当青少年期只有 5 年时，大脑受青春期影响容易被激活的年龄与我们能够有效处理这种激活的年龄相吻合。由于人们发展出成熟的自我控制能力的年龄并没有提前，容易产生冲动的年龄却提前了，因此这两个状态发生的时间差扩大了。伴随而来的是，年轻人在加速器的力量和刹车系统的强度不匹配的情况下，容易受到这种不匹配后果影响的时间也随之增加。

这一代人的青少年期不仅比以往任何时候都要长，而且也更加危险。

第五章
青少年的自我保护

我儿子本14岁时,经常会在周末晚上和他在费城郊区高中的朋友一起到某个人的家里玩耍,做那些你能想到的十几岁男孩都会做的事情:熬夜、看电影、吃垃圾食品和玩电子游戏。有一天晚上半夜2点左右,本、乔希、史蒂夫和贾森在看完不知道看了多少遍的《球场古惑仔》之后,决定溜出贾森的家,突击去拜访住在几个街区外的女孩林赛·希尔曼(这里除了本的名字,其他都是化名)。贾森很喜欢林赛,他们所有人都沉浸在一种兴奋的情绪中,一种喝着激浪饮料,吃着薯片,嬉笑着看两小时亚当·桑德勒的喜剧就能引发的、14岁男孩特有的兴奋心情。

我要解释一下,他们都是好孩子,我和妻子都很了解他们。他们都是好学生,与父母相处融洽,也有很好的判断力。他们是成长于20世纪90年代末中产阶层传统家庭的典型男孩,他们不是天使,但也绝不是捣蛋鬼。事实上,那晚溜出家门之前,他们四个人在厨房的桌子上还给贾森的父母留了一张纸条,让贾森的父母知道他们几个人要去哪里,免得父母醒来发现孩子们不见了会担心。

到达林赛家的时候，本和他的朋友将石子扔向她卧室的窗户，就像《罗密欧和朱丽叶》中描述的情节一样，想把她叫醒。结果，他们把整个街区的人都吵醒了。他们不小心触发了房子的防盗警报器，警报器开始发出尖锐刺耳的声音。孩子们不知道的是，林赛家的安全系统自动拨通了当地警察局的电话，警察局立即派出巡逻车来到林赛家。

当警报响起时，男孩们从林赛家溜了出来，沿着漆黑的林荫道奔跑，结果直接遇上了警车。警察看到迎面而来的四个人，停下了车。对男孩们而言，告诉警察整件事情的来龙去脉本应该轻而易举。我们镇上也没有宵禁，虽然警察可能会询问他们的住址以及当时他们在外面做什么，但是本和他的小伙伴应该知道自己没闯大祸。然而，他们没有解释，而是分散逃走了，穿过邻居们的院子跑回贾森家。警察只追到了其中一个人，并把他送回了家里，他受到了父母的严厉训斥。另外三个人悄悄地溜回贾森的卧室，兴奋并夸张地谈论着他们的冒险经历。第二天一大早，林赛的母亲打来电话时，我才知道了这件事情。林赛的母亲问我："你知道本昨晚去哪了吗？""是的，"我说，"在贾森家。"林赛的母亲继续质问："那你知道他和他的朋友在半夜2点的时候在做什么吗？"

我向林赛的母亲道歉后立刻打电话给本："收拾好你的东西，在贾森家外面等我。"他当时昏昏沉沉的，都没问为什么。

我到贾森家时，看到本坐在路边，像僵尸一样，头发蓬乱，眼神迷离。他上车后，我开始了一场说教。"你知道从警察面前逃跑有多疯狂吗？天那么黑，他们又有枪，他们可能认为你们是在入室盗窃。你当时是怎么想的？"

本停顿了一下，说："这就是问题所在，我当时没想这些。"

那时，本和我都不知道他这句精辟的"诊断"有多么深刻。

讲到这里，还有另一个孩子的故事。

我很熟悉的一个 15 岁的男孩（也就是我），在上高中化学课的时候，想出了一个用从教室用品柜里偷来的东西制作小晶体的主意。这些小晶体一碰就会爆炸，还会弥漫出紫色的烟雾。爆炸声不大，就是那种噼里啪啦的声音，但噪声和烟雾足以吓到那些没注意的人。

这个男孩想跟他的化学老师开个玩笑。他的化学老师阿特·西尔弗曼是一位随和的中年人，曾是个制药科学家，从一家大制药公司退休后，几年前才开始教书。他喜欢和青少年在一起，他随和的态度使他成为学校里最受欢迎的人之一。

上课前，这个爱做恶作剧的男孩把小晶体撒在了实验室的一张桌子上，用一张活页纸轻轻地盖在一些晶体上面，另外一些晶体则置于非常显眼的地方，看起来就像有人在烧杯和本生灯中间撒了点奥利奥饼干屑。化学老师走进教室后，看到一片狼藉，就随手拿起那张纸，对满屋子的学生笑了笑，假装生气道："谁把垃圾撒在我的桌子上了？"

他把这张纸当作临时的抹布，开始收集桌上的那些小晶体。但他刚把纸揉成一团，按在那堆晶体上时，小晶体就噼里啪啦地响了起来，桌子上升起了一股紫色的烟雾。"搞什么鬼？"他喃喃地说。周围知道这个恶作剧的学生突然大笑起来。化学老师愣了一下，然后也跟着笑了起来。

这起事件发生在 1967 年，那时候人们还没有学校枪击和恐怖主义威胁的概念。如果我今天做了这么一件愚蠢的事，我很可能会被逮捕。

第五章　青少年的自我保护

"把你的头发点着"：冒险而冲动的青少年

我在高中化学课上的恶作剧和我儿子在半夜与警察的擦肩而过所幸都没有造成任何不幸的后果，然而青少年所做的许多鲁莽的事情却并非如此。根据联邦调查局的统计，大多数犯罪行为都是由青少年犯下的：从 10~18 岁，犯罪人数急剧增加；18 岁达到高峰；在 18~25 岁急剧下降；25~30 岁缓慢下降；30 岁之后很少再有人犯下严重的罪行。在任何有犯罪统计记录的地方都可以看到这种"年龄 – 犯罪"曲线，这种规律数十年来在美国和英国轮番上演着，两国的犯罪学家都做了大量的相关研究。[1] 虽然社会科学家持续争论导致犯罪的原因，但无人质疑这条曲线所演示的规律。抢劫、强奸和暴力袭击犯罪是如此，入室盗窃、持有毒品和盗窃汽车等非暴力犯罪也是如此。"年龄 – 犯罪"曲线并不是根据被警察逮住的那部分青少年造成的结果得出的，而是结合官方的逮捕记录数据和匿名调查数据（人们在被承诺隐私保密的情况下说出的自己的不法行为）得出的。不管怎样，青少年比儿童或成年人更容易触犯法律。

人们提出了许多理论来解释为什么犯罪率在青少年期上升，然后在 20 多岁下降，原因主要归于青少年的社会边缘化、贫困和代际冲突等。不过，犯罪学家可能需要跳出他们的领域，因为遵循这种模式的不仅仅是犯罪，几乎所有形式的冒险、危险和鲁莽行为都遵循这样的规律。人们在青少年期时鲁莽行为增加，而在 20 多岁时变得更成熟，鲁莽行为逐渐减少，在这 15 年间，犯罪率的增减实际上可能与犯罪行为本身无关。

以意外溺水的统计数据为例。根据美国疾病控制与预防中心的数据，除了婴儿期，溺水在青少年期中期比其他时期都更常见。青少年期的高溺水率是令人惊讶的，因为我们通常认为溺水是由身体虚弱引起的，例如耐力问题、手臂或腿部力量不足、呼吸困难等。从这些角度考虑的话，青少年应该是最不可能溺水的群体，也不应该是溺水率最高的群体。他们之所以比其他年龄组的人更容易溺水，可能是因为他们更有可能在危险的环境中游泳——不是因为缺乏耐力，而是因为缺乏判断力。

青少年也比其他年龄段的人更有可能尝试酒精、香烟和非法药物，并且更有可能发生无保护措施的性行为。[2] 这就是为什么青少年比成年人更有可能意外怀孕，并且占每年新产生的性传播疾病患者的近一半。他们很少自愿戴上自行车头盔或系上安全带。他们更容易酗酒、割腕或进行其他形式的自残，甚至企图自杀[①]。

危险驾驶在青少年中尤其常见。[3] 青少年更容易在开车时超速，对其他开车的人感到不耐烦，并说他们喜欢超速驾驶的感觉。青少年发生车祸的概率更高，不仅仅是因为他们的驾驶经验不足。有研究显示，虽然十几岁和20岁出头的人比三四十岁的成年人反应更快，[4] 但如果将没有经验的青少年司机和同样没有经验的成年人进行比较，会发现青少年的撞车率更高。[5]

青少年期频繁地鲁莽行事及其导致的后果与青少年期的健康水平是成反比的。青少年期是人生发展历程中最健康的时期之一，相对来说，很少有人在这个年龄段患有身体疾病。虽然青少年比儿童更健康、更强壮、更聪明，但发病率和死亡率都比童年期增加了200%~300%。[6]

---

① 成年人的自杀往往"成功率"更高，但青少年尝试自杀的次数更多。

青少年近一半的死亡是由事故造成的，机动车事故致死人数占青少年事故死亡人数的 3/4，另外 1/4 是由溺水、中毒和枪支等事故造成的。[7]青少年第二、第三大常见死因是他杀和自杀，也与疾病无关。同样，青少年发病的主要原因是那些很严重但不一定会导致死亡的影响健康的行为问题，如酗酒、吸毒、无保护措施的性行为和肥胖。[8]青少年冒险率的升高造成了一个巨大的公共卫生问题，其造成的后果在许多人青少年期结束后的很长一段时间里依旧存在。

多年来，人们对青少年的冒险倾向提出了许多解释，其中包括这个年龄段的个体不理性、缺乏做出明智决定的智力、对"无所不能"的错觉、低估了危险活动的风险概率，甚至根本无法判断有无风险。

几十年来，这些假设一直指导着我们预防青少年冒险行为所采取的措施，其基本思想是让青少年变得更理性、更有见识、更务实。

美国每年花费数亿美元试图增加青少年对各种危险活动的认识，提高他们的决策能力，并让他们相信自己不是坚不可摧的。学校的基础健康教育在美国也非常普及。[9]根据全美国的调查，超过 90% 的美国青少年都上过有关吸烟、喝酒、使用非法药物的危害性的课程，大约 95% 的青少年上过不同形式的性教育课程。

不幸的是，大多数健康教育的基础前提可能是完全错误的。青少年和成年人一样能够判断有无风险；在预测某项危险行为是否会导致不良后果方面，或者在决策能力方面，他们也不比成年人差。研究表明，16 岁的青少年在智力和逻辑推理能力上的表现就和成年人没有明显的差异了。关于"无所不能"的错觉的研究同样发现，成年人和青少年一样有可能产生并相信这类信念。当谈及他们的健康时，所有年龄段的人都表现得好像他们可以摆脱厄运，能做成别人做不到的事情。

青少年尚未成熟的前额叶皮质和较差的冲动控制能力是导致他们鲁莽行为的原因，这种观点在前文我们已经讨论过，并在很多情况下被证明是正确的。但这可能只是一部分的原因。毕竟，在化学课上的恶作剧真正成功之前，我已经计划了一段时间，制作这些晶体需要准备材料和具备耐心的心理素质，这并不是一时冲动。更重要的是，正是因为考虑了结果，我才会把它们放在西尔弗曼先生的实验桌上。我这么做，恰恰是因为我想到了事情发生之后大家的反应。一想到能让同学们开怀大笑，有机会享受他们对我聪明和大胆的赞赏，我就难以抗拒。

换句话说，青少年的冒险行为不仅仅与前额叶皮质有关。青少年对奖励远比成年人敏感，与青少年的生活相比，成年人的生活就像鼻子里塞着棉花走过一盘香气扑鼻的巧克力饼干，或者用戴着外科手术手套的手指抚摸一件安哥拉羊毛衫。虽然也能闻到饼干的味道、摸到柔软的羊毛，但气味和感觉都是相对迟钝的。这样一来，你就没有那么强烈的欲望去吃饼干或者买毛衣了。

这种对奖励的高度敏感使青少年自然地更关注他们的冒险行为可能带来的好处。在我们的研究中，当要求人们根据危险程度或导致负面后果的可能性对危险活动进行评级时，我们并没有发现青少年和成年人之间有很大的差异。两个年龄段的人都同意，像酒后驾车或冒险进入不安全的街区这样的事情是有风险的。那些认为青少年冒险是因为他们不知道什么是更好的决策的观点是荒谬的。

我们认为青少年和成年人之间最显著的区别在于他们如何看待冒险行为的相对成本和收益。当被问及无保护措施的性行为或吸烟等行为的潜在利弊时，青少年与儿童和成年人一样会评估潜在的成本，但青少年更重视潜在的回报。[10] 换句话说，有时候青少年明显无法延迟满足不是因为他们无法控制自己，而是因为即时奖励对他们更有吸引力。

在理智上，青少年可以理解后果，但在情感上，他们对后果的敏感性低于其他年龄组。关于这一点，我最喜欢的例证来自一项脑成像研究。[11] 在这项研究中，研究人员向青少年和成年人展示了一些陈述句，每个陈述句简要地描述了一项活动，研究人员要求被试按下一个按键来表明他们认为该活动是好主意还是坏主意。其中一些活动显然是好的（比如"吃沙拉"），另一些活动则明显很糟糕（"把你的头发点着"）。意料之中，无论哪个年龄段，所有被试都表示好的活动是好的，而不好的活动的确不好。但青少年做出决定会花费更长的时间，即使这些活动是比较疯狂的，比如"和鲨鱼一起游泳""喝一罐洁厕剂"。当我们看到可怕或令人厌恶的东西时，大脑中有部分区域会被激活，这部分被激活的区域会让我们的内心深处产生恐惧或厌恶的感觉，而在成年人的大脑中，这部分区域更容易被激活。然而，令人惊讶的是，青少年更可能被激活的区域是我们在深思熟虑时涉及的脑区。正如这项研究表明，青少年完全有能力识别风险，只是他们更容易被奖励所吸引。

同伴效应

很长一段时间里，我都对本那天晚上从警察面前逃跑时没有想过后果的反应感到困惑。他一直是一个会深思熟虑的人。他比同龄人更容易犹豫不决，不擅长轻率行事。我越想越怀疑，是不是和朋友在一起，可以把一个头脑冷静的少年暂时变成一个鲁莽的人。

本那天晚上的行为对他这个年龄的人来说并不罕见。青少年和朋友在一起的时候，会比他们独处的时候做更多愚蠢和鲁莽的事情（我们大多数人都能回忆起和朋友一起所做的疯狂的冒险行为，如果我们不是那个群体中的一员，某些冒险行为就不会发生）。官方统计数据为我们的个人回忆提供了大量的佐证：当一个青少年手握方向盘，后面坐着一群青少年乘客时，发生车祸的概率会增加4倍以上（而且车里每增加一个青少年，发生车祸的风险就会急剧增加），但载客的成年人发生车祸的风险却没有他们独自开车时高。[12] 当青少年犯罪时，他们群体犯罪的可能性远高于成年人，而成年人在违法时更有可能是独自一人。[13] 大多数青少年第一次接触酒精和非法药物都是和朋友在一起的时候发生的。[14] 在意大利，虽然青少年在家人在场的情况下是可以喝酒的，但他们第一次喝酒时和朋友在一起的概率是和家人在一起时的7倍，而且他们第一次喝酒时几乎不会独自一人。[15]

大多数人认为因为同伴压力，青少年和朋友在一起会更胆大妄为，他们会积极鼓励彼此去冒险，至少会排斥那些不愿意冒险的人。我的一位同事，曾因为青少年时害怕被同伴叫"胆小鬼"，做过很多危险而愚蠢的行为。

事实证明，同伴压力并不一定是大多数人认为的导致青少年冒险行为的罪魁祸首。

10年来，我和同事一直在研究同伴对青少年冒险行为的影响，其中原因之一就是我儿子本去林赛家的那次灾难性的拜访。我发现了一些令人吃惊的结论：即使我们不让青少年相互交流，也就是说，让他们无法施加压力去冒险，但只要知道朋友在附近，他们就会倾向于

第五章　青少年的自我保护

冒险。他们甚至不需要认识那些正在围观的人。事实上，同伴在场的意义是如此强大，以至于会让青少年期的小鼠也出现行为不当。我这样讲有点跑题了。

我们第一次发现这种"同伴效应"是在一项关于危险驾驶的研究中。[16] 我们邀请不同年龄的人和他们的两个朋友作为被试。他们被随机分为两组，一组是独自一人，一组是有朋友在旁边观看。任务是玩一款视频驾驶游戏。

这款游戏的设定是一个经常开车的人都很熟悉的生活情境，即让玩家决定是否闯黄灯，以便快速到达某个地方。玩家被要求以尽可能快的速度穿越一系列十字路口，这些十字路口的交通信号灯会突然从绿色变成黄色。所有的被试都是有报酬的，但他们会被告知，越快完成路线，得到的报酬越多。这就是他们闯黄灯的动机，而不是停下来等黄灯变成红灯再变成绿灯。

被试还会事先被告知，会有一辆车随机地在他们的车进入交叉路口时开过来，如果不幸撞车，就会浪费很多时间。这就是被试谨慎行事的动机，当交通信号灯变黄时，被试就应该踩刹车。如果被试等到交通信号灯变成绿色，会浪费一点时间，但不会像撞车浪费那么多。

问题是，被试事先并不知道哪些十字路口是危险的，哪些不是。每次开到十字路口时，他们都要在尽快到达终点、拿到更多报酬和可能会撞车、失去更多报酬之间进行权衡。现实世界就像这个驾驶游戏一样，人们往往需要在一个确定、安全的选项和一个有风险但更有吸引力的选项之间做出选择。

一方面，青少年在朋友面前玩这个游戏比单独玩时更容易冒险，即使他们的朋友不被允许和他们交流。他们的表现是闯黄灯次数更多，撞车次数也更多。另一方面，成年人在被朋友观察时玩游戏的选择和他们独处时完全一样。成年人虽然偶尔会冒险，但不会因为被朋友观察而有不同的行为表现。实验结果符合我们对现实状况的认知，当其他青少年在车里时，开车的青少年更容易撞车，而成年人开车时不管有没有乘客都是一样的。有趣的是，只有当乘客是其他青少年时，才会对青少年驾驶产生影响，而当乘客是父母时，他们会比自己开车时更加谨慎。[17]

为什么仅仅当朋友在场就会让青少年冒更多的险？我们在青少年的大脑中找到了答案。

社会脑：为何青少年会变得敏感与胡思乱想[18]

除了激活大脑的奖励中枢，青春期似乎还会导致调控我们对他人反应的脑区发生变化，这些区域常被合并称为"社会脑"。当青少年看到他人情绪表现的照片时，当他们被要求思考他们的友谊时，当他们被要求判断他人的情感是否受到伤害时，当他们感到被社会接受或排斥时，这些区域就会被激活。我们都会在意别人对我们的表现、想法、感受和态度，只是青少年比成年人更加容易在意这些。（许多孤独症研究人员认为，社会脑的问题可能是这种疾病的根本原因。[19]）

社会脑在青少年期仍在发生变化，这些变化有助于解释为什么青少年对同龄人想法的关注会增加。[20]这是一场完美的神经生物学风暴：如果你想让某个青少年开始痛苦地胡思乱想，就让他大脑中了解他人想法的重要区域的功能得到改善，对社会接受和社会排斥敏感的区域的激活程度得到提高，对他人的情绪线索（比如面部表情）的反应能力得到增强。综上所述，我们就很容易理解为什么大脑这些区域的变化会增加青少年对自己在同伴群体中地位的敏感性，使他们更容易受到同伴压力的影响，并使他们对八卦更感兴趣（也更担心成为被别人八卦的对象）。脑科学家已经发现了所有这些社交情境背后的神经生物学基础。

在任何年龄被拒绝都是痛苦的，但实际上青少年期比其他任何时候都更痛苦。（从神经生物学的角度来看，社会排斥带来的痛苦与身体上的疼痛非常相似，泰诺中的活性成分对乙酰氨基酚可以帮助缓解这种痛苦。[21]）许多专家认为，这种对他人评价的过度敏感会带来严重的后果，可能会导致青少年期抑郁症的激增，并解释了为什么女孩比男孩更容易抑郁。从很小的时候起，女孩就对人际关系更加敏感。女性在同理心方面具有优势，但在面对社会排斥时，这一优势反而会变成增加抑郁的风险。

无论何种性别，青少年对他人情绪的关注会使他们对环境中潜在重要信息的感知变得迟钝。[22] 在一系列实验中，研究人员让青少年和成年人观看四种类型图像（红色圆圈、乱码图像、中性面孔和情绪化的面孔）的混合序列，并对他们进行了脑部扫描。参与者被要求在看到红色圆圈时做出反应。与成年人不同的是，每当情绪化的面孔出现时，青少年的大脑活动就会增强，这干扰了他们注意随后出现的红色圆圈的能力。这有助于解释为什么用愤怒的声音对青少年大喊大叫可能不是传达信息的好方法，因为他（她）可能更关注你的愤怒，而不是你说话的内容。我总是建议那些对孩子所做的事情感到愤怒的父母直接对孩子说："我现在太生气了，不能和你讨论这个问题，可能需要等我冷静下来再谈。"这一策略将会提高有效对话的可能性。

群体失智：和朋友在一起时会更不顾后果

在商界，团队较之个人能做出更好决策的结论已经形成共识，这种现象被称为"群体智慧"。[23] 这一现象与青少年在群体中比独处时会做更多蠢事的发现有联系吗？

事实证明，即使是成年人，明智的选择也并不总是来自群体决策。研究发现，当团队中的成员可以自由地发表意见时，团队的工作效果最好；当成员过于关心其他成员对自己的看法时，从众行为就会占据主导地位，团体决策的质量实际上可能比个人决策更差。考虑到青少年对同龄人如何看待自己高度关注，他们在群体中更容易做出鲁莽决策是完全可以理解的。

决策是两个相互竞争的大脑系统的产物，一个是寻找即时刺激的奖励系统，另一个是自我调节系统，后者是负责控制冲动并鼓励人们未雨绸缪的控制系统。在进入青少年期之前，自我调节系统还很不成熟，但小学中年级的孩子，大脑的这部分区域已经强大到足以调控奖励系统。如果把大脑想象成一个跷跷板，我们可以说，青少年期之前大脑处于很好的平衡状态。

到了青春期，跷跷板的奖励系统一侧增加了重量，而在自我调节一侧，根本没有足够的重量来平衡这种增加的力量，直到 16 岁左右，这种力量才会越来越强大。幸运的是，随着前额叶皮质的成熟，跷跷板的自我调节一侧逐渐增加了压载物，抵消了奖励系统的力量。当寻求奖励的冲动减弱，自我控制能力增强时，跷跷板又会恢复平衡。

但这种平衡在青少年期中期很容易被打破。情绪刺激、疲劳和压力会使自我调节系统不堪重负，难以维持对奖励系统的控制，使得跷跷板朝着寻求更多刺激的方向倾斜。

例如，服用娱乐性药物会增加大脑对多巴胺的渴求，对感觉和新奇的刺激产生更强烈的追求，比如加大服用剂量、尝试不同药物，或者寻求其他产生更强烈刺激的活动。我们对奖励的需求非但没有得到满足，接触一种奖励刺激往往还会激发对其他刺激的渴望。[24] 换句话说，大脑的奖励中枢接收到某些快乐的刺激，也会无意识地开始追求其他方面的快乐，就像晚餐前小酌一杯会刺激食欲，一杯咖啡和酒会激起吸烟者对尼古丁的渴望一样。例如，肥胖的青少年不仅对食物的图像表现出高强度反应，对非食物的奖励也可能表现出过度反应。[25]

超市里，商家会努力营造一个让人产生好心情的氛围，比如播放欢快的音乐或提供免费的零食，原因是积极情绪会刺激顾客寻求奖励，他们可能会买更多的东西。赌场老板发放免费酒水不是为了让赌徒喝醉，如果这是他们的目的，他们就不会在饮料里掺水。他们明白，用一种快乐的来源——稀释的酒，来刺激大脑的奖励中枢，会诱使我们去寻找其他的刺激，比如老虎机的声音。这就是为什么当人们和别人在一起玩得开心时，会比不开心时吃得更多、喝得更多。感觉良好会让人们想要感觉更好。[26]

这就解释了为什么青少年和朋友在一起时会更不顾后果。在青少年期，同伴们激活的奖励中枢与毒品、性、食物和金钱所激发的奖励中枢相同。[27] 青少年和朋友在一起的体验和让他们感觉良好的其他事情一样，都可以增加多巴胺，甚至处于青少年期的啮齿动物也是如此。处于青少年期的啮齿动物与同伴相处会引起大脑的化学变化，产生非常多的快乐感觉，而同样情况下的成年期啮齿动物的大脑就不会有相同的变化，这些变化与给这些动物喝酒时的变化非常相似。[28]

和朋友在一起时，青少年对社会奖励的高度敏感性使他们对其他奖励更加敏感，包括冒险活动的潜在奖励。[29]当我们在冒险寻求实验中记录大脑影像时，我们让被试知道他或她的朋友正在隔壁房间看着他们，结果只有青少年的奖励中枢会被激活，成年人的则不会。[30]这些中枢越活跃，青少年就越倾向于冒险。例如，向暗示有朋友正在观看的青少年展示一大堆硬币的奖励刺激图片，他们的奖励中枢就比没有暗示朋友观看的情况下看到相同图片时更活跃。当我们对成年人进行这一测试时，他们就不会发生这种同伴效应。

同伴的影响似乎使即时奖励格外引人注目。[31]一个实验中，研究人员会询问被试，小额即时奖励（今天的200美元）和较大的延迟奖励（一年后的1000美元）哪个更有吸引力？青少年对即时奖励的偏好会因为同伴的存在而得到强化，而这个"同伴"甚至不必是他的朋友或者真实存在的人。实验中，我们可以让青少年对奖励更敏感，只要让他们认为隔壁房间里有另一个学生正在计算机屏幕上看着他们。

换句话说，并不一定是明显的同伴压力导致青少年和朋友做出更鲁莽的事情，而是当你还是青少年的时候，和朋友在一起会让你感觉一切都很好，所以你会比其他时候对奖励更加敏感，进而促发你去冒险。回想一下在本书开头讨论过的斯泰茜被捕的事。具体地说，当青少年和朋友在一起的时候，像入店行窃、吸毒、超速驾驶，或者半夜2点偷偷溜出去拜访朋友这样的事情，其实比他们一个人的时候更有吸引力。

事实上，当青少年真正知道有很大可能发生不好的事情时，与同伴在一起的鲁莽行为增强效应是最强的。[32]在人们20岁出头的时候，这种同伴效应仍然很强，这在很大程度上解释了一些原本成熟的大学生和朋友在一起时，会做出令人惊讶的幼稚行为。这项研究对父母的一个重要启示是，他们应该尽量减少孩子在无人监督的群体中度过的时间，因为即使是平时表现良好的青少年，和朋友在一起时也更有可能行为不端。

青少年对社会关系的敏感性增加是由青春期引发的，研究人员在其他哺乳动物身上也看到类似的行为模式。在使用不同种类的奖励来让小鼠学习东西的研究中，我们发现青少年期的个体远比成年个体更具社会性，比如在迷宫里找路，青少年期小鼠比成年期小鼠对社会性奖励的反应更灵敏。青少年期小鼠更有可能记住在社交环境中学习到的东西，成年期小鼠则不会出现这种情况。[33] 许多研究发现，人类青少年在小组项目中会比独自一人时学习到更多的东西。[34] 这就是为什么如果仅仅为了对个体进行评估而在课堂上不鼓励合作，可能会限制青少年的学习。

我和我的同事想知道，同伴对人类青少年的冒险行为和对奖励敏感性的影响是否也会在小鼠身上显现出来。我们做了一个实验，把小鼠分成三组，然后测试有无同伴在场对它们饮酒行为的影响。一半的小鼠在刚进入青春期后不久接受测试，另一半在它们完全成年后接受测试。令人惊讶的是，与笼子里的"朋友"一起测试时，青少年期小鼠比单独测试时喝了更多的酒，但成年期小鼠在所有情境下饮酒量都是一样的。[35]

最重要的是，同伴对青少年大脑的影响方式与对成年人大脑的影响方式是不同的，这一发现对父母来说很重要。他们需要意识到，青少年在群体中比独处时判断力更差。这就是相关乘客限制法律要求青少年司机在积累了一定的驾驶经验之前不得搭载青少年乘客的原因之一。这项措施在减少车祸死亡人数方面远比驾驶员教育行之有效。[36] 这也是为什么在职父母不在家中无法监督青少年的时候，不应该让其他青少年来家里，也不应该让他们到其他无父母监督的青少年家里做客。无数研究表明，在青少年期，与同龄人一起度过无组织、无监督的时间很容易引起麻烦。青少年最初尝试酒精、毒品、性行为和其他不良行为的黄金时间不是周五或周六的晚上，而是工作日的下午。[37]

父母并不是唯一需要与这种危险做斗争的人。我曾经和一位退役的美国陆军将军聊天，他曾接受过精神科方面的培训。我描述了我们关于同伴的存在对冒险决策影响的研究，并问他陆军在派遣士兵执行战斗任务时是否考虑到如何对士兵进行分组。我们中很少有人会静心思考这个问题，但要知道军队服役人员，尤其是在前线服役的士兵，有大量是青少年，大约20%的现役军人（超过1/3的海军陆战队队员）的年龄在21岁及以下。国防部是美国雇佣21岁及以下人员最多的部门。

当士兵被派去执行战斗任务时，他们通常被分成由4名战士组成的小分队。这4个人必须在疲劳、压力和情绪紧张的情况下，不断地做出艰难的决定，而这些因素会损害青少年士兵的判断力。如果这些小分队完全由青少年组成，特别是年龄在22岁以下的青少年，他们可能会比由青少年和成年人组成的小分队做出更冒险的决定。我和同事获得了一笔资助用于一项研究，研究内容是由青少年和成年人组成的小组是否比只包含青少年的小组能做出更好的决策。我们希望，当研究完成后，我们将能够指导军队更好地组成士兵小分队，以优化他们在战斗中的判断力，并更好地保护他们免受伤害。

我们对青少年群体行为的研究，或许也能对青少年的雇主有所帮

第五章　青少年的自我保护

助。我敢打赌，很少有主管在分配员工轮班时考虑到工作团队的年龄构成。他们很可能会发现，当青少年员工和成年员工混在一起工作时，年轻员工会表现得更好，做出的决策也会更明智，而当青少年在完全由同龄人组成的团队中工作时，情况可能会相反。

在青少年无法自控时保护他们

2013年年初，纽约市宣布将在地铁上张贴海报，提醒青少年注意这样一个事实：研究发现，父母在青少年时期生下的孩子，完成的学校教育年限更短。[38] 此举旨在解决青少年怀孕问题。其中一张海报上，一个蹒跚学步的孩子含泪说道："我高中不能毕业的可能性是你的两倍，因为你是在十多岁时生的我。"这只是一个宣传方式，因为一个2岁的孩子是不可能说出这样的话的，更不用说是十几岁的孩子所生的孩子了。①

该活动计划公布后引发了争论，争论的焦点是这项耗资40万美元的活动是否存在歧视并侮辱了青少年父母，而且，正如美国计划生育协会（Planned Parenthood）的代表所说，它制造了"关于青少年怀孕和为人父母的负面公众舆论"，公众可能会更加反对青少年成为父母。布鲁金斯学会研究员理查德·里夫斯回击了该活动计划的批评者，他在《纽约时报》的一篇专栏文章中辩称，让青少年感到羞耻，

---

① 显然，海报上的孩子没有意识到相关性并不一定代表因果关系。总的来说，青少年时期就做父母的人比那些成年后才有孩子的人通常经济条件更困难，而出生在贫困家庭中的孩子学业成功的可能性本来就相对较小，无论他们出生时父母的年龄多大。

使他们禁欲或进行安全性行为是"减少青少年怀孕的有力武器"。[39]

对于这场争论，我惊讶地摇了摇头。我不知道哪一个更脱离现实，是这座城市正在煞有介事地张贴广告、计划生育协会的回应，还是理查德先生的反驳。我们暂时把自己放在一个青少年的位置上，想象一下，你是一个16岁的孩子，放学后和你的伴侣依偎在沙发上，而你的父母还在外面工作。一场干柴烈火后，你们俩现在几乎都没穿衣服，你们没有想到会走到这一步，也没有准备避孕套。现在，想象一下，你们中的一个人说："我们不要这样，因为未来我们孩子的教育成就可能会受到影响。"这真的可能发生吗？

不管是谁想出了这个地铁宣传活动，他根本不了解青少年的想法。青少年不经常采取避孕措施的主要原因不是他们不知道生孩子的后果，而是他们通常本来不打算发生性行为，因此，他们经常在没有准备的情况下就开始了。几乎任何一个处于性活跃期的青少年都知道，在那种时候"悬崖勒马"有多难。

纽约举办的反对青少年怀孕的地铁宣传活动只是众多试图改变青少年行为的糟糕例子之一。这些举措都是基于错误的前提实施的，比如假设青少年在情绪失控时还能考虑到他们行为的后果（他们显然不能），或者他们冒险是因为不知道这样做会发生什么（他们其实很清楚）。[40]即使青少年发现反对青少年怀孕的地铁海报在抽象层面上具有说服力，他们在激情中想起这一知识的概率也很渺茫。虽然对青少年大脑发育的研究彻底改变了我们对这一人生阶段的理解，但许多针对青少年的政策和措施并没有受到这些发现的影响，它们仍然秉持着对这一发展阶段的陈旧、过时和错误的看法。因此，我们每年在项目上浪费了数亿美元，而这些项目的失败，任何熟悉青少年期科学的人都能轻易地预测到。

我们在预防和治疗这个年龄段的疾病和慢性病方面取得了相当大的进展，但在减少由冒险、鲁莽行为造成的痛苦和死亡方面却没有取得类似的进展。[41]虽然某些类型的青少年冒险行为，如酒后驾驶或无保护措施的性行为的比率已经下降，但青少年中危险行为的发生率仍然很高，而且近几年来青少年尝试危险行为的次数并没有下降。[42]因为许多形式的不健康行为始于青少年期，如吸烟或饮酒，增加了成年后发生这种行为的风险；也因为青少年的某些冒险行为，如鲁莽驾驶或犯罪，会使我们所有人都处于危险之中，所以减少年轻人的冒险行为将大大提升每个人的幸福感。

几十年来，实现这一目标的主要方法是通过教育项目，其中大多数是基于学校教育。我们有充分的理由怀疑这些教育项目的有效性。[43]虽然学校几乎普及了性教育，但仍有40%的美国高中生报告在最近一次发生性行为时没有使用避孕套。虽然我们要求几乎所有的青少年都参加关于酒精和毒品的教育课程，但近一半的美国青少年尝试过吸烟，而且近20%的青少年经常吸烟，大约40%的美国高中生每月喝酒，近1/5的人每月酗酒，每年近25%的青少年乘坐的汽车是由饮酒的人驾驶的，近25%的人每月吸食大麻。考虑到健康教育几乎普及，更不用说媒体对肥胖这种流行病的报道，很难想象青少年对超重的风险一无所知，然而，几乎有1/3的美国高中生超重或肥胖。[44]美国在减少某些危险行为方面取得了一些进展，但在过去的几年里，避孕套的使用、肥胖或吸烟等情况没有发生任何变化，事实上，自杀和大麻的使用甚至有所增加。

许多类型药物使用的长期趋势，让人们对健康教育的效果有所质疑。自 1975 年以来，美国对青少年药物使用情况进行了非常仔细的追踪调查。40 年前，大约 1/4 的高中高年级学生每月吸食大麻，和如今的数据相似。20 年前，大约 1/3 的高中毕业生经常喝醉，和最近的数据也相似。我想大多数人会惊讶地发现，与 20 年前相比，现在有更多的八年级学生在使用非法药物。[45] 很明显，我们所做的一切都不是很有效。

我们唯一取得实质性和持续进展的地方是减少青少年吸烟，但大多数专家都认为这与健康教育几乎没有关系。现在吸烟的青少年比过去少了，主要是因为香烟价格的上涨速度是通货膨胀率的 2 倍多。[46] 1980 年，一包香烟的平均价格是 63 美分，而今天的平均价格是 7 美元。难怪青少年吸烟越来越少。

追踪危险行为随时间变化的相关性研究在解释上可能会受到各种问题的影响，比如很多事情在一段时间内发生的变化就可能会影响行为趋势。一个无关因素可能会在参与了使目标行为减少的过程中起到了作用，例如，可卡因使用量的下降可能与毒品教育无关，而是由于执法部门的更多干预。相反，一个旨在减少某种行为的计划实际上有效，但如果其他干扰因素导致行为数量增加，可能会让该计划看起来不起作用。如果经济崩溃，青少年失业率增高，反犯罪计划成功的可能性就会大大降低，尽管如果没有这些措施，情况可能会更糟。

由于这些原因，参考对照组的结果很重要。在对照实验中，青少年被随机分配到旨在改变他们行为的研究项目中，并与对照组的青少年进行比较。这样的随机实验才是真正判断研究项目好坏的黄金标准。

不幸的是，这些评估和相关性研究一样令人沮丧。大多数关于健康教育的系统研究表明，即使是最好的计划也只能成功地改变青少年的认知，而不能改变他们的行为。事实上，美国每年在教育青少年吸烟、饮酒、吸毒、无保护的性行为和鲁莽驾驶等危害的项目上花费的资金远远超过 10 亿美元。令人惊讶的是，所有这些项目对青少年的实际行为影响甚微。大多数纳税人如果知道他们的钱被大量投入健康教育、性教育和驾驶员教育项目上，而这些项目要么不起作用，比如 DARE（防治药物滥用教育）[47]、禁欲教育[48]和驾驶员培训[49]，要么效果未经证实或研究，可能都会感到惊讶，并且理所当然地感到愤怒。

鉴于对青少年冒险行为根本原因的理解，我们可以预见，教育孩子了解各类冒险活动的危险性的计划可能是无效的。这些项目改变了他们的认知，但改变不了他们的行为。当冒险者处于一个很容易被激活并难以控制冲动的发育阶段时，认知就不足以阻止冒险行为了。

就好像设计健康教育项目的人不仅对青少年一无所知，而且对自己青少年时期的记忆也丧失了。美国许多人在青少年时期也经历过这种情况，并做出了同样的错误选择。如果回想一下那些时候，他们就会知道，再多的教育都无法阻止他们进行无保护措施的性行为，无法阻止他们在已经承诺不会嗑药的情况下和朋友分享大麻，无法阻止他们测试自己驾驶能力的极限，也无法阻止他们在已经喝醉的时候再喝一杯啤酒。

旨在提高青少年一般自我调节能力的项目，比那些仅限于向青少年提供冒险活动信息的项目，更有可能有效地减少他们的冒险行为。[50] 我在第八章中描述的这类项目，侧重于使青少年能够锻炼自我控制的一般技能，而不是仅仅告知他们特定类型的冒险活动的危险性。[51]

我们需要一种新的公共卫生干预方法，旨在减少青少年的冒险行为。青少年在独自面对环境的时候需要得到指导和保护,特别是在容易被激发的奖励系统与仍在发育中的自我调节系统不匹配的脆弱时期。冒险是青少年一种自然的、与生俱来的、在演化上可以理解的特征。在我们生活的世界里,它可能不再特别具有适应性,但它与生俱来,存在于我们的基因中。青少年期的高风险是正常的,在某种程度上也是不可避免的。

我们不应该投入更多的资源去试图改变青少年的思维方式,而应该把重点放在限制他们因不成熟的判断而伤害自己或他人的机会上。虽然在限制青春期增加的奖励敏感性方面我们可能无能为力,也不应该做什么,但我们可以采取一些措施来延缓它的发生,以缩短这种变化与自我控制能力成熟之间的时间间隔。正如我在接下来的两章中讨论的那样,我们可以鼓励青少年培养自我控制能力并使之成熟,但要在更大范围内做到这一点,将需要我们在培养和教育青少年的方式上做出重大改变。虽然我希望这本书能激励家长和教育工作者考虑这种方法,但我很现实地知道,这种改变的普及程度是有限的。不过,也有另一种选择。

这是一场对抗演化和内分泌学的艰苦战斗,与其试图改变青少年原本的样子,我们不如试着改变他们天生的冒险倾向发挥作用的环境。[52]虽然我们已经在这样做了,但需要做得更多、做得更好。父母可以持续地监督青少年,当他们处于同伴群体时更要特别注意。社区可以提供更多更好的课外活动,提供系统的安排和成人监督。提高香烟的价格和最低购买年龄,更加谨慎地推行向未成年人出售酒精的法律,扩大青少年获得心理咨询和避孕服务的机会,以及提高驾驶年龄等策略,可能会更有效地遏制青少年吸烟、药物滥用、怀孕和发生交通事故。这些方法都比试图让青少年变得更聪明、不那么冲动或不那么短视要好。

很多事情会随着时间而发展，成熟的判断力就是其中之一。在孩子走向成熟的过程中，我们必须保护他们不会因为自己的错误而受到伤害，既要限制他们接触危险的活动，又要帮助他们培养自我调节能力。从短期来看，我们可以挽救他们更多的生命；从长远来看，我们可以帮助他们在未来几十年过上更好的生活。

第六章
自我调节的重要性

心理学史上最著名的研究之一就是众所周知的"棉花糖实验"。[1]一名学龄前儿童坐在桌子旁,研究者将棉花糖、椒盐脆饼或饼干等儿童喜欢的小点心放在他面前的盘子里。随后研究者会告诉孩子,他(或她)将离开房间,而孩子会面临一个选择:"你可以随时吃掉这份点心,但如果你等到我回来,你可以得到两份点心。"然后,研究者转身离开,走进旁边带有单向镜的房间,以观察孩子的反应。这个测试测量了心理学家所说的"延迟满足",这是自控力的一个重要组成部分。

有些孩子会立刻吃掉小点心;约有 1/3 的孩子能够等到研究者回来,这可能需要长达 15 分钟;大多数孩子会尽可能坚持,但最终在研究者回来之前还是忍不住吃掉了小点心。(如果在 YouTube 上搜索"棉花糖实验",你可以看到一些有趣的视频,展示了孩子们抵抗诱惑的不同策略:有些闭上眼睛;有些把手垫在屁股下面;有些会把东西放在点心上,这样他们就看不见它。)研究者使用这个测试将孩子们分为"等待者"(能够等待整整 15 分钟的孩子)和"非等待者"(那些不能等待的孩子)。

最初的棉花糖实验是在差不多50年前完成的。对这些儿童成长过程的追踪研究发现，在各个年龄段，等待者和非等待者之间都存在显著差异：等待者在自我控制的测试中一直表现更好。

更引人注目的是，4岁时在实验中是等待者的孩子在以后的人生中也会更成功。在青少年时期，等待者的SAT[①]成绩更高，应对能力更好；成年后，他们接受教育的时间更长，更善于应对压力，并且自尊心更强。[2] 幼儿时期就有延迟满足问题的成年人则更有可能出现超重和各种行为问题，包括药物滥用等。[3] 棉花糖实验似乎测量了人们在成长过程中伴随他们的某种特质。

几年前，研究人员找到了一些接受过最初棉花糖实验的人，并在他们40多岁时对他们进行了脑部扫描，同时对他们进行了新的自我控制测试。结果显示，即使到了中年，那些4岁时就是等待者的人，大脑中负责自我控制的重要区域也显示出更高的活跃度，在奖励出现时，这些区域的激活程度也较低。[4] 换句话说，那些在很小的时候就能自我控制的人，即使到了成年，他们的"加速器"也不那么容易被激活，同时拥有更好的"刹车"，可以更好地抑制冲动。

棉花糖实验可能看起来有些刻意，但测量了我们在现实世界中必须经常使用的一种技能。在生活中，我们经常要在小的即时奖励和大的延迟奖励之间做出选择，比如，是今天为了享受花钱还是为了退休存钱，是在考试前一天晚上和朋友出去玩还是待在家里学习，是为了

---

① SAT，全称为scholastic assessment test，是美国广泛使用的标准化考试。SAT考试主要用于衡量高中学生在阅读、写作和数学方面的学术能力和潜力，是许多美国大学录取申请的重要参考依据之一。——译者注

诱人的甜点而放弃节食还是为了几周后在海滩上看起来更漂亮而坚持节食。虽然我们所有人都会在某些时候屈服于即时奖励，在另一些时候选择抗拒，但人们总会有一种倾向，这种倾向会反复出现。我们中的一些人是等待者，而另一些人则不是。

"现在还是以后"试验

我们在实验室里研究青少年和成年人时，使用了一种叫作"现在还是以后"的测试，它比棉花糖实验更适合他们。我们向参与者提出一系列假设，让他们在两笔钱之间做选择：是选择更小的金额，但可以更快地获得（比如明天得到 200 美元），还是选择稍后获得更大的金额（比如一年后得到 1000 美元）。如果参与者选择了后者，我们会给出一个新的报价，这个报价介于原来两个选择的中间（比如明天得到 600 美元和一年后得到 1000 美元），以观察当我们增加即时奖励的吸引力时会发生什么。如果新的报价被接受了，我们会再次进行调整，这次的报价较小，介于第一个被拒绝的即时报价和第二个被接受的报价之间（比如明天得到 400 美元和一年后得到 1000 美元）。

我们不断调整这些选项，直到将人们推向一个让他们觉得即时奖励和延迟奖励是等价的点，也就是所谓的"无差别点"。每个人都有无差别点。一个人的无差别点反映了他们的一种偏好而不是能力。与棉花糖实验不同，我们的测试实际上不涉及自我控制，我们只是在测量一个人有多愿意为了更快地获得某样东西而放弃一些其他东西。

在我们的实验室中，我们是用虚拟的钱来进行测试的，但许多研究发现，真实选择的情况有所不同。相较于虚拟选择，即使是无差别点较低的人也会在真实选择时表现出更强烈的即时奖励偏好。实验也不一定涉及金钱。如果让口渴的人在现在喝几滴橙汁和 10 分钟后喝一口橙汁之间做出选择，一些人会选择立刻喝几滴，而其他人则愿意等待喝上一整口橙汁。

这种任务的正式名称是"延迟折扣"（因为它测量的是人们考虑到需要等待奖励的时间而对奖励的贬值或"折扣"程度）。在这种任务中，有两个有趣的观察结果：第一，人们的无差别点通常会在成长的过程中提高。总体而言，儿童比青少年更喜欢即时奖励，而青少年又比成年人更喜欢即时奖励。

青少年对即时奖励的偏好在青少年期的前半段会急剧下降。[5] 12 岁以前，青少年的偏好类似于儿童；到了 16 岁，他们的偏好就与成年人无异了。青少年期的前半段会发生一些重要的变化，使人们不再追求即时奖励，而更愿意压抑这种欲望，以换取未来更大的奖励。这与我们了解到的大脑奖励中枢的发育情况相一致，在青少年期的前半段，这些中枢很容易被激活，但随着人们走向成年，它的激活程度就会降低。

当然，这只是描述了一个平均情况。我们都知道，有些成年人抵制诱惑的能力差到和学龄前儿童差不多。这就引出了延迟折扣研究的第二个重要观察结果：那些在"现在或者以后"这样的测试中表现出更强烈的即时奖励偏好的人，在生活中会遇到更多的问题。[6] 他们更容易出现强迫性赌博、肥胖、药物滥用、酗酒、学业成绩差、犯罪行为和不良卫生习惯等问题。目前尚不清楚这些问题是由于他们对奖励特别敏感（喝酒对他们来说比我们其他人感觉更好）、特别冲动（他们看到酒瓶就停不下来），还是仅仅因为他们更关注现在而不是未来（他们觉得宿醉问题可以明天再解决）。但是，无法或不愿意接受延迟满足，即不愿意为了等待更大的奖励而拒绝即时奖励，是一个巨大的终身负担。

在漫长的十年里等待"棉花糖"

我的一位朋友告诉我，当她 10 岁的女儿抱怨做作业不好玩时，她转向女儿问："你怎么会认为做作业是好玩的呢？"

不论喜欢与否，这是所有孩子都需要学习的一课：要想在生活中取得成功，你必须能够强迫自己做很多当时不愿意做的事情，以便日后获得更大的回报。美国的家长过于担心孩子在学校是否开心，而在那些学业成绩测试中得分很高的国家，学生通常会觉得上学没那么有趣，因为他们的学校要求他们更加努力。[7]

为了在学校取得好成绩，孩子们延迟满足的能力往往会受到考验。大多数孩子都会觉得每天坐在教室上课很无聊，就像我朋友 10 岁的女儿觉得做作业无聊一样。[8] 一个青少年每年要做大约 300 次这样的事情，年复一年，持续 13 年，到 18 岁时，累计近 4000 次。上大学又要多 4 年或 5 年，甚至有些人还要多 6 年。商学院、法学院、研究生院和医学院则进一步延长了奖励到来的时间，更不用说实习、书记员或助理工作了。在这个对正规教育要求如此之高的世界上，好的机会通常留给那些能够等待的人。

最初的棉花糖实验是在 20 世纪 60 年代末进行的。参与者在接受测试时只有 4 岁，他们在 20 世纪 80 年代初步入青少年期，当时很多人（不仅是穷人，还有中产阶层的人）在 25 岁之前就结婚了，而且高中毕业没有大学文凭的人也能找到一份足以维持生计的工作。虽然

第六章 自我调节的重要性

当时高中毕业生和大学毕业生的工资差距很大（大学毕业生的平均年薪约为 20000 美元，而高中毕业生则约为 13000 美元），但这种差距已经持续了一段时间，很多对学校不感兴趣的人也能够接受这种差距。[9]但在 20 世纪 80 年代初之后，仅有高中文凭与拥有大学文凭两者之间的工资差距开始拉大。很少有人会想到，在接下来的 20 年里，这种差距会拉大到何种程度。

在劳动力市场上脱颖而出的概率一直与受教育程度有关，但现在随着青少年期的延长，这种关系变得更加密切。随着高薪工作对教育程度的要求不断提高，那些没有足够能力坚持完成大学学业的人就会面临更大的挑战。20 世纪 80 年代初期，大学毕业生的收入比只上了一些大学课程但没毕业的人高出约 60%，而到 2000 年，大学毕业生的平均收入几乎是高中毕业生的 2 倍。

从收入角度来看，如果只上了几年大学但没有获得学士学位，在当下简直可以算是在浪费时间。2011 年，那些上过几年大学但没有获得学士学位的人（即使有副学士学位①），收入仅比没有上过大学的高中毕业生高出 10%。2012 年，那些只上了几年大学而没有获得学位的人失业率几乎和完全没上过大学课程的人持平。换句话说，如果你想比只有高中文凭的人挣更多钱，不仅上大学是必要的，还必须真正获得学士学位。对很多人来说，这需要很长时间的延迟满足等待。

---

① 副学士学位（associate degree），也被称为副学士学位证书，通常是学士学位的下一级，类似我们国家的大专。学位由社区学院、专科学院（又被称为初级学院）或某些具有学士学位颁授资格的学院和大学，颁授给完成了副学士学位课程的学生。该课程等同于四年制大学的前两年课程。在美国和加拿大，副学士学位是学位之中等级最低的一种。——译者注

随着青少年期的延长，人生的棉花糖实验也变得更加艰难。在青春期的驱动下，奖励系统的激活越来越早。但是，成年后开始体面的生活，却需要越来越多的时间。

在 21 世纪，如果你不是一个等待者，那么你将会面临很多困难。在人生的终极延迟折扣测试中，自我控制力强的人或奖励系统不那么敏感的人，或者两者兼备的人，将更有可能取得成功。在最初的棉花糖实验中，承诺给两个棉花糖的研究者离开房间只有 15 分钟，如今，他好像已经离开了 15 年。

学历并不意味着成功：安杰莉卡的故事

在讨论如何解决劳动力问题时，我们通常都在强调让更多的人接受更多的教育。但这其实很难实现，部分原因在于在学校取得学业成功并不仅仅取决于学术能力。《纽约时报》在 2012 年的一篇头版报道很好地诠释了这一点。[10] 这篇报道讲述了来自得克萨斯州加尔维斯顿市的三个经济困难的年轻人，她们都曾尝试通过上大学来改善生活。她们虽然参加了旨在提高大学入学能力的周末和暑期项目，却最终未能实现这个目标。

其中一个女孩叫安杰莉卡，她被埃默里大学录取，这是美国顶尖的学校之一，对贫困学生的资助也非常慷慨。她完成了大学预科课程，并获得了埃默里大学的全额奖学金。然而，四年后，当安杰莉卡本应该参加大学毕业典礼时，她却回到了家乡，在一家家具店做起了店员，还欠下了 6 万美元的债务。文章中介绍的其他女孩的状况也同样糟糕。

文章中叙述的故事细节有点像罗夏墨迹测验①。正如记者所言，社会阶层与受教育程度之间的关系错综复杂。这些女孩成功的道路上有太多的障碍，比如家庭问题、孝顺父母问题、经济压力、不了解高等教育等，以至于不知从何说起。记者写道："这个故事可以说是名校辜负了贫困学生，也可以说是学生不愿意接受帮助。"但我对此有不同的看法。在我读这篇报道时，有一点非常明显，那就是这些女孩非常缺乏正确的判断力，她们更倾向于关注眼前的事物，并且很难做到延迟满足。当然，这并不是文章的主要观点，但当我读到这篇文章时，我突然意识到了这一点。

看看这些细节：安杰莉卡有资格获得埃默里大学的全额奖学金，但她没能按时填写必要的表格，尽管校方一再提醒她；她一直和一个不务正业、对她有负面影响的高中学历男朋友在一起，而且这个男朋友没有工作，在经济上依赖她，这导致她背负了信用卡债务，并不得不在上学时找工作（如果她填写了助学金申请表，就没有必要找工作了）；安杰莉卡对自己的处境感到不安和沮丧，但她选择通过参加聚会、增加工作时间和逃课来应对。结果可想而知，她的处境越来越糟。

我们有很多理由对安杰莉卡和她的处境表示同情，因为很多事情不是她所能控制的。但是，当她本可以为自己的最大利益采取行动

---

① 罗夏墨迹测验是瑞士精神病学家赫尔曼·罗夏于1921年编制的人格测验方法。这项测验的基本原理是通过观察参与者对一系列抽象的墨迹图案的反应和解读，来获取关于他们的人格特质、思维方式和情感状态的信息。这里主要是指《纽约时报》这篇文章的叙事手法，该文章通过对女生对困难的反应来解读她们的性格和故事。——译者注

时，她却很容易被眼前的利益（比如她的男朋友）所迷惑，而忽视了自己的决定（或优柔寡断）所带来的长期后果。我的意思不是说安杰莉卡要为她遇到的困难负责，也不是说忽视贫困家庭的年轻人面临的真正困难，而是说安杰莉卡的问题与她的学业准备（她成绩优秀，考试成绩高，完成了大学预科课程）或经济拮据无关（如果她申请全额奖学金，埃默里大学本可以让她免费入学）。实际上，对一个旨在帮助低收入家庭学生做好上大学准备的联邦项目进行的最新评估发现，唯一被证实科学有效的干预措施是一个叫作"上升之路"的项目，其他项目并没有起到作用。[11] 此外，与普遍观点相反，学生辍学大多数并不是因为经济问题，研究显示，财政援助和助学贷款计划并没有对大学毕业率产生影响。[12]

美国正面临高学历人才短缺的问题。但如果我们认为扩大大学预科课程和提供更多助学金就能解决问题，那就是在自欺欺人。同样，如果我们认为让更多的学生入学就能解决劳动力问题，那也是错觉。如果这样做，只会造成更多的安杰莉卡，我们最终不但一事无成，还会让很多贫困人口背负上沉重的债务。

安杰莉卡的故事当然不是说我们不应该降低弱势群体所面临的障碍，但它告诉我们，如果不确保人们有必要的毅力来利用这些机会，那么扩大上学机会是不可能成功的。鼓励更多人上学固然重要，但我们也必须培养他们取得成功所需的心理能力，否则一切都是徒劳。

不幸的是，安杰莉卡的故事并不罕见。如今，在美国，近 1/3 的两年全日制大学学生在一年后就辍学了，四年全日制大学学生中有大约 1/5 也辍学了。无论是绝对值还是相对值，美国在高等教育上的花费几乎超过其他任何国家。美国的大学入学率在工业化国家中是最高

第六章　自我调节的重要性

的，然而，在大学毕业率上，美国却垫底。[13] 让我们的青少年上大学并不是问题，问题在于如何让他们毕业。

坚持不懈比天赋更重要：露西的故事

无法延迟满足并不局限于弱势群体。不久前，我和一位好友共进午餐，和他抱怨自己无法预测哪些申请我们研究生项目的学生会成为出色的学生和成功的学者。

我描述了自己最近遇到的一件令我沮丧的事情：一个学生的标准化考试成绩和绩点都非常优秀，但在我们博士课程的前三年里，她的表现却令人失望，毫无成效。我给这个学生取了个化名叫露西。我们会面时会讨论一个她感兴趣的想法，然后我会要求她写一篇简短的思考性文章，也就是几页，目的是让她阐述这个想法，并解释它为什么很有趣。我发现让初学者把他们的初步想法写下来是帮助他们理清思路的好办法。为了保持这个交流过程的轻松性，我总是告诉他们不必担心是否要使用高级的语言，就像在向一位对心理学一无所知的家人或朋友描述这个想法一样。

露西做这件事的时候总是千篇一律：我们会面后她充满灵感地离开，然后消失几个星期，避免与我有任何联系。当我找到她并询问她写得怎么样了，她只是耸耸肩，尴尬地对我笑一笑。我会建议我们再次安排会面，之后也的确会这样做，但是之前的剧情总是会重复上演。这种情况已经持续了几年，我现在准备建议她考虑换个职业，至少换个导师。

有些教授会更积极地试图解决根本问题，但那不是我的风格。每当学生表示有兴趣与我合作时，我都会明确地告诉他们这一点。在我们这个领域要想取得成功，需要自我指导和主动性，有一天你成为教师时，没有人会催促你完成研究。如果你想成为一名卓有成效的学者，并希望有朝一日获得终身教职[①]，你就必须给自己施加压力。我希望我的学生从研究生时期就能适应这种要求。我追着他们完成工作，对任何人都没有好处。

我一直在思考我最初决定接收露西为学生的原因，以及在评估时我可能漏掉了什么。我回顾了自己多年来指导过的大约30位博士生，思考那些成功的学生和不成功的学生之间的区别。令人惊讶的是，成功并不取决于研究生录取时的那些标准，比如GRE[②]、本科绩点、推荐信、过去的研究经历、个人陈述或简短的面试。当我把以前学生的职业生涯与他们申请时的简历进行比对时，我突然意识到，我们在招生中问的问题对预测学生未来在这个领域的成功几乎没有什么用处。

那天中午和我一起吃寿司的朋友是一家国际知名投资公司的创始人，这家公司为机构投资者管理着数十亿美元的资金，管理着私人基金会、非营利组织、重点大学、大型企业的退休账户，以及州雇员协会的养老基金。他在金融领域的见解经常被《华尔街日报》《巴伦周刊》《金融时报》以及其他世界顶级金融刊物引用。不用说，当公司招聘新的分析师时，他可以从世界上最好的商学院的优秀毕业生中挑

---

① 终身教职（Tenure）是一种在美国等国家教育领域中的职业安全制度。它是指教师或教授在经过一定的时间和评估后获得永久性的聘任，享有终身的职业保障和稳定性。——译者注

② GRE（graduate record examination）是美国的一种标准化考试，用于评估申请攻读研究生学位（硕士或博士）的学生的学术能力和准备程度。——译者注

选。我很好奇他是否真的很擅长挑选最优秀的分析师，以及他是如何做到的。

我朋友的公司以严谨、可量化、数据驱动的投资方法而闻名。与那些依靠一些硬数据、直觉和经验判断的投资公司不同，他的分析师建立了基于大数据的复杂统计模型。公司投资决策的质量完全依赖于这些模型的精确性。

鉴于我朋友以数据为导向的理念，并考虑到他从事的是预测业务，我认为他应该非常擅长使用数据来识别哪些求职者会成为最优秀的分析师。但令我惊讶的是，他坦言自己在挑选分析师方面做得相当糟糕。我们交流了一些在挑选人员方面的最佳（和最差）经历。他也认同那些成为他公司最优秀分析师的人，不一定是最聪明的，也不一定来自最负盛名的金融专业，但他们有一个共同点，就是他们更加努力。和其他分析师一样，他们也建立了基于成百上千条数据指标的统计模型，但他们在搜索数据时更加深入。他们会阅读更多的报告，采访更多的专家，收集更多有关公司绩效的信息。与普遍看法相反，他们在每一个细节上都下了很多功夫。

这正是我所有成功的学生所拥有，而露西所缺乏的品质。这与智力无关，它的关键之处在于是否有能力专注于一项任务并将其完成。坚持不懈比天赋更重要。

没有决心的天赋不会成功

几十年前，如果你问专家，在学校表现出色和表现不佳的年轻人有什么区别，他们会回答，成功与智力密切相关。人们普遍认为，学业成绩好的学生更聪明。专家争论着如何最好地评估智力，智力的哪些方面最重要，是否存在不同类型的智力或学习风格，以及各种智力测试是否有效。但他们的基本假设是，不管如何测量，智力的高低决定了谁在课堂上表现出色。

虽然这看似显而易见，但当社会科学家研究证据时，发现这只是部分原因。IQ（智商）测试的成绩与人们在其他标准化测试（如 SAT）中的表现高度相关，但这主要是因为这些测试中的许多项目是相似的，而有些人就是善于考试。智力因素只决定学业成绩的 25%，剩下的 75% 是由其他因素决定的。[14]

其他智力测试的分数也不具有很强的预测性。与 IQ 测试一样，这些测试的成绩可以预测学生的成绩，但相关性很小。如果你要确定哪些一年级学生将会有成功的学业生涯，仅凭标准化测试的结果，你很可能会判断错误。

在学业范围的另一端也是如此。标准化测试成绩，如 GRE（用于研究生申请）、LSAT[①]（用于法学院申请）和 GMAT[②]（用于商学院申请），与学生的学业成绩有关，但相关性非常小。一旦你开始预测学生第一年课程成绩以外的成就，这些测试就表现不佳了。这可能是因为越往研究生深造，学生的成就对考试的依赖性越小。就像用各种智力测试预测小学生的成功一样，用于研究生和专业课程入学考试的标准化测试也只能在一定程度上预测谁会在现实世界取得成功。这些

---

① LSAT（law school admission test），是美国用于法学院入学申请的标准化考试。——译者注
② GMAT（graduate management admission test），是美国用于商学院 MBA（工商管理硕士）等研究生商业管理课程入学申请的标准化考试。——译者注

测试并不是毫无价值，只是没有太大帮助。

智力、天赋或能力测试之所以在学校、工作或生活中无法预测太多，其中一个原因是它们并不能衡量决心、毅力或者坚毅等特质。[15] 这里的决心指的不仅仅是努力工作的意愿或能力，尽管这肯定也是其中一部分。有决心的人还要足够专注和坚持，即使遇到困难也能坚持下去。决心包括自觉性、耐力和坚守承诺。它要求延迟满足，投入时间和精力来做一项可能没有立即回报的活动。即使现在付出努力，也要到很久以后才能得到回报，甚至可能根本得不到回报。令人惊讶的是，决心与智力、能力或天赋之间没有相关性。

显然，仅靠决心并不能保证成功。如果你缺乏基本的木工技能，再坚定的决心也无法让你建造出一座坚固的房子。但是，没有决心的天赋也不会带来成功。我们都知道，很多有才华的人就是不能或不愿努力工作。一个技艺高超的木工，如果没有决心面对困难，也不能建造出坚固的房屋，至少不是宜居的房屋。

非认知技能：区分成功与不成功学生的真正因素 [16]

决心是一种教育专家称为"非认知技能"的能力。最近学业成绩研究中有一个重要改变，就是专注于这些有助于学生取得成功的因素，而不是仅仅关注他们的学习能力。现在，许多专家认为，真正区分成功学生和不成功学生的是这些非认知技能因素。[17]

虽然我完全同意这个观点，但我认为"非认知技能"这个词不太恰当。实际上，它们与学习能力的区别并不是在认知和非认知之间，而是在智力因素和动机因素之间。

这两个词的词源清楚地表明了这种区别。"intellectual"（智力）一词来源于拉丁语中的"understand"（理解），而"motivational"（动机）一词则来自拉丁语中的"move"（行动）。当前的变革重点是从如何让孩子理解事物，转向如何鼓励他们运用他们所理解的知识。

我也不太喜欢"非认知技能"中的"技能"一词。决心、毅力和坚毅并不像骑自行车、使用文字处理程序或用小提琴演奏G大调音阶那样的技能，也不是简单掌握的技能，而更像是需要后天培养的能力。

区分技能和能力至关重要，因为智力能力和取得成功的驱动力是通过完全不同的方式培育的。

我可以用粉笔和黑板来教你如何做句子的词类分析，或计算矩形的面积。我可以通过讲解帮助你理解美国内战的原因或早期美国文学中对女性形象的描述。你可以通过阅读化学或地理教科书掌握元素周期表中符号的含义或南美洲的河流分布。但是，再多的粉笔、讲课或阅读，都无法帮助你在可以玩电子游戏时，下定决心坐在书桌前准备语法或几何考试，或者在春假期间选择进行额外的学术研究，而不是和室友一起去牙买加。

大约20年前，我和我的同事在一本名为《超越课堂》(*Beyond the Classroom*)的书中描述了一项关于高中成绩的大规模研究的结果。在我们那次介绍的所有研究结果中，最受关注的莫过于有关学业成绩中种族差异的研究结果。在我们研究的9所截然不同的学校和2万名学生中，亚裔青少年的表现始终优于其他群体。在数百项其他研究中，亚裔学生比来自富裕家庭或双亲家庭的孩子——这两个人口统计学变量始终与学业成功相关联——更能被预期在未来取得学业成功。

当深入研究这个"谜团"时，我们发现亚裔学生更相信持续的努力会带来回报。因此，他们花更多时间学习，更少逃学，上课时更专心，也更努力完成家庭作业。他们之所以能取得更好的成绩，和我朋友公司里那些最优秀的分析师取得成功的原因相同：他们更加努力。

取得成功的决心并不是通过传统的学术教育培养出来的。了解到底是什么培养了这种决心，对于帮助儿童和青少年在学校、工作和生活中取得好成绩至关重要。

为什么我们忽视了培养孩子的动机

坚持不懈就会有回报这一概念并不新鲜。我们都会给孩子讲一些故事，比如，《小火车夫》(*The Little Engine That Could*)、经典文学作品《我知道笼中鸟为何歌唱》、描述逆境中成长的流行电影《洛奇》，以及我们的文化传说——华盛顿及其部队在福吉谷的故事[1]。在这些故事中，这一概念都是反复出现的主题。我们当然知道，动机对于成功至关重要。我不确定我们是否认为动机会自然而然地发展起来，无法培养，或者有些人天生就有，而另一些人没有，但是，坚韧是可以培养的，心理学家也清楚地知道如何培养这种品质。

但是不知出于何种原因，这些知识并没有普及给大多数父母和教育系统，帮助孩子培养坚持不懈的能力并没有被纳入课程。考虑到美

---

[1] 1777年，英军占领了费城，华盛顿不得不选择在寒冷的冬季撤退到福吉谷地区。经过艰苦的努力，华盛顿和他的部队在福吉谷度过了寒冷的冬季，最终在之后的战争中取得了重要的胜利。这一事件也成为美国历史上士兵坚韧不拔、不屈不挠精神的象征，展示了他们为自由和独立而战的决心和毅力。——译者注

国大学辍学率居高不下，这显然应该成为课程内容。

努力工作的人比不努力工作的人更成功，这并不奇怪。但令人惊讶的是（至少对某些人来说），决心比智力或天赋更能预测一个人在现实世界中是否会成功。那些在毅力方面得分较高，但在智力方面得分一般的青少年，比那些在智力方面得分较高，但在毅力方面得分一般的青少年更容易取得成功。[18]

在职场上的成功，比如一个人赚多少钱，与努力的关系比与天赋的关系更为密切。一个销售人员能否获得大量佣金，关键在于他是否有足够的毅力。再聪明的人如果不愿意坚持不懈地努力，也无法取得好成绩。

在我所从事的领域，80%以上的科学论文和研究项目申请都会被拒绝。能够发表论文并获得项目资助的研究人员大多是那些反复修改、不断努力的人，而不是那些空有绝妙想法的人。当然，聪明才智也很重要，但根据我的经验，坚持比它更重要。

大多数工作所需的能力往往可以在工作后获得，但毅力和责任心等品质则必须在成年之前培养。雇主通常更喜欢雇用那些努力工作的人，而不是那些掌握了特定技能的人。我们不应该惊讶于1万个小时的练习可以预示在某项活动中取得成功。这不仅仅是因为练习可以帮助一个人培养技能，而是任何一个愿意投入这么多时间来提高某项技能的人，都具备在任何事情上取得成功的潜质。

有决心的核心是掌握自我调节能力

决心需要很多东西，比如强烈的成功动机、自信心、完成任务的承诺、相信努力工作的力量，以及着眼于未来而非现在。但就其核心而言，决心比其他能力都更需要自我调节。它能帮助我们掌控情绪、思维和行为，使我们能够保持专注，特别是在事情变得困难、不愉快或枯燥时。我们依靠自我调节来防止走神，在疲惫时迫使自己再坚持一会儿，在想要随意走动的时候也要保持静止。自我调节是区分意志坚定者和成功者与不自信、易分心者和易气馁者的关键因素。

自我调节及其影响的特质，如决心，是预测许多不同类型成功的最有力的因素之一，比如学业成绩、工作成就、令人满意的友谊和恋爱关系，以及更好的身体和心理健康。[19]在自我调节方面得分较高的人能够完成更长年限的学业，赚取更多的钱，拥有更高地位的工作，并更有可能维持幸福的婚姻。在这些测试中得分较低的人则更容易陷入法律纠纷，也更容易面临一系列医疗和心理问题，包括心脏病、肥胖、抑郁、焦虑和药物滥用。

能够调节自己情绪的人不容易失控，这使他们不容易卷入争吵和打架，情绪崩溃的可能性较低，也更容易与他人相处。这些特质在学校、工作和家庭生活中都是优点。这反过来又会使他们获得更好的学业成绩、更大的晋升空间和更亲密的家庭关系。自我调节良好的人不容易受到诱惑，也不太可能暴饮暴食、染上毒瘾、犯罪和超前消费，因此不太可能生病、被捕或陷入财务困境。他们更善于抵制干扰，集中注意力，避免过度纠结于自己无法改变的事情。这让他们的工作效率更高，更有能力制订和执行计划，也更不容易陷入无法自拔的困境。

青少年期是培养自我调节能力并将其付诸实践的关键时期，因为中学阶段对学生的独立性、主动性和自立性提出了更高的要求。学生在这个阶段通常要自己独立完成一些需要较长时间的任务,比如期末要交的学期论文。在小学阶段,老师和家长通常会帮助自我控制能力较弱的学生保持专注,但随着学生年龄的增长,这种支持会逐渐减弱,因为我们期望年龄越大的孩子越独立。

自我调节研究中的一些发现与以上讨论尤为相关。首先,我们已经了解到,自我调节对健康、幸福和成功的贡献与智力和社会经济地位一样重要,而后两者本身已经被证实是预测未来美好生活的重要因素。大多数人都知道智力和财富所带来的巨大优势,但是很少有人意识到拥有强大的自控力也同样有利。

青少年期是培养自我调节能力的关键时期。正如我们从棉花糖实验中了解到的那样,幼儿的自我调节水平各不相同,但在整个青少年期,支配这种能力的大脑系统仍然具有高度可塑性。值得注意的是,在青少年期之后,许多基本的智力能力并不具有同样的可塑性。[20]

基因与家庭,谁决定了自控力

大多数标准化能力测试所衡量的智力在很大程度上取决于基因,[21]神经科学家甚至已经证明,大脑区域中调节我们在智力测试中表现的神经结构模式具有高度遗传性。[22]从大约6岁开始,人们在智力测试中得到的分数就非常稳定了。这并不意味着我们不会随着年龄的增长而变得更聪明,只是说那些在一年级时相对于他们的年龄而言比较聪明的人,在高中毕业时也依然相对比较聪明。此外,智力在青少年期的稳定性甚至比童年期更高。

智力不像身高等生理特征那样完全由基因决定,但它比其他大多数心理特征更易受基因影响。极端匮乏的环境，特别是在生命的早期阶段，会影响智力的发展，但是在儿童通常接触的典型环境范围内，小的变化对智力影响并不大。

由于我们可以通过棉花糖实验来测量一个人生命早期阶段的自我调节水平，并且早期水平对未来的成功有很强的预测性，因此我们很容易得出结论：自我调节能力一定有很强的遗传基础，并且这些基因已经刻在大脑的神经回路中。但事实并非如此。与所有心理特征一样，自我调节能力有很大的遗传成分，但基因对自我调节的影响只是对智力影响的一半左右。[23] 即使在神经层面，大脑中负责自我控制区域的发育模式也比负责基本智力的区域更少受遗传基因决定。[24]

平均而言，小时候冲动性相对较强的孩子，长大后冲动性也相对较强，但早期冲动性与晚期冲动性之间的相关性并不是很强。[25] 这意味着，通过测量童年期的冲动性来预测青少年期的冲动性是比较困难的，相比之下，通过童年期的智力来预测青少年期的智力则更为准确，部分原因在于青少年期的自控力变化受环境的影响更大。

改变婴儿所处的环境会对婴儿许多方面的发展产生深远的影响，包括智力。可惜的是，把一个智力迟钝的青少年带到一个充满刺激的环境中，对改变他的智力水平几乎没有太大作用。但是，把一个冲动、控制能力差的青少年带到一个能鼓励他更好进行自我调节的环境中，却能给他带来真正的改变。研究表明，即使是最冲动、最具攻击性的青少年罪犯，也可以帮助他们发展出更好的自我调节能力。[26]

过去十年左右，人们一直认为，如果你有某种遗传易感性（如抑郁倾向），并处在特定的环境条件中（比如应激），你就注定会出现相应的问题。但是新的遗传学研究表明，情况要比这复杂得多。

实际上，我们遗传的最重要特点之一是具有可塑性，也就是我们容易受到环境的影响。[27] 因此，过去被认为是易受特定问题影响的遗传易感性，实际上可能是一种更为普遍的可塑性倾向，这种倾向可能对结果产生积极或消极的影响。同样的基因，在恶劣环境下会让我们变得抑郁，而在良好环境下则会让我们心理更强大。存在一些这样的全能可塑性基因，拥有很多这种基因的青少年似乎特别容易受到影响，这些影响涉及自我调节的环境因素。[28] 换句话说，虽然基因对自控力有影响，但这些基因是助力还是阻力取决于环境。而影响自我调节最重要的环境因素就是家庭。[29]

第七章
父母如何产生影响

婴儿出生时的自我调节能力很差，这就是父母必须在这方面帮助他们的原因，比如在入睡前轻轻摇动让他们放松，进食困难时安抚他们，情绪即将崩溃时抱抱他们。

帮助孩子发展自我控制能力是逐渐将父母（或其他来源）提供的外部调节转换为孩子自己进行的内部调节的过程。这个过渡是如此缓慢，以至很难将婴儿期的起点与成年期早期这个终点联系起来，但这种联系是存在的。能够控制自己思想、情绪和行为的年轻人曾经也是一个没有任何自控力、需要父母帮忙的婴儿。

决定这一转变的因素有三个。首先，孩子必须在情感上有足够的安全感，才能从外部控制过渡到自我管理。其次，他们必须在行为上足够熟练，才会知道在独自一人时该如何行动。最后，孩子必须足够自信，才会寻求对自己的行为负责。换句话说，为了发展足够的自控力，孩子需要情绪稳定、有能力，并且充满信心。

心理学家现在知道，那些擅长自我调节的孩子的父母从一开始就通过做好三件事来奠定这个基础。他们对待孩子的态度是温暖而坚定的，并且支持孩子日益增强的自立意识。如果你是一位家长，并且从你的孩子还是婴儿时就努力做到以上三点，那么当他成长为青少年时，他将能更好地发展调节自己的感受、思考和行为的能力。虽然有的父母在孩子成长的早期阶段没有做好这些，但在孩子的青少年期仍然有可能（尽管更加困难）激发孩子的安全感、能力和自信。

因此，以下将介绍这种经过科学验证的、有助于孩子发展自我调节能力的方法。[1]

充满温暖，让孩子感受到被爱

温暖的父母充满爱意，毫不吝啬地表扬孩子，并能回应孩子的情感需求，这有助于培养他们的自我调节能力，因为当孩子感到被爱时，他们便会坚信世界是一个安全而仁慈的地方。这使得他们在没有父母陪伴的情况下也能自如应对，不必时刻担心危机四伏。这种感觉能让一个与母亲建立了安全依恋关系的婴儿离开母亲的怀抱探索外部世界，能让一个幼儿在首次上学时勇敢地向父母挥手告别，也能让一个七年级的孩子从熟悉且亲密的小学顺利适应新的、更大的、更令人生畏的中学。

而那些冷漠的、疏远的，或是态度喜怒无常的父母会让他们的孩子感到不安全。这样的养育方式不仅不能使孩子的性格变得坚强，反而令孩子产生一种看似坚硬实则脆弱的外表，就像一勺冰激凌上薄薄的硬化巧克力酱外壳。这层薄壳可以暂时维持着冰激凌的外形，但稍受触碰就会破裂，让里面软弱的冰激凌露出来。那些缺乏父母温暖的孩子，表面上看起来很刚强，但他们对自己和对他人的信任却是非常脆弱的。

正如养育孩子的所有方面一样，优秀的父母表达温暖的方式会各有不同，并且会随着孩子的成长而调整。关键不仅在于父母如何表达温暖，更在于孩子是否感受到自己是被爱、被珍视和受保护的。父母的温暖会让孩子在独自一人时感到更加平静，这对于自我调节能力的发展是至关重要的。

在培养孩子的安全感方面，需要牢记以下几个具体要点。

• **对孩子的爱永远不嫌多**。每天告诉孩子你爱他，他不会因此受到伤害。经常提醒孩子他是你无尽的快乐之源，对他没有坏处。给孩子他们本应拥有的、真挚的身体上的关爱、照顾和赞扬，不会对他们造成伤害。不要因为担心过多的关注会宠坏孩子而保持距离和冷漠。有些父母认为，克制地表达爱可以锻炼孩子的性格，实际上恰恰相反。当孩子感受到真正被爱时，他们通常会变得不那么总是需要帮助。

• **要给予身体上的亲近**。孩子不仅在婴儿期，而且在整个童年期和青少年期都需要从父母那里获得大量的身体亲近。父母常常没有意识到，即使孩子已经长大到看似不再需要过多外在表现的身体亲近时，他们也需要这种关爱。有时候，你只需要在表达身体亲近的时间和方式上微妙处理一下。没有必要对此大惊小怪，事实上，当身体上的亲近成为你们日常关系中自然的一部分时，你的孩子可能会感到更加满意。换句话说，学会在不做作的情况下向孩子表达身体上的亲近，例如，在他早上上学前快速亲他一下，下午回家时给他个拥抱，当他在餐桌上做作业时给他轻轻揉揉肩，或者在他晚上入睡时帮他披好被子或抚摸他的背。所有这些身体的亲近，无论多么轻微和克制，都会增强你们之间的情感纽带。

- **努力理解并回应孩子的情感需求**。这里我不仅是指在孩子哭泣时安慰他或在他害怕时给他鼓励，还包括仔细观察孩子的情绪，并以有助于他情感发展的方式做出反应。孩子的情感需求会随着他们的成长而改变。在婴儿期，父母必须通过安抚情绪激动的宝宝来培养他们的安全感和信任感。在儿童早期，父母必须通过夸赞孩子的成熟行为来帮助他们感受到自己能够管理自己，并且正在成长。在小学时期，当孩子常对自己的能力感到不安时，积极回应的父母会通过为孩子创造有助于获得成功的环境来帮助他们感到更有能力。在青少年期，积极回应意味着通过提供有意义的决策机会来帮助培养青少年对自己独立行事能力的信心。

- **提供一个安全的避风港**。孩子需要感受到家是一个可以让他们从日常生活的紧张和压力中解脱出来的地方。父母应该通过防止孩子暴露在有压力、令人不安的争吵和情绪失控的情境中，帮助孩子创造一个真正放松和远离问题的家庭氛围。无论是否在学校度过了艰难的一天，是否在操场上经历了糟糕的体验，是否遭受朋友的无情拒绝，情侣之间是否发生了争吵，孩子都需要这种安宁。你不能让这些问题消失，但家这个安全的避风港会给孩子提供必要的喘息和转移注意力的机会。

- **积极参与孩子的生活**。父母在孩子生活中的参与程度是直接影响孩子心理健康、适应性、幸福感和稳定情绪的最强且始终如一的预测指标。父母积极参与并出席学校活动的孩子在学校表现更好。父母愿意花时间与他们聊天的孩子自我感觉更好，不太可能出现情绪问题。当父母了解孩子的朋友时，孩子不太可能冒险或惹麻烦。对孩子的心理发展而言，父母深入和持续的参与非常重要。成为一个积极参与的父母需要时间和努力，它通常意味着重新思考和安排你的优先事项。这可能意味着牺牲你想做的事情，去做孩子需要你做的事情；放弃工作中不必要的会议，或者尽量缩短出差的时间。但这一切都是值得的，因为这将给孩子留下一份受益终生的心理健康财富。这对于自我调节能力的发展绝对至关重要。

坚定要求，对孩子的行为有规定

坚定要求是指父母对孩子行为设立的限制程度和一致性。坚定的父母明确表达他们对孩子行为的规定，并要求孩子以成熟和负责任的方式行事。以这种方式成长起来的孩子知道父母对他们的期望，并明白违背期望会有什么后果。相反，纵容的父母对孩子的行为很少设定规定或标准，或者有规定但执行得马虎或不一致。在缺乏足够指导的情况下，孩子会感到无拘无束，或者不知道什么行为是可以接受的，什么行为是不可以接受的。

有些父母不愿意坚定要求，因为他们不想让孩子感受到压力或被控制。他们会设身处地地考虑自己的孩子，并能够想象出那种不断被告知该做什么的感受是怎样的。由于受他人约束的感觉对成年人而言很糟糕，因此他们认为孩子也会有同样的感受。然而，孩子并非成年人，他们对于规则和限制的反应与我们是不同的。规则和限制所带来的条条框框不会让孩子感到不好，相反，这些条条框框会让孩子感到安全。

我们通过接受规则来学会自我调节。孩子通过接受父母对他们施加的规则，以及主动使自己适应这些规则来获得自我控制能力。如果一开始就没有外部控制，那么内部控制也不会发展起来。如果你不在孩子年幼时给他刷牙，他长大后就不知道如何自己刷牙。父母的坚定要求对孩子最终的自我管理能力至关重要。

当然，随着孩子的成长和展示出越来越强的自我调节能力，父母那些具体的规则和期望也应随之改变。父母的工作是关注这些迹象，并相应地调整规则。各个年龄段的孩子都需要限制，但随着孩子展示出他们能够自我控制的能力，这些限制应该逐渐放松。这是从外部控制向自我控制逐渐过渡的重要部分。

以下是关于如何成为坚定父母的一些建议。

• **明确你的期望**。父母的期望之所以没能清楚地传递给孩子，第一种情况是因为他们没有明确表达。你认为他知道湿毛巾不应该放在床上，知道如果晚些回来吃晚餐应该给你打电话，或者当看到你在铲雪或修剪花园时，他知道出来帮忙，但对青少年来说，你觉得理所当然的事情可能在他们的思维中并非如此。他可能外表看起来像个成人，但并不意味着他有成年人的思维。规则不清晰的第二种情况是因为表达得太模糊。只告诉一个12岁的孩子，你期望她保持房间整洁是不够的，她可能理解为整理写字台就够了。你需要清楚地向她解释，保持房间整洁也包括把干净的衣服放好，把脏衣服放入洗衣篮，擦拭梳妆台，并且每周用一次吸尘器。当向青少年表达你的期望时，你要确保详细解释清楚。如果可能，使用具体的数字来描述期望，比如规定听完音乐会后回家的时间，期望她练习乐器的时长，等等。最后一种规则不清晰的情况是你自己也不完全清楚。当孩子问你是否可以兼职赚零花钱时，你告诉她可以，但前提是在学校表现良好。但是，"表现良好"对你来说具体意味着什么呢？尽力而为？取得全优成绩？比其他同学表现得更出色？还是必须超越上个学期的成绩？虽然这些都可以解释为"表现良好"，但它们却是不同的标准。如果你自己不确定，那么孩子肯定也会感到困惑。

• **解释你的规则和决定**。当孩子理解了父母期望背后的逻辑时，他们更容易弄清楚自己要如何行事。如果孩子对父母的期望感到困惑，那么设定这些期望就失去了意义。你可以放心大胆地向孩子征求对你所制定的规则或表达的期望的意见。征求孩子的意见表明你重视他的观点，愿意从他的角度考虑问题，让他成为决策过程的一部分。虽然让孩子对你认为是家长事务的问题发表意见可能会带来一些挑战，但为了让孩子在其他情况下不害怕表达自己的观点，敢于对不公平待遇说"不"，这是值得付出的小小的代价。请记住，孩子在与你相处的过程中吸取的教训将塑造他与他人相处时的行为方式。

• **保持一致**。不一致的家长行为是导致孩子自我控制能力差的最主要因素。如果你的规则每天都不确定，或者你只是偶尔执行规则，那么孩子的不当行为就完全是你导致的，而不是他的错。教导孩子举止得体最简单的方法是使他的良好行为成为一种甚至不必思考的习惯，而要做到这一点，你需要保持一致，始终如一。建立日常生活习惯，调整家庭的日常节奏：尽量让你的家人定时用餐；遵循相同的惯例来处理重复性任务，比如让孩子穿衣、上学和准备上床睡觉；每天大致在相同的时间入睡和起床。

• **公平对待**。建立有意义、适合孩子年龄、具有灵活性，并且可随孩子的成熟而修改的规则。为孩子设定的规则应经过深思熟虑，它们的背后应该有一定的逻辑和目的支持。当你观察到孩子开始展现更成熟、更负责任和更独立的行为时，重新审视你的规则是一个好主意。如果规则的逻辑仍然合理，目的仍然有效，那么就没有必要改变它们。然而，如果你的配偶或孩子指出某个规则不再起作用，那么坚持己见是没有意义的。例如，过去你可能要求女儿在外出玩之前完成所有家庭作业，但现在她在时间管理方面做得更好了，所以你可以转为要求她在睡觉前完成作业就好，并让她自己决定何时完成。在需要改变时，调整规则表明你的规则是建立在逻辑基础上的，而不仅仅是你的权威。一致性并不意味着僵化，优秀的父母具有灵活性，而不会前后矛盾。

- **避免严厉的惩罚**。所有的孩子有时都会受到惩罚，但是惩罚的方式会影响自我控制能力的发展。父母使用体罚、对孩子恶语相加和进行羞辱，或者在惩罚时表达出明显的愤怒或厌恶情绪，孩子会更容易出现行为和情绪调节问题。有效的惩罚需要包括以下几个方面：明确指出错误的具体行为（比如，"我们说好你要在午夜前回家，但直到半夜两点我才听到你回来。"）；描述错误行为的影响（比如，"如果为你的行踪感到担心，我就无法入睡，但我需要在午夜前上床睡觉才能保证充足的睡眠。"）；提出一个或多个不良行为的替代方案（比如，"你的宵禁时间仍然是午夜，但如果有不可避免的原因导致你迟一些回家，那么请在第一时间给我打电话并解释清楚原因。"）；明确说明惩罚的方式（比如，"因为这个原因，你下个星期六晚上不能外出，但你可以邀请朋友来家里，我希望你待在家里。"）；你期望孩子在下次做得更好，并解释你这种期望的原因（比如，"通常你对所有事情都做得很好，所以我希望你记住下次外出会晚一些回家的时候给我打个电话。"）。

给予支持，做孩子成长的"脚手架"

支持性是父母对孩子逐步提升自我管理能力的鼓励和容忍程度。做得好的父母通常运用了心理学家称之为"脚手架"的方法。就像脚手架在建筑中的作用一样，它为孩子在提升自我管理能力的过程中提供了必要的支持。随着孩子自我管理能力的增强，这种支持可以逐渐减少。

"脚手架"的实质是给孩子适当增加一些超出他们现有水平的责任或自主权。这样，在成功应对挑战时，孩子会体验到成就感，而在失败时，也不会遭受太大的打击。例如，让一个11岁从未独自在家的孩子在父母去拜访隔壁邻居时，第一次尝试独自在家待上一个小时。这是一个孩子练习调节情绪（保持冷静）、思维（不担心你什么时候回来）和行为（不贸然尝试那些父母在家时不会尝试的事情）的好机会。

这一个小时可能对父母和孩子来说都会感觉非常漫长，但一旦时间过去，双方都会因孩子成功应对了这一新挑战而更加自信。然而，如果一开始就设置了过高的期望，比如让孩子第一次就独自在家待四个小时并自行上床睡觉，这样的尝试可能会适得其反，削弱孩子的自信心。

对年纪稍大一点的青少年来说，一个相似的做法是逐步放宽新获得驾照的孩子的驾驶权限。比如，最初只允许他们在白天独自驾车，等到他们有了几个月无事故、无违章的驾驶记录后，再允许他们在晚上独自驾车，最后才可以与朋友一起驾车。

"脚手架"方法在孩子已经能够处理的任务和他们即将面临的新

挑战之间找到了一个平衡点。从神经生物学角度来看，这种循序渐进式的挑战和支持有助于激活和强化大脑中负责自我控制的神经回路，使得自我管理变得更加容易和自然。

牢记以下原则将帮助你成为一个更加具有支持性的父母。

• **为孩子的成功打下基础**。设定能帮助他证明自己成熟的期望。你应该设定这样的期望：让孩子在达到目标之前，需要展现的成熟度比目前已经展现的稍微高一些，但仍在他的能力范围内。这样，孩子在成功时会更有自信，知道自己能独立完成任务。若未能成功，不要让孩子觉得失败，而是要强调他做得好的方面，并在可能的情况下指导他如何做得更好。

• **表扬孩子的成就，关注努力而非结果**。正确的表扬方式不仅能增强孩子的自信，还能教会他们为实现目标而努力工作的重要价值，比如，说"你的读书报告做得很好"要比"你真聪明"更有助于孩子的成长。让赞美与孩子的努力和成就挂钩，而不是与他们的固有特质挂钩；让赞美与孩子的成就与完成质量挂钩，而不是与分数或他人的评价挂钩，比如，说"我为你拼写得这么好感到非常骄傲"就比"我为你在拼写测验上得到 A 感到骄傲"更有意义。

• **避免过度干预**。孩子的健康、快乐和成功，部分源于他们能够自我管理和独立解决问题的能力。当然，孩子需要感受到你是他们的坚强后盾，但同时也需要明白，他们有能力自己应对大多数情况。如果你总是过度控制他们的生活，而没有给他们独立完成任务的机会，将会影响他们对自己能力的信心。简而言之，孩子培养出强大的自我管理能力的唯一方法是给予他们自由，让他们自己做一些决定，即使这会让他们失望或受到一定的伤害。育儿的艺术在于找到参与与放手之间的平衡。无论是过度放任还是过度干预，都可能对孩子的心理健康造成不良影响。在任何情况下，你都需要权衡通过干预保护或帮助孩子的好处与剥夺孩子独立成长机会的代价。比如，如果你 15 岁的孩子正在写历史论文，请你克制住因担心他的分数而帮他重写论文的冲动；如果他对篮球比赛的上场时间不满，不要直接替他给教练打电话。你可以审阅他的论文初稿并提供建议，或指导他如何与教练有效沟通，但最终，他需要学会管理自己的学习，并在他认为受到不公平对待时为自己发声。记住，即使出于最好的意图，过度干预也可能扼杀孩子的个人成长。

• **随着孩子逐渐熟练地管理自己的生活，逐步给予他们更多的自主权**。记住，自我控制能力的成长是一个逐渐由外部调节（如父母或其他成人的指导）转向内在控制的过程。在孩子成长的各个阶段，家长应该给他们施加一些限制和条条框框。但当发现孩子开始表现出更多的责任感时，你就可以适度地放宽这些限制。调整规则就像在冰面上驾车，需要避免加速、急刹车或突然改变方向。每当你准备放宽某个限制时，请务必仔细观察孩子的反应。如果他能负责任地应对新增的自由度，那说明你的决定是正确的；反之，则需恢复原来的规则。在新的、更为宽松的环境下观察一段时间，直到你确信这种更自主的安排确实有效。例如，如果你通常严格监督你 12 岁孩子的作业时间，可以尝试在一个学期内逐渐减少监督，观察他的表现。如果他的成绩依然稳定，那么这种新的更宽松的管理方式就值得长期保持。

• **引导孩子做出深思熟虑的选择，而非替他决定**。有时，对成年人来说很明显的选择，对青少年却不一定那么明显。与其替孩子做决定，不如帮助他们理解为何某个选项比另一个更优。在他们要做重要决策时，你可以提供一些参考性的建议，但最终的决定应由他们自己来做。比如，如果孩子在考虑暑期的几个工作机会，你可以引导他认识到，薪水并非唯一需要考虑的因素。选择一个薪资稍低但能提供让他感兴趣的技能或有助于大学申请的工作，通常比选择一个高薪但缺乏其他吸引力的工作更有长远价值。

• **必要时保护，可行时给予自由。**孩子需要从错误中吸取教训以促进个人成长，但很多父母因本能地想保护孩子免受伤害、失败或失望而不愿意让这种情况发生。当孩子希望参与某个活动，而你在是否应该允许上感到犹豫时，考虑给予他更多的自主权，前提是这个活动不会对他的健康、幸福或未来造成威胁。问问自己这个活动是否具有危险、不健康、非法或不道德的因素，或者是否有可能关闭对他未来非常重要的机会通道（比如影响进入一所理想大学的必修课程）。如果这些负面因素不存在，那么最好让孩子去尝试。当然，如果你认为这样做可能会带来不良后果，那就不要让他这么做，并清晰地说明你的理由。

三种不同的育儿风格

作为家长，我们应该全方位地展现出温暖、公平与支持，而不是仅仅偏重某一两个方面。当这三大育儿要素结合在一起时，它们的效果会相互加强。也就是说，虽然所有孩子都需要父母的关爱，但当父母在给予温暖的同时又能保持坚定并提供支持，孩子从中得到的益处会更多。相对来说，那些虽然深爱孩子但却过于溺爱或控制欲过强的父母，他们的孩子就无法充分从父母的温暖中受益。

温暖与坚定之间的联系极为关键。许多家长都认识到坚定的重要性，他们为孩子的行为设定了明确的标准，并始终坚持执行。但研究显示，为了让管教真正发挥效果，孩子需要同时感受到父母的关爱与支持。如果缺乏温暖，孩子可能会将坚定解读为严苛、不公平和过度惩罚，这可能导致他们的反抗、不满或无助。

虽然理论上我们可以想象出温暖、坚定和支持的许多组合，但实际研究表明，主导的养育风格主要有三种。[2]

第一种主导的养育风格被称为"专制型"，这种风格的父母通常比较冷漠、严格，在心理上具有强烈的控制欲。这类父母经常以"我说了算"的态度，通过权威和控制来进行管教，而这种管教方式往往是冷淡和惩罚性的。他们在养育上通常持有固定不变的观点，即便意识到自己可能错了，也更倾向于刻板地保持一致性，而不是采取灵活和妥协的态度。畅销书《虎妈战歌》中描述的"虎妈"养育方式，就是典型的专制型养育。[3]研究明确指出，这种专制型的养育方式并不会促进孩子的健康成长，包括我在内的许多心理学家都对这种所谓的"虎妈"养育方式提出了严厉的批评。[4]大量的研究也显示，当父母表现出温暖和支持时，孩子（包括亚裔美国孩子）在心理健康和学校表现方面都会更出色。[5]

第二种普遍的养育风格被称为"放任型"，这与"虎妈"式的专制型截然不同。放任型的父母虽然充满热情和支持，但在管教上过于宽容，常让孩子随心所欲、为所欲为。这类父母通常持"不干预"的态度，往往通过避免设定明确的规则或回避可能引发冲突的情境来确保孩子的快乐。

第三种广为接受的养育风格是"权威型"，这一模式在温暖、坚定和支持方面都做得相当出色，被认为是最理想的选择。与放任型父母不同，权威型父母不会回避为孩子的行为设定明确的界限和标准。然而，与专制型父母不同的是，他们虽然也有规则和标准，但都建立在温暖的基础上，而不是单纯地施加权威。他们的方法更多的是鼓励孩子日益增长的自主意识，而不是压制。简而言之，权威型父母是坚定但不严苛，严格但不令人窒息的。这类父母通常精通"脚手架"式的教育方法。

这三种养育风格反映了不同的父母在"什么是对孩子最有益的"上持有的不同价值观和信念。专制型父母通常认为，他们的首要任务是控制孩子的冲动行为。在他们看来，服从和尊重权威是孩子应当学习的最重要品质。虽然他们和其他类型的父母一样深爱自己的孩子，但他们可能给人一种冷漠或不易接近的印象，无论是对外界观察者还是对自己的孩子。这是因为他们认为过多的情感表达可能会削弱对孩子的纪律管教。

放任型父母则从一个截然不同的视角来看待养育责任。他们认为，使孩子快乐的最佳方式是尽量满足孩子的各种需求和欲望。与专制型父母不同，放任型父母相信孩子天生就具有善良的本质，应该让这种天性自由发挥。他们不试图控制孩子，而是通过尽量少的干预来促进孩子的成长。他们担心，过多的控制可能会压制孩子天生的创造力、好奇心和探究精神。即使知道孩子可能会做出不当的选择，他们也认为从错误中吸取的教训往往比错误本身带来的负面影响更有价值。

如果说专制型父母主要关注孩子的服从性，那么放任型父母则以孩子的快乐为首要任务，而权威型父母则更注重培养孩子的自我控制能力。对他们来说，最核心的问题不是孩子是否听话或是否快乐，而是孩子是否在逐渐成熟，是否具备了自我控制和自我调节的能力。权威型父母的最终目标是帮助孩子从依赖外部控制逐渐过渡到能够自我控制。

服从、快乐和成熟这三个目标都值得称道，几乎所有父母都希望孩子在这三方面能表现得很好。问题的关键不是父母更看重哪一个，而是他们在教育孩子时更强调哪一个。

这种强调对孩子自我调节能力的成长有着显著的影响。

权威型养育的力量

权威型养育方式优于其他养育方式在社会科学界得到了广泛的认可，这是有充分依据的。研究一致表明，相较于来自专制型或放任型家庭的孩子，来自权威型家庭的孩子在自立和自控力方面表现得更好。

权威型养育的益处在于它不受孩子年龄、性别、出生顺序或种族背景的限制。[6] 无论是在贫困还是富裕的家庭，无论是在离异、分居还是完整家庭中，这些益处都得到了全球范围内的证实。权威型养育的力量非常强大，它的基本原则甚至适用于那些不做父母的人，而核心原则也同样适用于老师、教练和职场主管。在课堂、运动场和职场中运用权威型管理方法，都能有效促进学生的学习、提高运动员的表现和推动员工的职业成功。

在权威型育儿模式下成长的青少年通常更自信、稳健、坚定和独立。这些优点使他们更能抵御同伴压力，降低了他们滥用药物或酒精，以及严重犯罪或做出不良行为（如作弊或逃课）的可能性。由于能更有效地管理自己的情绪，这些来自权威型家庭的青少年通常会面临较低的焦虑、抑郁和其他身心健康问题，如失眠或暴食症。另外，他们在学校表现更出色，不仅成绩优异、学习态度积极，而且更愿意投入时间和精力在学业上，这在很大程度上得益于他们较强的延迟满足能力。

相较于其他养育方式，专制型育儿家庭中的青少年往往是被迫服从的。如果家长的首要目标是确保孩子行为规矩，那么专制型养育或许能达到预期效果。因为长期生活在被严厉管教的家庭环境中，这些青少年不太可能涉及药物、酒精或其他问题行为。但从心理健康的角度看，专制型养育的弊端则十分明显。这些青少年的自尊心通常偏低，与人交往的能力也不及其他同龄人。他们缺乏独立思考能力，很少会坚持，面对挑战时更容易退缩。在较为宽容的环境中，他们或许能够应对，但一旦遭遇困境，他们往往缺乏应对的勇气和策略。专制型养育方式虽然能确保孩子的行为规范，但可能会妨碍他们的自信心和心理发展。

放任型家庭中的青少年与专制型家庭的青少年截然不同。他们往往展现出与权威型家庭的青少年相似的自信和社交技巧。但在某些不良行为出现的频率上，放任型家庭养育的孩子往往比同龄人更为突出。他们更容易沾染药物和酒精，学业成绩不佳，对成功的追求也相对淡薄。虽然放任型家庭的青少年在社交中更为自如，但他们也更易受到同龄人的影响。总体来看，家长的过度纵容使得这类青少年更依赖同龄人，而对父母和其他成年人（如老师）的重视程度则相对减弱。

培养健康、快乐和成功的孩子

前额叶的发育不仅是基因预设的结果，还受到经验的影响。这有助于解释为什么几乎所有青少年在高级思维和自我调节能力（这些都是前额叶皮质负责的功能）上都会有所进步，但进步的程度因人而异。虽然青春期可能为前额叶皮质的可塑性提供了一个窗口期，但这种可塑性对大脑的实际塑造在很大程度上还是依赖于环境因素。

拥有温暖、坚定和支持性父母的青少年在高级思维和自我调节能力的发展上具有明显优势。这些能力反过来又提升了他们在学校的表现，增加了他们接受更高教育的可能性，并降低了他们面临成瘾、青少年犯罪、肥胖和未婚先孕等问题的风险。

由于控制自我调节能力的大脑系统从出生到成年期早期都在不断发展，这为父母提供了充足的机会来培养孩子的自控能力（不幸的是，在同样长的一段时间内，父母也可能会破坏这一过程）。这一窗口期的长短使这个特定的大脑系统成为对环境影响最敏感的系统之一，因为这一时期既有大量机会刺激其积极的发展，也存在同样多的机会对其造成伤害。

对父母而言，要想培养出健康、快乐和成功的孩子，最重要的是采用权威型养育方式。因此，我的建议很直接：做温暖、坚定且支持性强的父母。

在下一章，我们将探讨学校如何应用这些同样的原则，并有效利用青少年大脑可塑性带来的机遇。

第八章
重塑高中

30多年来，我们一再被告知，美国学生在国际范围内的成绩比较中表现不佳，他们中的相当一部分人缺乏阅读、数学和科学方面的基本技能，令人震惊。今天的学生成绩与臭名昭著的蓝带委员会报告——《处于危险中的国家》（A Nation at Risk）中的内容相比并没有强多少，而该报告早在1983年就敲响了"平庸浪潮"来临的警钟。[1]

随着另一份报告同样证实了这一熟悉的发现，警钟每年都要被敲响好几次。每一次，都会有一大帮教育专家、政治家和权威人士对问题的"真正"根源高谈阔论，比如教师薪酬不足、学生群体日益多样化、教师培训项目毕业生质量差、资金太少、测试太多、推卸责任的父母、收入不平等，你自己挑吧，这个问题能够得到媒体一整天的关注。

不久之后，总统或教育部长会视察一个不畏艰难的学区，挑出一两名学生来表彰他们的非凡成就，并发表一场全国性的演讲，宣布一项肯定会扭转局面的计划。在不到一周的时间内，这场"危机"就会逐渐被淡忘，直到出现下一份令人沮丧的报告、一则关于最新一轮不合格考试成绩的新闻，或者一位"教育界名师"一直在伪造数据的爆料。

在所有这些争论中，有一个至关重要的信号几乎从未被发现：这些问题主要存在于美国的高中。在国际评估测试中，美国小学生的得分通常名列前茅，而美国初中生的得分通常略高于平均水平，但高中生的成绩远低于国际平均水平，尤其是在数学和科学的分数上远低于美国的主要经济竞争对手。

需要明确的是，学生们糟糕的表现并不是测量过程中异常因素导致的。虽然很多国家与美国学生的分流方式不同（一些学生参加职业培训课程，一些学生参加大学预科课程），但这些国际调查组织的管理过程非常严谨，可以确保每个国家提供的都是各个能力水平的代表性样本。我们也没有落后，因为我们的老师必须在课堂上应对更多样化的技能（这可能会使老师更难有效地制定课程目标）。总体上，相比于其他国家，典型的美国高中班级有更多的智力多样性，但优等生与差生之间的差距并不大，这表明分数上的偏差并不是由智力多样性所致。[2] 那么，是什么阻碍了美国高中生？

一条线索来自一项鲜为人知的研究，该研究对比了世界上15岁学生参与度的两项指标：出勤率和归属感。[3] 出勤率的测量是基于学生上学、准时到校和上课的频率；归属感的测量是基于学生觉得自己在多大程度上融入了学生群体、受到同学的喜欢，以及在学校里有多少朋友。我们可以认为前者是学业参与的指标，后者是社会参与的指标。

在学业参与方面，美国的得分仅为国际平均水平，远低于其主要经济对手——中国、韩国、日本和德国。这些国家的学生比世界其他国家都更稳定地到校上课。

在社会参与方面，除了德国，美国在与其他三个主要经济对手的比较中名列前茅。

在美国，高中是用来社交的。那是孩子们的社交俱乐部，在那里，真正重要的活动被那些烦人的课程打断了。相较之下，那些在学校里只有学习而没有乐趣的中国、韩国和日本学生简直太可怜了。但你可能会惊讶地发现，虽然刻板印象中亚洲学生的压力很大，但美国青少年的自杀率却高于中国、韩国、日本和德国。[4]

除了最优秀的美国学生，比如那些参加高级预科课程①的学生，他们准备进入美国顶尖的学院和大学，对大多数学生来说，高中是乏味而没有挑战性的。追踪美国儿童一天情绪变化的研究发现，他们在学校期间的无聊程度最高，在青少年群体中尤其如此。[5]他们的情绪在每天下午3点左右以及随着周末的临近，在一周结束时显著提升（美国青少年情绪的最低点出现在周三早上）。大多数美国高中生表示，他们在学校只是走走过场，调整自己的努力水平，以确保自己做得足够好，避免学业上的麻烦。[6] 1/3的美国高中生报告说，他们对学校没有什么兴趣，整天都在和朋友混日子。[7]要注意的是，这些调查还不包括20%左右的辍学学生。[8]如果把他们包括在内，无所事事的

---

① 高级预科课程（advanced placement class，AP class），是美国和加拿大由大学理事会创建的一个项目，它为高中生提供本科水平的课程和考试。美国和其他地方的学院和大学可以为在考试中获得合格成绩的学生提供课程学分。各学科的高级预科课程是由该学科的专家和大学教育工作者组成的小组为大学董事会制定的。高中课程要获得指定，必须由学院董事会对该课程进行审核，以确定其符合董事会课程和考试说明中规定的高级预科课程。如果该课程获得批准，学校可以使用AP名称，该课程将在AP课程分类单上被公开列出。——译者注

第八章 重塑高中

青少年的比例会高得多。

人们可能会把这些发现仅仅看作对一个众所周知的事实的证实，即青少年觉得一切都很无聊，但是美国的高中比其他国家的学校更无聊，对在美国留学的交换生的调查以及对在国外留学的美国青少年的调查都证实了这一点。超过 80% 上过美国高中的外国学生表示，他们本国学校里的课程内容更具挑战性。超过一半在其他国家学习过的美国高中生认为，美国学校教授的内容更容易。客观地说，他们可能是正确的：美国高中生花在功课上的时间远少于世界其他地方的同龄人。[9]

美国国内成绩变化的趋势揭示了美国高中相对于小学有多糟糕。美国教育部管理的 NAEP（国家教育进步评估项目）会定期测试三个年龄组：小学生（9 岁）、初中生（13 岁）和高中生（17 岁）。

在过去的 40 年里，9 岁儿童的阅读成绩提高了 6%，13 岁儿童的学习成绩提高了 3%，这两个年龄段的学生在过去 40 年中都有小幅但具有统计学意义的提高。[10] 9 岁儿童和 13 岁儿童的数学成绩分别提高了 11% 和 7%，同样，这两个年龄段的学生的数学成绩都有小幅但具有统计学意义的提高。

相比之下，高中生一点进步都没有。在这段时间里，17 岁学生的阅读成绩和数学成绩一直维持在同一水平。高中生在科学、写作、地理和历史等主科的考试成绩也没有改变，这些考试成绩只追踪了 20 年。从绝对而非相对的标准来看，美国高中生的成绩实在难以令人满意。2012 年，只有 6% 的 17 岁青少年的阅读能力达到了同龄人的最高水平，而 13 岁和 9 岁这两个年龄段的这一比例分别为 15% 和 22%。当年，只有 7% 的 17 岁青少年的数学水平达到了同龄人的最高水平，而在 13 岁和 9 岁的群体中这一比例分别为 34% 和 47%。

换句话说，在过去的 40 年里，虽然有很多关于课程、测试、教师培训、教师工资和绩效标准的讨论，在学校改革上也投入了数十亿美元，但美国高中生在学业水平上没有任何提高。

让我们的青少年失败的不仅仅是《有教无类法案》①，还有我们尝试过的每一件事。失败的试验不胜枚举，令人沮丧。[11] 特许学校②并不比标准公立学校好多少。那些参加"为美国而教书"项目的教师教出来的学生，其成绩并不比那些接受传统教师认证项目培训的教师教出来的学生高。考虑到公立和私立学校学生的家庭背景差异，私立学校学生的水平也没有好多少。[12] 教育基金也没能提高学生成绩。难怪从亚特兰大到芝加哥再到费城的学校管理人员和教师都被发现篡改学生成绩，因为这是唯一能持续见效的教育策略。

如果非要讲有什么不同，从逻辑上讲，17 岁学生的测试结果应该比更小的孩子好。几乎没有学生会在小学或初中就辍学，但在 NAEP 开始实施时，许多 17 岁的学生已经辍学。随着这一学业困难群体退出测试，17 岁学生的 NAEP 分数应该比 9 岁和 13 岁的分数好一些。但事实恰恰相反。

这种差距令人困惑。这与高中比小学更具种族多样性无关。事实上，小学年龄段的孩子比高中年龄段的孩子更具种族多样性。高中也

---

① 《有教无类法案》（No Child Left Behind Act）为 2002 年签署的一个美国联邦法案，旨在解决贫困地区学生和黑人男生的受教育问题。——编者注
② 特许学校（charter school）是接受政府资助但独立于其所在的既定州立学校系统运营的学校。它是根据问责自主的基本原则运转的，不受规则的约束，但对结果负责。——译者注

没有更多的贫困生。根据学生的家庭收入，美国小学被归类为"贫困生比例高"的可能性是中学的 2 倍多。[13]

这不是因为高中教师的工资低，中学教师和小学教师的工资差不多，也不是因为高中教师的资质低，中学教师和小学教师的受教育年限和工作经验相当。[14] 美国小学和高中的师生比例是一样的。学生在课堂上花费的时间也是如此。[15] 而且美国在财政上没有亏待过高中，实际上，美国学区在高中生身上的人均支出略高于在小学生身上的支出。[16]

按照国际标准，美国的高中班级也没有人手不足、资金不足或利用不足的情况，只有瑞士、挪威和卢森堡的高中生人均支出高于美国。美国在核心教育活动上的支出比例与餐饮和交通等辅助资金的支出比例大致相同。与人们普遍认为的相反，美国高中教师的工资并不低，与大多数欧洲和亚洲国家相当。相对于其他国家，美国的班级规模和师生比例也差不多。事实上，美国高中生每年在课堂上花费的时间比其他国家的同龄人还多。

归根结底，无论是与世界各地的高中还是与美国的小学和初中相比，都很难用美国高中本身存在的任何问题来解释为什么它们表现如此糟糕。一些评论家主张延长学年或学时。不过，很难说高中生应该花更多的时间在学校，因为他们在学校的时间已经比许多其他成绩较高的国家的学生多了。

也许美国的高中教师比其他国家的教师资质更低或培训情况更差，但招收和培训高中教师的教师培训计划不太可能比小学或初中更差。事实上，情况可能恰恰相反。美国国家教师质量委员会最近的一份报告发现，只有 1/9 的未来小学教师项目为教师做好了充分准备，而未来高中教师项目则有 1/3；获得高分的中学教师培训项目比小学教师培训项目多得多。[17]

在学校培养孩子自控力

毫不奇怪，大多数关于学校改革的讨论都集中在学校和教师身上。他们通常呼吁改变课程设置、教学方法，或是教师的选拔条件、培训标准和薪酬。差不多 20 年前，我注意到，如果学生没有做好上学的准备，不具备学习的能力，那么改革学校的努力就不会产生任何作用。[18] 美国高中成绩的根本问题不在学校。如果父母培养孩子的方式不能让他们对教师所教内容保持兴趣，那么教师是谁、如何教、教什么、工资多少都无关紧要。如果不改变判定学生成就的社会文化，那么教师或教学的改变不会也不可能产生影响。

当我第一次指出这一点时，它只是看起来非常可信。但随着 20 年来高中成绩增长平平，这一点变得越来越正确。

来自许多亚洲和欧洲国家的高中生表现优于美国学生，主要是因为这些国家的成就文化非常不同。处于这些文化中的家庭会对青少年取得的成就产生更高的期望，而青少年所处的同龄人群体则会给予他们取得更高成就的支持。此外，在许多其他国家，尤其是在亚洲，父母要求孩子在很小的时候就要有更多的自控力。在其他文化中，当孩子长大成人时，他们的自控力比美国人强得多。

文化差异也解释了为什么刚刚移民到美国的家庭中的孩子在学校取得的成绩要优于来自相同族裔且在美国生活时间更长的家庭中的同龄人，这种现象被称为"移民悖论"。[19] 移民儿童与在美国生活了几代的家庭中的儿童就读于同一所学校，他们有同样的老师，学习着同样的课程。

移民儿童的优异表现（尽管他们的家庭教育环境可能格外糟糕，而且他们的父母可能不会在家里说学校教学的语言）不可能是因为他们的老师比非移民儿童的老师准备得更好。事实上，亚裔美国孩子在公认糟糕的学校和表面糟糕的老师那里表现得如此出色，与课堂上发生的事情无关，只与他们的成长方式以及父母对他们的期望有关。

在我们的跨国研究中，正如第四章所述，我们测试了10~30岁年龄段的冲动控制能力。① 在10岁的时候，中国和美国的孩子在自我控制方面几乎没有什么差异：中国孩子的得分高出大约10%。但这一差距逐年扩大，到14岁时，中国孩子的得分高出20%；到18岁时，他们的得分高出45%；在20多岁的时候，中国人表现出的自控力比美国人高出50%。这种优势不太可能是由于性格上的文化差异，因为我们预期在年轻人和老年人身上也会看到自控力的差距。这很可能是青少年成长方式所导致的结果。

如果所有这些都是正确的，为什么我们还能够在提高小学生成绩方面取得进展？答案是，随着学生年龄的增长，非认知技能变得越来越重要。[20] 随着学生从小学到初中再到高中，学习会变得越来越具挑战性，对自立性的要求也越来越高；成年人提供的监督和帮助越来越少，学生需要更独立地工作。比如，高中作业需要更长的时间才能完成，考试需要更长的时间来准备，学习任务更难。自我约束能力强、延迟满足能力强的学生在高中比在小学有更大的优势。一个孩子不需

---

① 衡量标准是人们在开始执行需要制定策略的任务之前等待了多长时间。

要太多毅力就能在二年级取得成功，换言之，在不关注非认知技能的情况下，提高小学生的水平更容易。

在小学，令人分心的事情会较少，或者更准确地说，小学生不太可能因为八卦、社会地位、同伴的关注，当然还有性等事物而分散注意力。正如我们所看到的，在青少年期，处理社会信息的大脑系统更容易被激活，这在过度强调同伴关系的学校环境中尤其是一个严重的风险，就像在美国的情况一样。在青少年期，同龄人的赞赏变得特别重要，其他国家的学生从尊重学术成就的同伴文化中受益，而大多数美国高中却嘲笑这种尊重学业成就的文化。

重新思考中等教育

人们对重新思考中等教育的想法越来越感兴趣，这种想法不仅要关注学校负责的一般学习技能（尽管学校在教授这些技能方面并不十分成功），还要关注青少年健康心理功能的发展。这种观点转变的前提是人生的成功仅部分取决于掌握学校教授的学习技能。[21] 正如我在前面章节中所解释的，成功也受到毅力、决心和自控力等因素的影响。

努力将提升心理健康的内容纳入我们的高中课程有很多原因。我们生活在快速变化的世界中，学校不可能预测不断发展的劳动力市场所需的特定技能。许多专家一致认为，学校应该专注于培养在许多不同工作环境中都具有价值的更普遍的能力。这些能力包括但不限于：能够与他人有效合作，能够制订和实施长期的战略计划，知道如何获取和使用新信息，能够灵活和创造性地思考，当然还能自我调节。大多数雇主都认同这些品质是他们雇用新员工时所看重的最重要的一部分能力。

这些技能在中产阶层和专业职业中一直受到重视和珍视。从历史上看，它们在蓝领工作中不太受欢迎（甚至可能不受欢迎），因为在这些领域，优秀的员工需要服从而不是创造力，需要专注于眼前的任务而不是长远的思考。成功的员工是那些能够遵守并执行主管下达的具体指示的人。而且，工厂老板最不希望流水线上的某个人有"跳出条框思维"的倾向。

我在上一章中描述的养育方式——权威型、专制型和放任型，在不同社会经济背景的人群中认同程度差别很大。[22] 原因很容易理解。工薪阶层的父母倾向于采取专制型方式，他们重视培养孩子身上的那些他们在工作中发现有用的特质。父母在工作中需要听命于主管，并且没有疑问地遵循指示，他们也会倾向于以强调这些品质的方式抚养孩子。"照我说的去做"只是父母的一种说法，即听从老板的话很重要（在这种情况下，"工人"是孩子，"老板"是父母）。在工薪阶层父母的心目中，学会服从权威会带来人生的成功。

相比之下，中产阶层和专业型父母倾向于从事鼓励主动性、自我规划和灵活性的职业。这就是为什么他们更有可能采用权威型的养育方式，因为这种方式能够提升这些品质。当中产阶层的父母在晚餐时间让十几岁的孩子参与关于期望和后果的讨论，鼓励孩子表达自己的观点时，这个家庭就像在公司办公室召开了一次"会议"。一个对既定规则提出异议的青少年不会因为质疑权威而受到惩罚，却会因为"站在自己的立场上思考"而受到表扬。但在工薪阶层家庭中，同样的行为可能会被视为不尊重。

随着蓝领工作（比如汽车行业的工作）的减少，促进这些职业成功的技能的价值也在减少。那些听从命令就能获得高薪的工作已经一去不复返了。现在新兴的工作需要的是几代中产阶层父母一直都强调的技能。过去，在专制型家庭中长大的孩子拥有一套市场化的非认知技能，其中最主要的是听命于主管并遵循指示，而不是独立工作或创造性地思考。如今，很少有机会能用到专制型养育方式所培养的能力。

权威型养育方式塑造的心理学成果同样也是高等教育机构取得成功所必需的能力，尤其是在那些为相对更有特权的人提供服务的大学。在那里，学生被要求表现出主动性，挑战教授的思维，并完成需要几个月或更长时间才能完成的项目。这些正是他们在今天的工作场所取得成功所需要的能力，在未来的工作场所更是如此。就读于不提供这些机会的一般学校的学生毕业时将处于劣势，其中一个原因是只完成两年制课程的社区大学不可能培养出这些能力，也不可能获得任何经济或者职业方面的好处。

这也是为什么我们认为，完全由在线课程组成的大学教育把我们的下一代培养成善于思考的人的观点是值得怀疑的。这些基于计算机的课程或许能够有效传递信息，也可能对获得入门级工作所需的技能有帮助，但对培养晋升到高层所需的能力几乎没有什么效果。因为价格差异，来自不同家庭背景的学生会被不同程度地分流到在线教育和面对面教育之中——这种情况肯定会发生，所以，仅在线教育的发展将扩大而不是缩小来自中等收入家庭的孩子与来自富裕家庭中的孩子之间的职业差距和收入差距。

在进一步讨论之前，请允许我明确一点，我并不是建议我们放弃正规教育的传统学术目标，或者忽视这样一个事实，即至少学校应该教授特定技能和传授知识体系。中学阶段的学生需要掌握许多学习技能并获取大量信息。

然而，我的观点是，我们通过学校教育重点培养的能力清单目前并不完整，因为它在很大程度上忽略了非认知技能。学校需要培养毅力和决心等能力，这对来自社会经济弱势家庭的青少年来说尤其重要，因为他们不太可能在有助于他们成长的家庭环境中长大。

然而，培养这些能力不仅对获得更高等的教育或找到更好的工作很重要，也是对传统教育的补充。它们有助于青春期孩子培养内在力量，这些力量有助于抵御抑郁症、肥胖症、犯罪行为和滥用药物等问题。这些问题在一定程度上缘于自我管理的不足。因此，学校为帮助学生培养这些能力而做的任何事情，都会对学生产生深远的影响。除了教授学术技能，重新定位学校，以帮助学生加强自我管理，不仅可以防止各种问题的发展，实际上也有助于促进青少年的身心健康。

越来越多的人认为，学校需要更加重视加强学生的非认知技能。问题是：我们怎样才能做到这一点？

品格教育是答案吗

在过去几年里，人们越来越意识到有必要将品格发展纳入学校课程，为此所做的各种努力得到了广泛关注。也许最著名的努力是KIPP（Knowledge Is Power Program，"知识就是力量"计划），该计划已在美国近150所特许学校实施。

KIPP针对的是低收入家庭的儿童和青少年。它的明确目标是增加大学入学率，将重点放在被证明有助于学业成功的因素（高期望值、父母参与、花在教学上的时间）上，并重点培养7种优势品格——热情、毅力、自制力、乐观、好奇心、感恩和社会能力。[23] 这些优势品格被记录在"品格成长卡"上，并通过课堂讨论和作业来加以鼓励，这些讨论和作业将有关品格的课程纳入常规的学习活动。教师们也不遗余力地树立良好品格的榜样，并表扬展现良好品格的行为。

KIPP长期以来取得了令人印象深刻的成就，这些成就引起了媒体的广泛关注，包括一本名为《孩子如何成功》（*How Children Succeed*）的畅销书。与就读于其他类型学校的弱势背景的学生相比，就读于KIPP学校的学生高中毕业率、大学入学率和大学毕业率更高。对KIPP学校的大量评估发现，学生在各种成就指标上的表现比预期好得多。

然而，KIPP学校是特许学校，就读这些学校的学生家长是主动做出这一选择的。由于这些不遗余力地让孩子参加严格的学业项目的父母是非典型的，因此，大多数有关KIPP学校的研究都不能排除学生的成功与KIPP项目本身无关的可能性。让孩子进入KIPP学校的家庭与把孩子送到传统学校的家庭不同，这很可能会让KIPP学生无论在哪里上学都能取得成功。这些父母重视学业成绩，并希望参与孩子的教育，这两个因素一再被证明有助于学业成功。[24]

考虑到父母的这种倾向，最近一个由独立研究者做出的KIPP初中评估很有趣。[25] 这项评估的对照组样本来自参加但未入选KIPP学校的儿童。对照组的儿童与成功入选KIPP项目的儿童进行比较能够成功控制参加KIPP的家庭这一独特因素，因为这两组家庭都试图让他们的孩子加入KIPP。

该研究采用了标准化成就测试以及其他各种性格优势测验进行测试。与之前的研究一致，在这些客观评估中，KIPP 学生在一系列学科领域的许多成就指标都优于对照组学生，在家庭作业上也花了更多的时间。这些差异不仅有统计学意义，而且是实质性的。这一点值得大书特书。

然而，这项研究的某些发现并没有被广泛传播。KIPP 儿童在关于性格优势的任何测量上都没有表现出优势。他们没有那么努力，也没有那么坚持；他们没有更有利的学业自我概念或更强的学校参与度；他们在自控力方面的得分并不比对照组高。事实上，他们更有可能做出"不良行为"，包括发脾气、对父母撒谎和争吵，以及有一段时间老师很难管理。他们在学校更容易惹上麻烦。虽然该计划强调品格发展，但 KIPP 学生吸烟、饮酒、吸毒或违法的可能性并不低。他们对自己教育前途的希望没有更高，也没有更雄心勃勃的未来规划。另一项研究发现，KIPP 学生的大学毕业率虽然远高于来自相对弱势家庭背景的学生，但还是令人失望：近 90% 的 KIPP 学生进入了大学，但只有 1/3 能毕业，还不到该项目开发人员所期望的一半。[①][26]

这些发现并不一定表明学校不能在加强自我调节和其他非认知技能方面发挥作用，它们可能只是简单地表明，KIPP 所采取的方法虽然能有效地提高学习成绩，但并没有真正影响孩子的品格。在某些方面，这些发现让人想起了我们在第五章中讨论的健康教育项目的评估。在学校里告诉孩子健康问题或品格特征会增加他们对这些学科的

[①] 之后，我从 KIPP 的创始人那里了解到，采用 KIPP 的几所学校的大学毕业率有所提高，但仍远远落后于 KIPP 的预期。

了解，但不会改变他们的行为。

我并不是想刻意贬低 KIPP 对学业成功（客观地说，这是开发人员的主要目标）的影响。KIPP 学校在一个历来难以在学业成绩上取得任何进步的群体中，极大地提高了学生的学习成绩。

但是，培养青少年的自我调节能力可能需要的不是寓言故事、口号、鼓舞人心的横幅以及富有同情心的老师的鼓励。

寻求神经科学的替代方案

关于促进高级认知技能（心理学家称之为"执行功能"）方法的系统研究最近才开始，大多数研究都是在过去 10 年左右的时间中进行的。因此，我们得出的关于改善自我调节最佳方法的任何结论都必然是暂时的。正如许多新的工作领域一样，这一领域的发现有时被夸大了，对它们的批评也是如此。

目前为止，没有任何一种培养方法得到明确而广泛的认可。经过严格的实验室测试和重复测试得出可靠结论的项目很少，在大学环境之外进行评估的项目更少。在大学环境中，几乎所有提升执行功能的方法都比在实际场景中更成功，因为在实际场景中很难控制训练的条件。

一些旨在刺激儿童和青少年自我调节和其他执行功能方面的项目令人鼓舞，但还远未进入黄金时段，而另一些项目虽然相当有效，但统计上却不可靠——当它们奏效时，效果很好，但失败的次数与成功的次数一样多。有些项目对某些人有效，但对其他人无效，或者仅对某个年龄段有效，或者仅在某些环境中有效。有时候产生这些结果的原因是已知的，但通常仅是一些研究者的猜测。许多重要的细节尚未被发现——不仅包括训练的性质，还包括实施的重要细节，例如培训应持续多久、应分为几个阶段课程以及每个阶段的时长。不知道如何最好地构建一种鼓舞人心的方法来训练执行功能，就像有了一种有前景的抗癌新药，但还不知道开多少剂量或多久给药一次。

有几十种（也许是数百种）声称可以"增强"大脑功能的项目被兜售给消费者，但很少有确凿证据表明它们的有效性。此类项目很少使用科学界所公认的技术进行研究。这种训练的结果必须经过数月甚至数年的研究，以验证它们不仅仅是短期的效果。这类研究需要时间和金钱，而那些急于致富的人通常也没有太多的时间和金钱。我在iPhone手机的应用商店中输入了"大脑训练"几个字，查到了数十个声称能够改善大脑功能的程序；电视广告也承诺会有类似的结果。我不能肯定地说这些项目没有效果，但我很确定它们没有经过严格的评估，下载者和观看者要小心。

综上所述，我们可以确定几种可能加强自我调节和其他执行功能方面的方法。

大多数已经研究过的干预项目效果相对有限，但将这些方法结合起来可能会增加青少年的自我调节能力。不过目前，我们尚不知道不同训练方法的影响是重复的、累积的还是协同的。

我们所知道的，也是我认为我们应该保持乐观的原因，是最近的几项研究表明，旨在增强执行功能的一些训练类型会对大脑的解剖结构产生影响，这预示着对自我调节也会产生广泛的影响。训练可以影响大脑发育的发现并不新鲜。正如我所提到的，许多研究表明，教授特定技能会导致大脑预期区域的变化，比如，学习伦敦的城市地理会改变与空间记忆相关的大脑区域，练习钢琴会改变控制精细运动协调的大脑区域，等等。这些结果很有趣，但并不令人惊讶。任何类型的持久学习都一定会反映在某种神经变化中。

最近的研究之所以引人注目，是因为它表明训练的效果超出了所针对的特定技能和大脑区域。各种类型的训练，比如旨在提高记忆力、增强注意力、增强正念和提高推理能力的训练，已被证明会改变大脑的解剖结构，尤其是不同大脑区域之间的相互连接程度。[27]这是因为大脑不同部分之间更强的联系可以更普遍地改善执行功能和自我调节。这增加了一种可能性，即某些类型的训练可能比针对特定功能的训练能产生更广泛的变化。就好像一个旨在提高视力的项目不仅能让你看得更清楚，还能提高你的听力。

最有希望提升自我调节的方法分为几类：旨在改善执行功能的一个或多个特定方面的练习，致力于增强"正念"的练习，运动和需要高度集中注意力的身体疗法，以及旨在增强自我控制或增强延迟满足能力的特定策略。

值得注意的是，我下面列出的所有方法并没有在青少年中进行严格的测试，许多只在年幼的儿童或成年人群体中进行了测试。我们不知道一个年龄段的发现能否推广到另一个年龄段，或者更具体地说，哪些发现能够推广，哪些不能推广。但由于青少年大脑控制自我调节能力的区域可塑性强，我们有充分的理由推测，这种训练在青少年期会特别成功。

训练大脑，提高工作记忆

激发更高水平执行功能的最受关注且最有前途的方法是那些专注

于训练工作记忆的方法。工作记忆指的是我们如何在脑海中保留信息并使用它，比如阅读长句的时候，你可以把它的前半部分记在心里，这样整个句子就会更容易读懂；开车的时候，你可以把一组方向记在脑子里，这样你就知道要注意哪些地标。[28] 工作记忆可能是执行功能中最关键的组成部分，因为它对提前计划、同时考虑多种可能的行动或比较潜在决策的短期和长期后果等事情至关重要。工作记忆对自我控制也至关重要，因为为了阻止自己做某事（抓起第一个棉花糖），你必须能够记住另一个目标（如果等待，可能会得到两个棉花糖）。

有很多工作记忆练习，最著名的是 "n-back" 任务。[29] 在这个任务中，你会看到一个项目序列（如字母），你必须指出下一个显示的字母是否与 n 个字母前出现的字母相同。例如，在一个 3-back 任务中，如果出现的序列是 F、J、D、U、T、D，当 U 出现时你会说"否"（因为向前数第三个字母是 F），当 T 出现时你也会说"否"（向前数第三个字母是 J），但当 D 出现时你会说"是"（向前数第三个字母也是 D）。正如这里所描述的，这项任务听起来可能很容易，但实际上很难做到。网上有很多免费版本的任务，你可以自己尝试一下。

练习 n-back 任务已被证明可以提高工作记忆，但这项任务是否会影响其他执行能力，如自我调节能力，在心理学家中是一个有争议的话题。一些人认为确实如此，他们已经证明工作记忆训练可以提高那些不依赖记忆的任务的完成表现，比如冲动控制。还有一些人认为 n-back 任务可以提高工作记忆，但对其他方面没有太多影响。他们认为，训练特定的认知能力不会影响执行功能的其他方面，训练的内容与想要提高的实际技能之间的差距越大，训练就越不可能奏效。根据这些批评的观点，教一个人如何弹吉他可能会大大提高他的吉他演奏能力，也可能会略微提高他的钢琴演奏能力（因为演奏任何乐器所需的技能都有一些重叠），但可能不会提高他的代数能力。

其他研究人员指出，大脑的许多区域经常有多种用途。如果对学习音乐很重要的区域对学习数学也很重要（事实上碰巧真的是这样），那么提高一个人演奏乐器的能力实际上可能确实会对数学能力产生影响，即使这些技能表面上看起来并不相似。前额叶皮质是一个合理的训练对象，人们希望对它的训练能在不同的能力中推广，因为它涉及思维的许多不同方面。许多关于工作记忆训练如何狭义或广义地迁移到其他能力（如冲动控制）的研究正在进行中，科学家也正在急切地等待他们的研究结果。但是，即使最终结论是这种训练只会提高工作记忆，它也可能是有价值的，因为工作记忆的改善已经被证明可以提高阅读理解和数学测试的成绩。[30]

练习正念冥想

练习正念冥想也可以加强自我调节。[31] 正念包括以一种非评判的方式将注意力集中在当下，真正关注你的感官正在感受到的东西，而不是试图解释或思考这种体验。[32] 这些练习中最常见的是正念冥想。[33] 有许多冥想指南，从移动应用程序到专家教授的课程和研讨会等。

你可以通过简单地坐着不动，睁开眼睛，专注于呼吸整整一分钟来体验正念。注意空气进出鼻孔的感觉，注意胸部的运动，注意空气进出身体的声音。当你的注意力开始偏离这些焦点时，你要把注意力放回你的呼吸上，注意到这种分心，但不要停留在上面。正念冥想起初很难，但通过练习，你可以逐渐增加你保持注意力在呼吸上的时间。

第八章 重塑高中

因为成功的正念冥想迫使我们控制呼吸和注意力，所以它也可能会加强我们调节思维、感受和行动的能力。

正念冥想已被证明可以减轻压力，帮助缓解许多心理障碍，尤其是那些涉及焦虑、创伤和成瘾的心理障碍。还有证据表明，它有助于加强没有心理问题的个体的自我调节能力。使用正念冥想来提高自我控制能力的好处之一是，它具有超出这一特定结果的有益效果。因为正念冥想不仅有助于减轻压力，还可以改善睡眠、心血管健康和免疫功能。[34]

运动

另一个更主动的活动——运动，也可能提升自我调节能力，尽管这方面的数据非常有限。[35]比如，有氧运动通过增加整个大脑的血流量改善大脑健康，因此它可以对所有年龄段认知功能的各个方面产生积极影响。对运动和大脑的研究主要集中在改善老年人的记忆力上，研究表明工作记忆和运动之间存在联系。

一些研究着眼于运动对青少年执行功能的影响。有证据表明，急性运动（单次剧烈活动，如在跑步机上快速奔跑）可能会对青少年的执行功能产生短暂的积极影响，但这些影响是否能够持续还没有得到充分的研究。持续运动（几周或几个月的多次锻炼）也可能对执行功能产生积极影响，但当运动本身需要挑战思维和体力消耗时，这些影响更有可能显现出来，比如在将有氧运动与策略相结合的团队运动中。[36]鉴于此，参加学校组织的体育运动有助于促进自我调节和主动性的发展。[37]在这些例子中，我们不能确定积极的影响是由于运动还是认知需求，抑或是两者的结合。

此外，将具有挑战性的身体活动与正念相结合的活动，如瑜伽或跆拳道一类的运动，似乎也能加强自我调节能力的发展。[38] 目前为止，有关这些活动如何影响青少年的认知或大脑发育的研究还很少得到很好的执行，但已经有了一些令人鼓舞的发现。与有氧运动一样，提高自我调节能力的可能不仅仅是身体的活动，而是运动与做好这些活动所需的正念和自律的结合。

教授自我调节技能和策略

最后，似乎对特定的自我调节技能和策略的训练（如学习如何控制愤怒）也可以更普遍地提高青少年的自我调节能力。[39] 一些学校现在将 SEL（社会和情感学习）项目纳入课程。SEL 项目教会青少年如何调节自己的情绪，管理压力，并在行动前考虑他人的感受。虽然这些项目中的许多内容最初旨在减少攻击或犯罪等问题行为（并对实现这一目标进行了评估），但它们也被证明可以改善没有这些问题的青少年的自我调节能力。

有许多不同的项目可供对 SEL 感兴趣的学校选择——太多了，无法在这里一一列出。大部分项目针对的是中小学生，也有一些是针对高中生的研究。最近有研究对有效的、以学校为基础的 SEL 项目进行了回顾，该回顾汇总了 27 万名学生的 200 多个不同评估的数据，发现有四个特征可以区分有效项目和无效项目。[40] 这些特征被缩写为 SAFE。

第一，有效项目包括有顺序（sequenced）的活动：它们遵循一个规定的顺序，在这个顺序中，高级技能建立在更初级的技能之上。第二，有效项目是主动（active）的。这些项目的学生不仅仅是信息的被动接收者，还有很多实际练习技能的机会。第三，最有效的项目关注（focus）SEL本身，而不是将这些内容视为事后的想法或附加内容。把SEL纳入常规课程，这一点尤其重要，因为在常规课程中，它可能会被忽视，尤其是在那些专注于测试学生学习技能的学校。第四，最好的项目是明确（explicit）的，以特定的社交或情感技能（或技能组合）为目标，并专注于发展它。

其他干预措施试图教青少年如何更有效地设想和规划长期目标。[41] 我们大多数人都下了决心，例如每天锻炼，并坚持了一段时间，但当我们遇到障碍时，计划和决心就会迅速地折戟沉沙。一个阻止我们去健身房的意外紧急情况，就会打破我们的新习惯。研究发现，如果我们提前想象这些潜在的障碍，并制订应对计划，我们就更有可能坚持我们的决心。[42]

一种方法是试图通过鼓励青少年设想一个目标并想象实现该目标的积极后果来坚定他们的决心，思考潜在的障碍和克服该障碍的策略，然后在必要时书面或口头承诺实施该策略。虽然这个方法的名字很烦琐：MCII（mental contrasting with implementation intentions，实施意图的心理对比），但它确实有效。例如，学生们可能会被要求描述一个本学期积极的学业目标（比如在数学上取得更好的成绩），并幻想一下实现这一目标会带来什么样的结果（比如父母会给我更多零花钱）。然后，他们会被要求思考一个潜在的障碍（比如题目太难了）和克服它的计划（比如如果有什么地方学不明白，我会在课后向老师寻求额外的帮助）。

在最近的一项研究中，被教授和鼓励使用MCII的学生在成绩、出勤率和学校行为方面表现出比那些仅仅被鼓励积极思考学习目标及实现后果，但没有制定在遇到障碍时可能使用的替补策略的学生有更大的进步。[43] 下次你决定尝试减肥时，在开始节食之前，试着幻想一下减肥的最佳结果是什么，然后想想有什么可能会阻碍你实现这一目标，并制订一个计划，如果出现这种障碍，你会怎么做。这样你会更有可能成功。

重要的一点是，这些旨在训练自我调节策略的项目似乎具有超出干预具体目标的效果。也就是说，向青少年展示如何管理自己的情绪或设想长期目标，可以提高他们整体的自我调节能力。例如，帮助孩子调节情绪可以提高他们的学业成绩，尽管这种干预与学业成绩无关。之所以会出现这种情况，是因为有助于控制情绪的自我调节技能也有助于处理学习和家庭作业等事情。

持续的"脚手架"激励

虽然这些训练的方式不同，但它们的成功需要三个共同的原则。[44] 首先，训练必须具有激励性。[45] 在本已枯燥乏味的学校生活中再增加一项乏味的活动只会让学生进一步分心。为了具有激励性，这些活动必须是高要求和具有挑战性的。请注意，我并没有说它们需要令人愉快。有些学生会喜欢被要求更加努力地学习，而其他人会反感这种要求，但只要受到挑战，他们就会从活动中受益。

其次，训练需要搭建"脚手架"。我的意思是，这些活动应该要求很高，但不能太高，以至于超过青少年目前的能力。与有效的抚养一样，有效的学校干预措施应该被校准为落地在"最近发展区"，这样它就很有挑战性，但又不会太难而让孩子沮丧或气馁。一旦孩子掌握了一项特定的任务，难度就应该增加，但只需要稍微增加。例如，青少年在进行 3-back 任务的训练之前，应该掌握 2-back 工作记忆任务。同样，我也不希望一个从未冥想过的青少年从 30 分钟的冥想开始。他（她）从一个更合理的时间段开始，比如一分钟，然后在掌握了之前的每个级别后再逐渐延长时间。

最后，这些活动必须通过刻意练习长期持续下去。[46] 没有什么能够代替花时间练习，然而，刻意练习不仅仅是重复。重复是为了提高成绩，它是缓慢的、有条理的、目的明确的。例如，加强工作记忆的 n-back 任务需要记住一个字母序列，练习包括重复记忆多个相同长度的字母序列，直到掌握了这个字母序列（惯例是在这个长度成功之前不要增加序列的长度），然后看看是否有可能将序列延长，再增加一个字母（并用不同的字母练习这个较长序列的版本，直到掌握为止）。学校还可以通过将训练项目纳入其他课堂活动来鼓励练习。工作记忆训练不一定要记住字母，你可以使用外国首都、化学元素或任何可能对记忆有用的方法。青少年也可以在家里通过计算机进行各种训练。

我们已经知道青少年需要培养强大的自我调节技能，并且有证据表明，有氧运动、团队运动、瑜伽、武术和冥想等活动有助于提升这种技能。但不幸的是，学校削减了很多的体育教育课程，然而这些活动在逻辑上都属于该课程会涉及的训练。许多学校缩短甚至取消了一天中用于促进学生身体健康的时间，它们认为锻炼是一种奢侈，对学习或智力发展没有真正的贡献。

我们现在知道这种做法不正确，体育活动不仅仅是娱乐，将传统教育和体育教育进行区分是错误的二分法。运动、瑜伽和冥想等有助于智力和心理健康，而不仅仅有益于身体健康，这曾经被嘲笑为某种新时代的时尚，现在已被视为常识。我几乎所有的朋友和同事都将其中一项或多项活动纳入了日常生活，这不仅是因为这些活动让他们感觉更棒，还因为这些活动可以帮助他们更好地思考。我们的学校也应该这样做，因为并不是所有的孩子都有资源或机会在放学后或周末参加这些活动。正如我明确指出过的，美国学生比其他发达国家的大多数青少年花更多的时间在学校，但取得的成就更少。如果学校每天花一个小时进行体育活动，我们的儿童和青少年不仅身体会更健康，也会有更强的自制力，这反过来会促进学习和成就。

在关于学校的这一章和关于家庭的上一章中，我讨论了很多家长和教育工作者能够使用的许多方法，通过提高孩子的自我调节技能来更有效地培养和教育青少年。这项技能对所有青少年来说比以往任何时候都更重要，对那些来自低收入家庭的学生来说尤其重要，也更难掌握，因为他们的青少年期可能特别具有挑战性，甚至是危险的。此外，我们很快就会看到，青少年期的延长对贫困家庭的孩子打击最大。为什么会这样，为什么这对每个人（不仅仅是穷人）来说都是一个严重的问题，以及我们能做些什么，这些都是我们在下一章中要解决的问题。

第九章
赢家与输家

自20世纪80年代左右以来，美国和几乎其他所有发达国家一样，贫富差距一直在扩大。[1]

人们明白收入不平等一直在扩大，但却不知道青少年期的延长加剧了这种不平等。

虽然青少年期延长与贫富差距扩大之间的关联不明显，但它可以算是另一种形式的"富人越来越富，穷人越来越穷"。关键差异在于，这种"富有"不仅是财务上的，还包括心理和神经生物学上的。那些能够推迟进入成年期的人——因为他们可以，也得到了支持——会在延长的可塑期内获益，高级大脑系统在此期间会继续成熟。青少年期的延长，并非人们所误解的那样"是未成熟的结果或原因"，它恰恰反映也预示了一种优势。它是一种资产，而非负债。

正如我们在第三章中讨论的那样，那些延迟进入成年期的20多岁的人不应被嘲笑或被诋毁。如果延长青少年期有助于大脑发育，那么他们的选择和行动会让社会获益而非受损。延迟进入成年期会创造出更有能力的劳动力，他们无论是在认知技能还是自我调节一类的非认知技能方面都会发育得更好。这对我们所有人都有好处。

如果将神经生物学的成熟过程视为一场划船比赛，我们都会赞同"有些人具备先发优势，拥有更好的帆、顺风助力，以及更平静的水面"。由于这场比赛比以往任何时候都要长，这些优势也会比以往任何时候都更加有利于那些拥有它们的人，同时也让其他人更落后。

以劣势进入青少年期

富裕家庭的孩子享有的神经生物学优势早在青少年期之前就具备了。相比于家境富裕的同龄人，家境贫困的孩子更有可能出现认知缺陷。在智力和执行功能测试中，成长于贫困家庭的年轻人得分一直更低。[2] 这些社会经济上的差异在生命早期（孩子两岁时）就能看出来。生于贫困家庭的劣势对一系列结果产生了长期影响，包括教育成就、心理和身体健康、反社会行为、成瘾药物的使用和滥用，以及收入水平。[3]

不同社会经济阶层孩子之间的智力差异是由许多因素导致的，其中最显著也是大众不情愿承认的一个因素就是遗传。这一点是必然的：因为智力，尤其是执行功能的遗传性很高；[4] 遗传对大脑解剖结构的影响强烈且有充分证据；[5] 影响因素还包括社会科学家所说的"选型交配"[6]，即共同生育孩子的人往往具有某些共同特征，包括相似的社会经济背景和智力。

基因显然可以解释社会经济条件的差异会影响孩子的智力，但是实际上，在解释贫困家庭孩子的智力相对不足时，环境的影响可能更重要。这些环境因素包括极端创伤，例如家庭内外的暴力，以及与贫困相关的长期困扰。压力似乎会对前额叶皮质等脑区产生非常有害的影响,而前额叶皮质对高级认知能力和自我控制能力至关重要。[7]好消息是,因为环境对这部分大脑发育有如此重要的作用,所以有针对性的干预有助于降低不同家庭条件孩子的发育不平等程度。我们可以缩小这种"贫富差距"。

正如我们所见,那些掌控自我调节等功能的大脑系统在很长一段时间内都有很强的可塑性,它们很容易受到环境的影响,尤其是那些持久的压力来源,例如贫困。因此,不出所料,社会经济的差异对那些受前额叶皮质调控的行为影响尤为明显,包括自我控制等方面。[8]即便孩子在童年期早期就暴露在那些会影响他们前额叶大脑系统的压力源中,这种经历给他们带来的许多更严重后果可能也要到青少年期才会凸显出来,因为在青少年期,这些大脑系统对心理健康和学业成功变得更加关键。相比于童年期早期,我们更容易在青少年期看到贫困对自我调节的影响,我们期待在青少年期这个阶段看到青少年能够表现出自我控制,同时也知道在童年期早期,孩子偶尔遇到自我调节问题是正常的。

脑成像研究显示了社会经济差异对执行功能的影响是如何反映在大脑解剖结构上的。近期有研究发现,儿童前额叶脑区的结构差异与他们父母的教育水平有关。[9]大脑中发育最受早期压力损伤的一个区域包含了连接前额叶皮质和边缘系统的神经回路。[10]对这些回路的早期损伤往往会在之后损害人们在感觉寻求和情绪控制方面的能力。因此,出身贫寒的人更有可能出现各种与冲动控制有关的问题,例如药物滥用、犯罪与攻击性行为,这并不令人意外。

当然,我们早就知道经济劣势会损害儿童的智力发展。在美国,旨在促进贫困儿童早期认知发展、加强其入学准备的"启蒙计划"（Head Start，也可译作"赢在起跑线"计划）已有 50 年的历史。然而，这些干预措施的效果在很大程度上令人失望。[11] 当然，这些措施没有缩小贫富差距，现在这个差距比 1965 年启动"启蒙计划"时要大得多。美国的收入不平等在 20 世纪 60 年代末达到历史最低水平，而如今则达到了历史最高水平。[12] 或许期待"启蒙计划"这种项目显著改变收入不平等是不现实的，然而，对童年期早期的干预措施也没有缩小学业上的差距。虽然这些项目已经耗资数十亿美元，但现在富人和穷人子女之间在学业表现上的差距比 50 年前更大。[13]

在过去几年中，发育神经科学的研究进展开始改变我们早期干预的方式。关注焦点也由提高学业成就转向培养自我调节能力。目前尚不清楚这些新型干预措施的效果如何。如果成功，这种对自我调节的关注不仅有助于入学准备，还可能有助于降低失业率、提高大学留校率、降低儿童肥胖率和青少年怀孕率，以及降低犯罪率，因为这些问题在某种程度上都与自我控制能力不足有关。我们可以认为这些问题的根源是遗传、贫困、歧视、社会化不足等，但导致它们的直接原因可能是延迟满足能力的问题。

自我调节与犯罪

　　罗伯特的自我控制能力很差。[①]
　　我是在几年的时间里了解他的，因为他参与了我协助领导的一项

---

① 案例中主人公的名字和他生活中的一些细节都做了修改。

研究，该研究追踪了1350名青少年犯，他们在20岁出头或25岁左右被判犯有重罪。[14] 本研究的许多被试都被判犯有严重暴力的罪行，例如持械抢劫和严重伤害罪。我们在费城和菲尼克斯展开了这项研究，选择这两个城市的原因是：这两地的犯罪率比较高，足以提供给我们进行大规模研究所需的被试数量，并且它们为我们提供了一个族裔背景多样的罪犯样本。费城的大多数重罪少年犯是黑人，而菲尼克斯的大多数少年犯则是拉丁裔或白人。虽然我们招募了尽可能多的年轻女性被试，但样本中绝大多数都是男性，这并不奇怪，因为年轻男性犯罪的比例，尤其是犯重罪的比例偏高。

大多数青少年行为不良者并不会成为顽固的成年罪犯。[15] 人们往往会逐渐摆脱犯罪，就像停止其他类型的冒险和危险行为一样，这些行为会在人们20多岁时逐渐减少。随着对感觉刺激追求的兴趣减少和自我调节能力的提高，大多数有过行为不良的青少年开始改变他们的生活。[16] 他们当中有些人会在快到20岁时再次违法，但很少有人在那之后会继续犯罪。[17]

我们想要了解那些停止犯罪的青少年与继续犯罪的青少年之间的差异。当其他同龄人停止犯罪后，是什么让一小部分的少年犯仍然继续犯罪呢？揭开该谜底有助于我们设计更好的项目来预防犯罪、降低累犯率。

本研究的优势之一在于，我们会经常访谈这些青少年，从而可以密切追踪他们的心理发展，并获得许多有关他们生活的信息。每次与他们交谈时，他们都会填写一份"生活日历"，上面详细记录了自上次评估以来每个月发生的事情，我们会要求他们系统地叙述家庭、学校、工作等方面的情况，并借助这些信息来构建他们的长期生活图景。在每次访谈中，这些青少年除了要填写"生活日历"，还要做一系列标准化的心理测试，包括奖励寻求和自我控制的测量。

在刚参加本研究时，他们参与了一次由训练有素的面试官展开的为期四小时的一对一评估。他们需要完成一系列性格和智力测试，以及数十份关于他们生活各个方面的问卷调查。我们会询问他们的家人、朋友和邻里情况，以及他们在学校和工作中的体验。在研究的前三年，最初我们会每六个月对这些青少年进行一次访谈，之后改为每年一次。我们非常想了解这些年轻人。

研究初期，在那些衡量受即时奖励吸引和自我约束无力的测试中，大多数被试的表现不佳。考虑到他们的犯罪史，这样的结果并不令人意外。这种既无法抵制诱惑又无力进行自我约束的状态是不幸的，而对于本研究样本中那些常见的极端例子，这绝对是有害的。幸运的是，随着年龄的增长，本研究的大多数被试会变得更有远见、更善于调节冲动行为。随着这种变化，他们停止了犯罪。只有10%的被试会继续成为成年罪犯。其他有关少年犯的研究也得出了类似的结果。

罗伯特作为菲尼克斯的一位被试，是本研究中那些少数会持续犯罪的罪犯之一。他反复入狱，参加了一个又一个治疗项目，又反复多次处于缓刑状态。这些项目对罗伯特的犯罪行为没有产生任何影响。分析他的心理特征有助于解释其中的原因。

与样本中大多数青少年不同，罗伯特在冲动控制测量指标上的得分并未随着年龄的增长而提高。实际上，他24岁时的冲动控制测量得分比他17岁时还要低，这是值得注意的，因为几乎没有人会在20多岁时变得更加冲动。罗伯特的生活日历和犯罪史反映了他明显缺乏自我约束能力。我们初次见面时，他因严重伤害罪被判刑送进监狱，并会在那里度过接下来的 18 个月。刑满释放后，罗伯特找了一份快餐店的工作，但只干了几个月就辞职重新上了高中，但在高中也只待了 4 个月。辍学后，他找了一份打扫办公楼的工作，但又因贩毒重新入狱，被再次关押了一段时间。到 19 岁时，他已经与两个不同的女友生育了三个孩子。

出狱后有一段时间，罗伯特处于失业状态，也没有去上学，然后他找了一份洗碗工的新工作，但他只坚持了大约 3 个月，直到他再次被捕入狱——这次是因为抢劫。在本研究的前四年里，罗伯特做过 4 份不同的工作，并被监禁了 3 次。

他的这种模式又持续了 3 年。在本研究展开的 7 年里，罗伯特被监禁了 5 次。

体面生活的四条规则

社会科学告诉我们，如果你想拥有体面的生活，那么需要遵循 4 条基本规则：坚持上学，至少要完成高中学业，尽可能学得更久；不未婚先育；不违法；如果你不上学了，尽一切可能避免无所事事——如果你有了一份工作，在辞职之前先找到下一份工作；如果你失业了，就先接受任何你能得到的工作。[18]

违反这 4 条规则并非一定带来灾难——显然一些高中辍学者、未婚先孕的年轻父母、违法犯罪者和游手好闲者也能摆脱贫困，但是统计数据显示，如果你遵守这些规则，那么你基本上一定能够成功。研究表明，遵循这些规则的人几乎不会陷入贫困。[19]

在 22 岁之前，罗伯特违反了所有这些规则。在本研究结束时，他因抢劫罪在亚利桑那州的一所监狱服刑。据我所知，他目前仍被监禁着。

这4条规则有两个重要的共同点。第一个共同点是，所有这些选择都与延迟满足有关。坚持上学需要很强的自控力和挺过枯燥乏味的磨炼来实现一个长远目标（例如获得文凭）的毅力。避免不安全性行为需要舍弃眼前的即时小奖励（享受即时的身体接触所带来的愉悦感），而选择更长远的利益（不必在缺乏必要资源的情况下养育孩子，不必承担为人父母的责任而能够继续上学）。违法，尤其是在青少年期，通常是一种冲动行为，其动机是获得诸如金钱、赃物或毒品之类的即时奖励。一个人在失业状态下因感觉一份工作不是"足够"好而拒绝它，或者在尚未找到下一份工作的情况下辞职，很可能是因为他（她）更看重眼前的回报（比如多出来的空闲时间），而忽视了未来获得更大回报的可能性。一个人的成长环境肯定会影响这些选择，但是如果我们对比成长背景完全相同的两个被试群体时——遵循这4条规则的人与违背这4条规则的人，就能发现违背者在奖励敏感性维度的得分更高，而在自我控制维度的得分更低，就像罗伯特一样。实际上，在我们试图预测哪些少年犯会遵循常规模式成为守法的成年人，哪些少年犯会继续犯罪的过程中，我们考察了许多因素，无法发展成熟的自我控制能力是预测持续犯罪行为的唯一一致的心理因素之一。[20]

由于我们在最初见到本研究的被试时他们已经是青少年，因此我们缺乏他们的早期详细信息。虽然我不能确定是什么导致了罗伯特持续的冲动行为，但是其他一些从出生开始就展开追踪的研究发现，持续犯罪的前因都与未能发展出足够的自我调节能力有关：出生并发症、暴露在压力和创伤中、贫困、严厉的父母，以及早期酗酒和药物滥用。[21] 上述每一项都被证明会干扰正常的前额叶发育。我怀疑如果能够了解罗伯特的过去，我们可能会发现其中几个因素的存在。

4条规则的第二个共同点是，它们都涉及青少年期最常出现的选择。在此之前很少有人会面临这些需要做决定的事情。虽然30岁出头的人也可能会面临这些选择，但通常他们已经积累了生活经验和认知技能来理智地处理这些选择。

设想一下，当你走进一个咨询服务机构的办公室，他们会提供若干生活抉择的建议，就像理财规划师帮人们理财一样。你在前台接待员那里登记，接待员会告诉你有两个咨询师可供选择：一个是17岁，另一个是30岁。根据你现在对青少年思维的了解，当你面临这些决定——是留在学校还是辍学，是要生下孩子还是不生，等等——时，你在选择哪位咨询师时会犹豫不决吗？很少有人会选择听一个17岁咨询师的建议。然而，许多17岁的孩子会独自做出这些重要的决定。讽刺的是，我们做出那些最重要的、改变人生的、决定命运的决定时，都是在我们的判断力尚未发育成熟的时候。

不良养育方式会导致强迫循环

正如第七章所述，如果父母关爱孩子且能明确地表达出来，会和孩子耐心地解释，也与孩子的发展相适应，并始终强调他们对孩子行为抱有期望，那么孩子更有可能发展出自我控制能力。当父母态度敌对、冷漠、反复无常、独断专行、过度控制或过于纵容时，他们的孩子不太可能发展出成熟的自我调节能力。父母管教孩子的方式也很重要。相比于在保持权威的情况下更冷静、更温和的父母，那些使用体罚或在惩罚时表达强烈情绪的父母更不可能培养出具有良好自我控制能力的孩子。[22]

在培养孩子的同时关注他们的自我调节能力需要花费家长很多时间和精力。相比于说"我希望你这样做，原因是……"，说"我让你做，你就做"或"你爱干啥干啥去"会更容易、更快捷。即使是最有耐心的父母，在疲惫、心神不宁或压力大时，也会采取这些过于专横或过于纵容的捷径。

不幸的是，相比于富裕家庭的父母，贫困家庭的父母一般更少有时间去关注孩子的自我调节能力的培养，这有可能是因为他们的工作时间更加不稳定，也有可能是因为在一个家长缺席的情况下，另一个家长必须承担起更多的养育责任。由于这些原因以及下文将呈现的一些其他原因，来自低阶层父母的养育方式不太可能让孩子培养出强大的自我调节能力，他们更有可能会严厉管教和体罚孩子。[23] 他们往往更加不稳定和反复无常，时而控制过度，时而纵容过度。他们通常更缺乏热情、温柔的态度。当然，并非所有贫困家庭的父母都是如此，中产阶层家庭的父母也并非都是温和、友善和善解人意的典范。然而在贫富家庭之间的这些普遍差异确实得到了数百项研究的证实。

有许多原因导致养育子女的社会经济差异。较贫困父母养育孩子的环境压力更大、负担更重。他们生活的社区往往更加混乱、危险和充满不可预测性，这往往让父母更具控制欲且缺乏耐心。[24] 他们更有可能单独抚养孩子，这往往使他们更容易纵容孩子。当筋疲力尽时，他们由于缺乏资源而无法在抚养孩子的过程中休息，这使得他们在孩子不服管教时更难坚持立场。而且，因为他们自己很可能也在类似环境中长大，所以他们更不太可能拥有良好的自我调节能力，而这一点对优质养育至关重要。

较低社会经济地位（lower-SES）的父母更少表现出冷静和温和的另一个原因是，与其他父母一样，他们的行为受子女行为的影响。自我调节能力较差的孩子更容易冲动、不听话。与一个冲动、不听话的孩子互动会让父母自己也做出类似的行为——因为他们的孩子容易失控，所以他们自己也这样。一种"强迫循环"便开始了，在该循环中，严苛的、反复无常的养育方式会让孩子出现问题行为，反过来问题行为又会让养育方式变得更加严苛、更加反复无常。[25] 这种循环更容易发生在父母面临巨大压力的家庭中。

从理论上讲，这种由家庭原因造成的影响可以通过家庭以外的、有助于建立自我调节的环境（例如学校）抵消，但是那些贫困社区的学校不太可能具备这些条件。这些学校不仅在教授当代社会所需的基本智力技能方面表现不佳，在提供培养自我控制能力的机会方面也表现差劲。[26] 因此，对于那些因为在家中没受到这种训练而最需要它的孩子，在家庭之外获得这种训练的可能性也最小。

将社会中某个群体的养育方式描述得比其他群体更差，在政治上是很敏感的话题。父母最终如何选择养育方式取决于他们的个人目标、品位和偏好。然而，在一个鼓励自我调节的社会中，有些父母的目标、品位和偏好往往并不契合子女的最佳利益。

贫困与青春期

大部分关于社会经济差异对执行功能和自我调节影响的研究，关注的是这种不平等现象对不同社会经济背景儿童学业成绩的影响，而这些影响是显著的。然而，较低社会经济地位的儿童在青少年期还会面临另一个更深远的劣势，即相比于家境富裕的同龄人，他们在应对青春期的神经生物学挑战方面准备不足。

青春期开始的年龄提前意味着，平均而言，如今的孩子将会在更小、更不能调节自己的情绪和行为时面临这些挑战。请记住，虽然青春期加速了边缘系统的激活，但是并未加速前额叶皮质的发育。不论一个人的社会背景如何，过早经历青春期都会增加这种挑战性。然而，由于贫困家庭的孩子自小自我控制能力就较弱，因此他们会受到青春期提前的伤害。

此外，正如第三章所言，贫困家庭的孩子比其他孩子更早步入青春期。哪怕只是由于贫穷与更差的营养和健康状况紧密相关，人们可能也会认为贫困会减缓儿童的生长发育。尽管以往确实如此，当时贫困儿童步入青春期的时间较晚，这种情况在当今的发展中国家仍然存在，然而在现代社会却并非如此。一旦一个社会从发展中国家跨越到发达国家，社会经济地位和步入青春期的时间之间的关系就会发生逆转。

在发达国家，导致青春期提前的原因更有可能在弱势儿童中显现出来。请记住，造成青春期年龄提前（与19世纪和20世纪初期的提前不同）的主要因素包括：儿童肥胖率的增加、早产儿存活率的提升、儿童更多地接触人工光源、父亲缺席的比例升高，以及他们更多地接触干扰内分泌的化学物质。

虽然上述每个因素单独拎出来对青春期提前的影响都很小，但它们叠加起来对贫困家庭孩子的影响要大得多，因为这些因素在弱势家庭中更为常见。在更富裕的国家中，以美国为例，肥胖在较低社会经济阶层中更为普遍：[27] 贫困儿童中有大约 20% 会患有肥胖症，而富裕儿童中"仅有"12% 的人患有肥胖症。贫困母亲生育早产儿的概率比富裕母亲高出约 50%。[28] 孩子们普遍喜欢玩电子产品，这在低阶层家庭中更为常见。[29] 来自贫困家庭的青少年不仅会在电视和电子游戏上花更多时间，而且他们更有可能在深夜的卧室里持续玩。这对他们而言尤其是个问题，因为他们会晚睡且每晚睡眠的时间都较少，这可能意味着他们会更多地暴露在电子设备的光线中。[30] 父亲缺席也是贫困社区家庭的主要问题。[31] 成长于单身母亲家庭中的孩子，约有 70% 是穷人或属于低收入家庭。双酚 A 是一种常见的、会加速青春期发育的内分泌干扰物，而贫困人群接触双酚 A 环境的比例明显更高，[32] 而且贫困家庭的黑人女孩使用含有激素干扰物的护发产品尤为常见。[33]

虽然贫穷家庭中的儿童饮食和医疗条件均不如中产阶层儿童，但也不足以抵消肥胖、早产、光照、父亲缺席和内分泌干扰物等因素对青春期加速的综合影响。

如何保护这个脆弱时期

因为自我控制能力的发展成熟需要时间，所以青少年会经历一个漫长的时期，比以往任何时候都更长，尤其对贫困人群来说。在这段时间里，青少年的自我控制能力很容易受到干扰。在此期间，成熟的自我控制表现很脆弱，只有在最佳环境下它才会出现，一旦环境不佳它便会缺失。

在这个脆弱的时期，青少年自控力缺失的最佳补救措施来自通常由父母提供的外部控制。许多研究证实，相比于其他同龄人，那些与父母关系越亲近、越持续受到父母监督的青少年，越不容易出现问题行为。[34] 与青春期提前有关的所有问题都是如此，包括行为不良、药物滥用和过早的性行为。父母权威型的养育方式可以降低所有年龄段孩子与青春期有关的风险，即便是那些步入青春期异常早的孩子。[35]

良好的养育方式如何减缓生理早熟的影响？一种观点认为，也许是因为与年长一些的同伴交往，那些受青春期提前的刺激而产生的感觉寻求才会真正变成实际的问题行为。一个激素分泌旺盛的青少年可能想去尝试性行为，但她必须找到一个性伴侣来实现幻想。如果她的父母密切监督其行踪，那么这种情况就不太可能会发生。同样的道理也适用于饮酒、药物滥用和尝试轻微犯罪。虽然青春期提前是许多行为问题的风险因素，但是相比于在平均年龄成熟的同龄人，那些接受密切监督的早熟者并不会有更大的遭遇麻烦的风险。

简而言之，那些自我管理存在困难的青少年可以依靠能协助他们进行自我管理的父母。父母协助管理的主要方式有：严格、关爱和监督。严格的父母会制定并执行关于"孩子如何、在哪儿以及和谁共处"的规则和指导方针。父母关爱的态度会鼓励青少年的行为符合这些期望，因为他们想让父母开心。监督则是对叛逆行为的附加保护。然而，较低社会经济地位的父母却很少会对处于青少年期的子女使用成功的"管理"策略。[36] 压力、贫困和混乱的状态都会让他们难以维持坚定、关爱和警觉。此外，导致父母及其子女缺乏自我调节能力的共同遗传缺陷，对父母及其青少年期的子女也有相同的影响。

来自贫困家庭的青少年更需要帮助来进行自我管理，但是他们不太可能从父母那里获得这种帮助。当家长不能起到监督作用时，这些孩子也不太可能从能管束他们的社会机构那里获得这种帮助。研究证实了一个很明显的事实：放学后没有监督的青少年更容易陷入各种麻烦。[37] 来自贫困家庭的青少年更有可能在无组织、无监督的状态中度过课后时间，而且在许多家庭被社会孤立的社区中，他们更可能如此。当没有成年人照看社区时，反社会的同龄人更有可能聚集起来，并将青少年引入歧途。[38]

相比之下，来自中产阶层家庭的青少年更有可能参与有组织的课后活动，例如体育活动或戏剧社，或者从事课外兼职，这些都是有组织的，至少也是学校所提倡的课外活动，且有成年人的监管。如果没有这样的机会，家境殷实的家长也支付得起具有管束和监管效果的课程、俱乐部或其他活动，以弥补自身监管的缺失。

最重要的是，来自富裕家庭的孩子进入青少年期时具有心理优势，他们有更多机会进一步培养自我控制能力。他们从小就在强调自我控制能力的家庭中长大，带着更强的自我调节能力升入中学。他们更有可能拥有能够进一步培养这一能力的父母和学校。因此，一旦高中毕业，这些家境富裕的青少年就更有可能拥有心理优势和经济支持来进一步深造。而高等教育本身有助于前额叶的发育，自我调节能力也会逐渐增强。[39] 来自贫困家庭的年轻人更有可能进入缺乏创新和刺激机会的环境。贫困儿童在年幼时，在大脑仍然具有较高可塑性时缺乏环境刺激的事实已引起很多关注。这种环境刺激的匮乏在他们青少年期，即另一段大脑可塑性很高的时期仍然持续存在，这一点值得更多的关注。

强大的自控力带来的好处不仅止于能上大学，具备强大自控力的青年大学生更有可能按时毕业。那些缺乏这种能力的青年大学生则不太可能按时毕业，但是相比于那些未能上大学的青年，上大学的青年在出现困境时更有可能获得家庭支持，因为他们的家庭承担得起用五年而不是四年，或者用六年而不是五年完成大学学业。他们可以在暑期补修他们在学年中失去的学分。在大学就像在生活中的其他地方一样，特权能提供保护。

影响青少年的几种优势资本

虽然青少年期对所有人来说都变得更长了，但这个阶段延伸至什么时候会因社会阶层不同而存在差异。对穷人而言，青春期开始得更早；但对富人而言，进入成年期的时间则较晚，他们更有可能延长在学校的时间、推迟结婚，并延迟为人父母。这一点非常重要，因为青春期的提前对自控力的发展存在消极影响，而成年期推迟则对自控力的发展具有积极影响。所以，相比于弱势群体而言，青少年期变长的总体趋势对于优势阶层更有利。

为了充分理解延迟进入成年期是如何不成比例地使优势群体受益、弱势群体受损，我们必须考虑不同形式的"资本"以及它们如何影响学业、工作和生活上的成功。

除了金钱资本，成长于更富裕家庭中的青少年更有可能积累人力资本（成功的学业和工作所必需的技能和能力）、文化资本（文化知识、言谈与着装的方式，以及表明其属于较高社会阶层的行为方式）和社会资本（与能够提供帮助的其他人之间的联系）。[40] 你若对此有疑问，社会科学已经证实，你如果富有、受过教育、成熟且人脉广，那么在生活中将更容易取得成功。

那些在富裕家境中成长的个体还有另一个变得越来越重要的优势——心理资本。这一术语指的是非认知技能，它现在被认为与那些通常被纳入人力资本范畴的技能一样，对成功至关重要，非认知技能包括社交商、活力、热情，当然还有自我调节能力。虽然我们并没有在学校刻意培养这些技能（尽管如我在前一章中指出的那样，我们可以这样做），但善于与他人互动，让氛围活跃起来，让他人感觉良好，以及锻炼自我约束的能力，与智力或天赋一样重要，甚至更重要。

虽然心理资本的各个方面均以不同的方式影响着人们的幸福指数，但自我调节能力可能对学业和工作的成功最为关键，尤其是在一个延迟满足能力如此重要的世界。很多人在不开朗、不外向或没有那么活跃的情况下也能成功，但很少有人在没有决心、不勤奋和缺乏毅力的情况下取得成功。

我认为还有一种对成功至关重要的资本。由于没有更好的名称，我暂且称之为"神经生物学资本"吧。这是大脑在适度刺激环境中长时间保持可塑性所产生的优势。有些优势阶层在生命早期就已具有神经生物学资本的优势，因为他们很可能在婴儿期（第一个大脑可塑性增强的时期）就能够接受所需的环境刺激。同时，他们还通过延长青少年期来累积神经生物学资本，因为推迟进入成年期使得大脑可塑性的窗口期保持得更长，而人们可以继续让自己接触改善大脑的各种经验。在这期间，富人也具备购买接近刺激环境所需资源的能力。

如我们所见，前额叶系统通过脚手架式的刺激——需要我们比以习惯的方式稍微更费力地完成的挑战——变得更强大。[41]这正是来自优势家庭年轻人所就读的学院和大学所提供的挑战。延长上学时间的优势不仅仅体现在通过这种经历积累更多的技能、证书、人脉和能力——虽然这些在人力、文化、社会和心理资本上的优势确实相当可观——还包括积累神经生物学资本的机会。

晚熟的优势和希望

正如前一章所提到的，许多人担心延迟进入成年期会对年轻人的心理发展产生不利影响。我和同事通过使用第三章所提的"监测未来"研究的数据来考察延迟进入成年期是否会对年轻人的心理健康产生负面影响。回顾一下，自 1976 年以来，密歇根大学的研究者每年都对十几岁至二十几岁的美国人进行调查。随着时间的推移，研究者会追踪不同的年轻人"群体"——不同年代的高中生，从高中毕业后的两年开始追踪调查，直到他们接近 30 岁。

这些调查涉及一系列关于心理功能、态度和价值观的问题，但同时在每次调查时也会询问他们个体的生活状况，包括他们是否在上学或就业、与谁同住以及他们如何维持生计。因此，可以确定人们在什么年龄达成某个里程碑，比如完成学业、结婚或生育。

"监测未来"研究的结果证实，如今的年轻人需要更长的时间来完成正规教育、做全职工作、实现经济独立、结婚以及为人父母。虽然不同年代的高中生在经历这些转变的时间上存在显著差异，然而受访者对生活质量问题的回答表明，不同年代的年轻人在他们 20 多岁时的生活状况非常相似。事实上，与他们的父辈相比，如今的年轻成年人在幸福感、生活满意度以及寻找乐趣的程度上并没有多少差别。

鉴于如今的年轻人似乎"陷入困境"的描述被大肆炒作，上述研究结果显得出人意料。主导大众媒体叙事的新闻报道与研究数据压根儿不符。那些不管不顾、放纵自我的千禧一代也与数据不符。[①] 相比于父辈在相同年龄时，如今的年轻人并未更加自满或以自我为中心。简而言之，如今的年轻人与其父辈在同样年龄时的心理相似性远远超过他们之间的差异。其他研究者通过考察类似"监测未来"研究的数据，也得出了相同的结论。[43] 不幸的是，如果报道如今的年轻人与他们父辈基本相同会比较乏味，但如果抨击"如今的孩子"，则能上新闻头条（正如在他们父辈的时代一样）。

我们的研究分析发现，幸福感、满意度在很大程度上与人们完成各种里程碑事件时的年龄无关。平均而言，那些较晚开始工作、结婚或毕业的人，幸福感并不低于那些更早完成这些转变的人。如果说有什么区别，那就是推迟步入这些阶段的受访者的生活满意度反而更高。特别是在生育方面，较晚生育与更高的幸福感和生活满意度关联紧密。然而，我想强调的是，一方面幸福感与生活满意度之间紧密相关；另一方面，它们却与人们进入各种成年角色的年龄关联极其微弱。

越来越多的证据表明，20 岁出头仍是大脑可塑性持续发展的时期，而且随着我们不再将自己置于考验智力的环境中，这种潜在资本可能会开始消退，因此推迟进入成年人通常拥有的常规生活实际上可能是一个明智的决定，至少对那些能够明智地利用年轻时期灵活性的人而言是这样的。通过延长在校上学时间、晚结婚，并推迟进入职场和为人父母的时间，那些有能力推迟进入成年期的人不仅可以获得额

[①] 那些广泛报道如今的年轻人比父辈更自恋的说法具有误导性。得出该结论的研究发现，年轻人在自恋型人格障碍维度上的测量得分高于 65 岁及更年长者的得分，但是 30 多岁、40 多岁、50 多岁和 60 岁出头的成年人也得分较高。[42] 年轻人与上述这几个群体之间没有显著差异。

外学习受教育的好处，而且还有更多的时间利用大脑的可塑性。这种可塑性更可能通过在富有创新和刺激的环境中获得经验来维持。更长的青少年期不仅积累了他们的人力资本，还增加了他们的心理和神经生物学资本。

与其哀叹年轻人成年需要很长时间并鼓励他们加快速度，我们还不如关注如何帮助所有20多岁的年轻人——不仅仅是经济上有优势的人——从推迟步入成年期中受益，也不如更多地考虑鼓励年轻人以进一步刺激大脑发育的方式来利用这段时间。这不仅可以通过提供更多大学机会来实现，还可以通过扩大实习制度和志愿者社区服务计划（Ameri Corps）来实现。[44]这将极大地有助于缩小富人和穷人之间的差距。虽然鼓励更多青少年上大学是值得称赞的，但是这还不够。为了降低不平等，我们需要专注于促进自我调节能力的发展，通过早期干预，教会父母如何通过权威型养育方式来促进孩子的自控力，并利用学校来帮助做许多家庭无法做或做不到的那些事情。

我们还需要更加关注社会对待青少年的方式。在许多方面，那些最需要我们保护的人却是最不可能得到保护的。正如下一章将揭示的那样，我们对待年轻人的方式在很大程度上完全偏离了科学告诉我们的有关青少年期的知识。这一点在我们如何应对违法的年轻人方面尤为明显。

第十章
受审判的大脑

我收到一封信，信封上的回信地址没有具体署名，只有身份号码和一所密歇根州立监狱的名称。这封手写的信写在折叠整齐的黄色法律文件专用纸上，它讲述了一个长达35年的充满暴力、遗憾、悔恨和救赎的故事。

一个叫约瑟夫·马奥尼①的服刑囚犯找到了我，希望我能协助他提前出狱。他从15岁开始就被关在里面，如今快50岁了。如果没有任何假释的机会，他很可能会在哈里森监狱度过他的一生。

在过去的8年里，我每个月都会收到几封类似约瑟夫状况的信，他的故事与其他大多数故事相似。他是抢劫便利店的四个男孩之一，作为该团伙中最年轻的成员，约瑟夫对犯罪计划没有太多发言权，尽管用"计划"来描述他们1977年2月那个晚上的行为有些夸大了。

当时男孩们围坐在其中一个同伴的家里，喝着啤酒，情绪高涨。其中一个叫哈基姆的17岁男孩谈论起附近一个街角的杂货店。他经

---

① 在本章讨论的案例中，我更改了一些人的名字，也更改了一些细节。

常在往返女友公寓的路上经过这里，店主是一位叫杰尔姆·威廉斯的老人。哈基姆很了解这家杂货店的日常工作，并相信以这位老人为抢劫目标会很容易。

哈基姆详细阐述了他的计划。大概一个小时后，店主会一个人站在柜台里。他说，事情进展的速度会非常快，任何涉事者的面孔都不会被记住。那天天气很冷且下着雨，他们会把运动衫的帽子拉起来，然后在店外徘徊，等店里没有其他顾客的时候，他们会一起行动，逼迫店主交出收银机里的现金。面对这么多人，一个60岁的老者肯定知道自己势单力薄，很容易就会被威慑和屈服。拿到现金后，他们会迅速从店的后门逃入附近的小巷。由于底特律的便利店频繁发生抢劫案，警方至少需要10分钟才能赶到现场。到警方赶到时，他们肯定早就消失得无影无踪了。虽然这次行动中每个参与者只能分到不多的钱，也许只有100美元，但考虑到容易得手，所以这是一个不容错过的好机会。哈基姆向他的伙伴们保证，他的哥哥以赛亚在其他地方也做过类似的事，从未被抓，更值得一提的是，从来没有伤及无辜。

哈基姆和另外两个人会走进杂货店，而年纪最小的约瑟夫则被安排在外头放风。如果有其他顾客在他们进店时靠近，约瑟夫需要和他们攀谈，阻止他们进入店内。"我怎样才能做好这件事情呢？"约瑟夫疑惑地问。被分配到这个任务，他感到有些被小瞧，但同时也因为不会实际参与抢劫而感到松了一口气。

哈基姆比约瑟夫高一头，他把手放在约瑟夫的肩上，捏了捏，力度虽不足以伤害他，但足够提醒这个小男孩，自己年纪更大、更强壮。"小家伙，你只用告诉他，你妈妈让你出来买牛奶和面包，你太匆忙了，忘了拿她留给你的钱。解释一下你不能什么都不带地回家，因为你的兄弟姐妹还饿着肚子，也许他可以同情你一下。你要站在他和门之间，只需要让他待在外边一分钟左右。"哈基姆知道约瑟夫会照他说的做，因为约瑟夫不仅是四个人中年纪最小的，而且天生就是一个追随者。

然而，事情并没有按预想进行，店主拒绝按照哈基姆的要求打开收银机，哈基姆惊慌失措，他没有告诉任何朋友他腰间有一把点三二口径的手枪。哈基姆把枪拔了出来，店主尝试夺枪，枪走了火，掉在地板上。男孩们没有停下查看是否有人中枪，他们转身以最快的速度逃出了杂货店。

约瑟夫听到了枪声，但吓得动弹不得。他看到朋友们从杂货店里跑了出来，就跟着他们一块儿逃跑了。没有人知道店主的妻子勒诺·威廉斯在后面的房间里，她透过墙上的一条小裂缝看到了一切。根据店主妻子的描述和看到几个男孩在街上奔跑的目击者的陈述，再加上枪上到处都是哈基姆的指纹，因此，警方轻而易举地追踪并逮捕了他们。

几天后，杰尔姆·威廉斯在医院去世。

在密歇根州，如果在犯罪（重罪）过程（既遂或未遂）中有人被杀，负有该重罪刑责的罪犯可被诉以一级谋杀罪名。根据该州的重罪谋杀法，任何14岁及以上的同案犯都要对受害者的死亡承担同等责任，无论实际凶手是谁。杰尔姆·威廉斯被枪杀时，约瑟夫并不在店里，他甚至不知道哈基姆携带着武器，而他却被判终身监禁，不得假释。

没有人喜欢重罪谋杀法。州检察官知道约瑟夫没有射杀任何人，知道约瑟夫只有15岁，知道这是约瑟夫第一次犯罪，也认为约瑟夫

第十章 受审判的大脑　　227

不应该在监狱里度过余生，但他被州立法机关束缚住了。一旦有证据显示约瑟夫参与了枪击案，无论他的参与程度有多小，终身监禁都已成定局。

2012年，美国联邦最高法院以5∶4的票数做出了米勒诉亚拉巴马州案的判决，裁定对青少年实施强制性的终身监禁违反宪法。紧接着几个月后，我的办公室就收到了约瑟夫的来信。约瑟夫希望寻求新的判决，理由是米勒案的判决产生了追溯效力。他的律师主张，在青少年期被判处终身监禁的任何人都应有权参加重新审理听证会，这种重新审理听证会可以用较短刑期的判决替代目前被认为违宪的判决。约瑟夫在信中询问我是否愿意协助他的律师为他进行辩护。他的观点是，他在15岁时犯下的罪行已经让他被监禁了35年，对其行为已经是足够的惩罚了，因为在那时他的判断能力和大脑发育还不成熟。约瑟夫在监狱的图书馆里读到了我们的研究，他相信自己有了科学支持。在信中，他解释假释委员会肯定会看到自己自15岁以来成长了很多，他们也肯定会得出结论，他不再是危险分子了，如果他曾经确实危险过。他们也会在监狱记录上看到他没有任何违纪的记录。

在我看来，约瑟夫肯定会成为社区的一笔财富。在哈里森监狱期间，他一直是一名模范囚犯，不仅获得了GED（美国高中同等学力证书），还通过当地社区学院为囚犯开办的一个项目，完成了为期两年的刑事司法副学士学位。20岁的时候，约瑟夫决定把他的时间用在自我提升上，他不在乎自己是否能够在监狱外边运用这些技能。他的成就是非凡的：在35年的监禁期间，他获得了汽车维修、管道维修、景观管理、木工工程、电气维护、制冷维修的证书，也获得了初级和高级计算机证书。他还参加了几次由附近大学学生组织的诗歌写作研讨会。约瑟夫深受监狱管理人员和狱友的尊敬，因此他被选为哈里森监狱的囚犯代表，任期两届。30岁时，他在监狱里为有资格获得假释的年轻囚犯开办了一个项目。他想帮助他们适应监狱里的生活，让他们为提前获释做好准备。虽然约瑟夫可能永远都不会获得自由，但他希望他们能替代他享受自由。

这些年来，我收到了大约100封像约瑟夫来信这样的信。来信者通常是30多岁或40多岁的男性，在十几岁的时候发生了严重的暴力犯罪。虽然在大多数情况下，来信者详细描述了自己在童年期和青少年期早期经历过的可怕创伤，不仅充满了贫困和暴力，而且经常待在暴躁、虐待成性、吸毒成瘾的父母和兄弟姐妹身边，其中不乏不断被关进监狱的，但他们很少否认自己的所作所为或试图将自己伪装成环境的受害者。这些囚犯怀着相当悔恨的心情写下了他们十几岁时做出的愚蠢、鲁莽的行为，承认自己对别人造成的伤害。他们通过参加咨询、教育和职业培训几乎都变成了行为良好的囚犯。他们当中有不少人经历了某种宗教皈依，还有许多人像约瑟夫一样，参与了旨在帮助年轻囚犯并减少再犯罪的项目。

总的来说，他们的来信表现出了他们的聪明和深思熟虑，而且非常了解科学和法律判例。他们都请求我帮助他们获得第二次机会。他们也感谢我和我的同事所做的研究，证明了他们自己的经历教会了他们——人是会改变的，根据他们十几岁时的所作所为来评判他们一生是错误的。他们向我寻求一些关于青少年大脑发育的文章，以便他们阅读以及转发给他们的公诉人。我给他们所有人都回了信，并附上那些我认为可能对他们有用的信息和材料。

但据我所知，这些囚犯尚未有人获释。

任何父母都应该知道的常识

约瑟夫·马奥尼是目前在美国某处监狱中的2500多名被判处终身监禁的囚犯之一，他们都是在未满18岁时就犯下了罪行。虽然最高法院在米勒案的裁决中并未彻底禁止对未成年杀人犯做出终身监禁判决，但该裁决明确了不能再例行公事地进行判刑，而是必须根据犯罪的具体情境做出裁决。

根据新法规，被判定犯有谋杀罪的青少年中，有一部分确实可能被判处终身监禁且不得假释，但不是每个人都会受到这样的判决。大多数这类罪犯或许会被判处一个较长的刑期，但在服刑若干年后，他们有可能获得假释的资格。在量刑时，法官和陪审团应综合考虑被告以前的犯罪记录、其心理成熟程度以及犯罪的具体情境等因素。在米勒案裁决之后，对于像约瑟夫这样的15岁少年，由于当时他明显受到了一个地位更高的同龄人的指使，他或许会受到相对宽容的处理，有机会得到减刑或假释的机会。他所面临的惩罚不只是简单的一记耳光，但也不会是终身监禁这样的重罚。

米勒案是美国最高法院一系列案件中的第三起，这些案件做出的裁决均基于对青少年发育的最新科学认知。在米勒案之前，是2010年的格雷厄姆诉佛罗里达州案，在这起案件中，最高法院裁定禁止对被判定犯有非杀人罪行的青少年判处终身监禁。而格雷厄姆案则源于2005年的罗珀诉西蒙斯案，该案的裁决历史性地废除了对青少年的死刑判决，被视为法院在涉及青少年问题上的最关键案件之一。

在这三起案件中，我是参与收集科学证据并将其整合为提交给法院论据的专家团队中的一员。我们认为青少年天生就不如成年人成熟，这不仅导致他们对自己的行为承担的责任相对较小，也意味着他们不应被判处终身监禁或不得假释。我们指出，青少年的大脑尚未完全发育，好似一个容易被激发的引擎与仍在发展中的制动系统的结合，这使得他们比成年人更容易冲动，更易受同龄人影响。正因为如此，他们对自身的行为不应承担过多的责任。

在美国刑法中，对被判犯有同一罪行的个体，其行为的责任程度可能会有所不同。减轻刑事责任的因素可以包括犯罪的具体情节和罪犯的公认性格。例如，一个此前没有暴力记录的人，如果因冲动或在受到威胁的情况下杀了人，虽然他仍可能被判为杀人罪，但其所受的惩罚可能比一个有长期犯罪记录，并单独精心策划及实施谋杀的人要轻。

事实上，青少年的心智不成熟是由于他们大脑尚未完全发育，这也是我们论证的核心要点。虽然成年人中也存在许多不负责任的个体，但当他们犯罪时，这一"不负责任"的特点往往不被视为减轻判罚的理由。法律确实认为，在某些特定情境下可以减轻个体的刑事责任，但除非罪犯的行为是由于智力发展滞后或精神疾病导致，一般的判断力差并不被视为减轻刑罚的有效理由。我们通常期待，人们当到达一定年龄时，应知道如何作为一个社会成员去行事。对于那些行为显示他们不愿或不能遵守社会规范的成年人，我们的容忍度是相当有限的。

然而，青少年的不成熟在某种程度上不同于典型的不成熟成年人。一个冲动的青少年几乎肯定会成长为一个能够自我克制的成年人，但如果一个人已经30岁了，仍然表现得像个冲动的年轻人，可能他就永远是这样了。

我们的法律明确地区分了青少年和成年人。考虑到他们的心智不成熟，我们不允许未成年人做很多事情，比如禁止 21 岁以下的人买酒，因为我们相信他们可能无法妥善处理与酒精有关的问题。相似的原因也适用于设定开车、辍学或未经父母同意结婚的最低年龄限制。然而，奇怪的是，当青少年涉嫌严重犯罪时，我们似乎忘记了这种考虑。但无论罪行多么严重，它都不能使青少年的大脑突然成熟而成为成年人的大脑。

不仅仅是青少年不成熟的判断力要求我们在他们违法时区别对待他们。如果青少年大脑的可塑性使青少年更容易改过自新，那么就应该反对强制性的终身监禁，因为终身监禁不允许法院考虑冲动或易受影响的青少年是否会成长为一个守法的成年人，是否能够控制自己的冲动，顶住同伴的压力。当然，故意杀害他人的青少年应该受到惩罚，这一点没有人反对。但是，他是否应该被监禁一辈子，不再有机会证明自己已经成熟了呢？假设他像约瑟夫·马奥尼一样变成了一个富有同情心和负责任的成年人，可能会对他的社区做出重大贡献呢？

对一些人来说，区别对待犯下严重罪行的青少年与犯下同样罪行的成年人，是没有意义的。正如他们很快指出的那样，青少年至少清楚地知道什么是正确的、什么是错误的，所以为什么要轻松放过他们？他们通常还会问，为什么一个特定的判决在用于青少年时会过于严厉，而在用于犯下相同罪行的成年人时却不会？

这些问题的答案是，为了使惩罚与犯罪相适应，我们不仅需要关注罪行，还需要关注罪犯。青少年的不成熟并不意味着他们没有犯罪，但确实意味着他们的罪行较轻。[1]

举一个极端的例子，想象一下有人从立交桥上扔下一块石头，石头打碎了汽车的挡风玻璃，导致司机失控，撞车，并严重受伤。现在考虑一下这个人的年龄来决定他或她应该受到怎样的惩罚。我们中很少有人会得出结论，一个 8 岁的孩子和一个 28 岁的成年人应该对这一行为承担同等责任，也很少有人认为像惩罚成年人一样惩罚 8 岁的儿童是公平的，尽管事实上，这些情况下的犯罪和由此造成的伤害都是相同的。对犯下这种行为过错的青少年进行严厉惩罚可能是完全合适的，但同样的惩罚在对待一个年幼的孩子时就会显得过分了。如果罪犯还在上小学二年级，即使是那些坚持把违法的青少年当作成年人对待的人，也会难以接受像对待成年人犯罪那样的判决。①

大多数人都认同，对于某个年龄以下的儿童，应当建立有别于成年人的刑事责任标准。然而，关于这一年龄界限应当如何确定，社会上往往意见不一。对比 8 岁的孩子与 28 岁成年人的区别是显著的，而 15 岁与 28 岁之间的差异则看似不那么明显。但科学研究已经证实，在这两个年龄段之间，个体的心理和生理仍然存在显著的发展变化。

美国最高法院在涉及未成年人死刑和终身监禁不得假释的案件中已经确认了这一点。正如大法官安东尼·肯尼迪在罗珀案关于未成年人死刑的法院多数意见中所写："众所周知，青少年的成熟度远不及成年人。"他强调青少年的行为往往更加冲动、缺乏远见，他们更容易受到同龄人的影响，而且其性格仍处于成长阶段。因此，他认为对这些青少年施加我们为那些完全对自己的罪行负责且可能无法挽回的

---

① 不过，并不是所有人都会这样做。有一次，当一名记者问我对加州检察官 1996 年初步决定指控一名 6 岁儿童蓄意谋杀的看法时，我说，也许他是想向全美国各地的一年级学生传递一个信息。

"最坏"的成年人准备的刑罚是不适当的。鉴于青少年的这些特质，法院裁定给予他们死刑过于苛刻，违反了宪法第八修正案，该修正案明确禁止"残忍且不寻常"的刑罚。

肯尼迪大法官的观点并不单纯依赖于"任何父母都知道的常识"。当这些案件被提交到法院时，越来越多的证据表明，青少年不仅比成年人更冲动、更容易受到同伴压力、更不成熟，而且科学家可以指出导致这些差异的一些神经生物学基础。使用神经科学来支持对青少年的常识性观察，比如观察那些"任何父母都知道的"行为，以及进行能够验证这些常识的心理学研究，并没有改变青少年本质上不如成年人能够对自己的行为负责的基本论点，但神经科学赋予了这些常识性的观察更多的理论依据。脑科学使我们能够从生理上而不仅仅是从心理上描述青少年的不成熟。人们容易被具体的证据而不是抽象的证据说服，尤其容易被神经科学说服。[2] 在这种情况下，一次脑部扫描就胜过了千言万语。

讨论一个青少年犯罪案件

在研究青少年发展的 40 年时间里，我被问到的最奇怪的问题是：是否可以认为，一个人需要具备"形式运算思维"才能制造简易爆炸装置。

根据让·皮亚杰颇具影响力的儿童发展理论，"形式运算思维"是认知发展的最高水平，最早也要到青少年期才能达到这个阶段。[3] 它要求一定程度的抽象推理能力，这依赖于整个童年期和青少年期早期发育的大脑系统，但直到 15 岁或 16 岁才完全成熟。

这个不同寻常的问题是在关塔那摩湾进行的审前调查中向我提出的，当时我在一个案件中担任专家证人，该案件涉及一名被扣押者，他被指控作为基地组织特工的助手在阿富汗东部建造和设置简易爆炸装置，并投掷一枚手榴弹炸死了一名美国士兵。被扣押者叫奥马尔·哈德尔，他被美国士兵抓获时只有15岁。哈德尔的辩护团队聘请了我，他们计划在法庭上辩称，一个15岁的孩子，由于发育不成熟，应当根据法律予以特别考量。而在他被捕后的审问中，相关审讯人员并没有对他有此类的考量，同样，起诉他的检察官似乎也忽视了这一点。

在关塔那摩湾询问我"形式运算思维"和简易爆炸装置的人是海军陆战队少校杰夫·格罗哈林，他是美国政府起诉哈德尔一案的公诉人。我在律师办公室大厅尽头的一个小房间里接受了他和一位陆军心理学家的采访，这个房间就在法庭的对面。格罗哈林正在寻找证据，证明哈德尔凭借其制造炸弹的能力，表现出了成年人般的认知成熟度，这就意味着应该视他为一个成年人，并认为他在审讯过程中的反应与成年人所展现出的反应没有什么不同。

他希望我会说，哈德尔为了做他所做的事，其逻辑能力必须达到成人的水平，更重要的是，他必须有完全发育的前额叶皮质。到2009年1月，当我在法庭上进行陈述的时候，哈德尔成熟的前额叶皮质已经成为他成年的一个决定性特征。那时，青少年的大脑已经出现在《纽约客》的漫画中，以及《新闻周刊》和《时代》的封面上。我多次被问到关于青少年大脑的最新研究对于理解哈德尔的行为意味着什么。

由于皮亚杰从未设计过任何旨在研究炸弹制造是否需要抽象推理的测试，我解释说，我的答案必须从关于儿童和青少年认知发展的更

第十章 受审判的大脑　　235

广泛的文献中推断出来。所以我回答，我认为一个典型的小学生很可能具备制造简易爆炸装置所需的智力。毕竟，按照指示将一根彩色电线连接到另一根上，或者将一系列零件按预定顺序连接在一起，这些操作可以照图片或模型模仿，不需要抽象推理。我指出，即使是年幼的孩子也能做到这一点，他们能够按照包装盒里的说明书组装乐高或积木就是证明。

奥马尔·哈德尔的案件引起了全世界的关注，原因有很多。2002年8月至10月，他被捕后在阿富汗巴格拉姆空军基地的美国拘留中心被反复审问，并在被转移到关塔那摩湾后继续接受了几年的审问。他是被关押在关塔那摩湾年纪最小的人，也是美国有史以来第一位因战争罪受审的儿童兵。他被关押的时间如此之长，是因为人们认为他可能是重要的情报来源。他的父亲在他被捕前几年被杀，是乌萨马·本·拉登的亲密伙伴。哈德尔本人也经常与基地组织领导人见面。

我被要求就哈德尔案中的两个问题发表意见。第一个问题涉及他的刑事责任程度，即使能够证明他参与了简易爆炸装置的制造和埋设，一个在成年人的监督和威慑下工作的15岁个体也不能对他可能被鼓励参与的犯罪行为承担全部责任。出于与美国最高法院废除未成年人死刑，并严格限制对被判犯有严重罪行的青少年使用无假释的终身监禁的同样原因，在我看来，如果哈德尔被认定有罪，可以对他进行合理的减刑，并从轻处罚。

将这种逻辑扩展到恐怖分子的案件中似乎很奇怪，但青少年就是青少年，无论他是在取笑老师、持械抢劫还是制造炸弹。无论犯罪多么"成人化"，它都不会改变这样一个事实，即青少年负责支配策划思考和冲动控制等能力的大脑系统仍在发育之中。但当一个青少年被指控犯有像杀人这样严重的罪行时，人们很容易忽视这一点。当青少年为一个公开宣称与美国为敌的恐怖组织工作时，几乎可以确认这一点更会被完全忽视。

我看过哈德尔组装和放置炸弹的录像，毫无疑问，他确实犯有这些恐怖行为。然而，在评估他的行为和确定适当的判决时，重要的是不仅要关注他是否有罪，还要关注他是否应该对自己的行为负全部责任。哈德尔一直都生活在那些反复告诉他美国是一个邪恶的敌人，要杀死他与他的家人和任何像他们一样的人中间。想想美国儿童听到的关于塔利班的信息，对哈德尔来说，他接收的信息是完全对立的。

哈德尔被他的父亲送到一群特工那里生活，这些特工密切监视着他的行为。在这种情况下，一个15岁的孩子除了听从命令，做其他任何事情都是不可想象的。同样无法想象的是，他会形成一种与周围人不同的世界观。在我看来，青少年的不成熟可以减轻奥马尔·哈德尔的责任，就像可以减轻约瑟夫·马奥尼在杂货店抢劫案失控当晚的责任，或者减轻第四章里贾斯廷·斯威德勒在创建并传播那个贬损教师的网站时的责任一样。

我准备探讨的第二个问题涉及的是奥马尔·哈德尔在被长时间审讯的过程中所做陈述的可靠性，因为他的供词是政府对他的大部分指控的依据。哈德尔后来说，他承认投掷手榴弹杀死了这名美国士兵，只是因为他想让审讯者停止伤害他。后来，他又改口说他没有扔手榴弹。考虑到他的年龄和审讯情况，我认为有理由担心哈德尔陈述的可靠性。我不知道真相是什么，但我担心审讯可能会产生不可靠的信息。因为有相当多的证据表明，由于发育不成熟，青少年更容易做出虚假供述。[4]

我在关塔那摩湾的大部分时间都在阅读审讯报告，其间我也见过哈德尔几次，那时他才20岁出头。我并不需要以专家的身份去见他。我的证词将集中在15岁的孩子是如何思考和行动的。但哈德尔提出了两次会见的要求，他希望能够面对面地见到所有与他的律师合作的专家。

我感到震惊的是，对一个在过去7年里被关在简陋牢房里的人来说，哈德尔似乎非常正常，大部分时间他都被单独监禁，而且在那段时间里，他每天都受到一些令人难以置信的严厉对待（这还只是在我获得的档案中记录的"待遇"）。哈德尔是一个非常友好、温和、口齿清晰的年轻人，能流利地说多种语言，包括英语（他童年的一部分时间是在加拿大度过的），他一点也不令人生畏，也不像人们所想象的基地组织恐怖分子那样。

我们从办公室出发前往三角洲营地，在那里我会和哈德尔见面。我的陪同人员是一位精神病学家和一位临床心理学家，他们在之前的问询中就认识了哈德尔，他们在小卖部停下来给他买了一些他喜欢的食物。当我在附近等候时，他们先和哈德尔见了面。随后，我进入了哈德尔的白色小房间，他坚持让我尝尝我的同事给他带来的鹰嘴豆泥、皮塔饼和樱桃番茄，并说我是他的客人。我坐在他对面的一张桌子旁，他的脚踝被铐在牢房地板的一个水泥环上，头顶上的荧光灯一天24小时都开着，嗡嗡作响，这是我经历过的最超现实的场景之一。

哈德尔问了很多关于我的工作和家庭的问题。有人告诉他我是一名教授，他问我教什么课程。我了解到，如果他被释放，他希望上大学，然后上医学院。他说他有兴趣阅读我们关于青少年决策研究的论文。当得知我有一个与他年纪相仿的儿子时，他对我儿子的生活表现出了浓厚的好奇心。更有趣的是，我们还聊起了费城老鹰队。在那个赛季，老鹰队成功打入了NFL（美国国家橄榄球联盟）季后赛，我在为哈德尔一案出庭做证之时，恰逢他们在与亚利桑那红雀队的比赛中落后。虽然哈德尔对美式橄榄球不太了解，但他觉得我和儿子"一起"远程观看比赛的方式，即通过电话和短信分享比赛情况，很有趣。

哈德尔关于投掷手榴弹的供词是不是在胁迫下提供的，需要在军事法庭进一步审理之前得到确定。因为这些陈述是政府针对他的指控的重要组成部分，法庭需要确定这些陈述是否被采纳。如果不被采纳，就很难证明他扔了手榴弹，因为在交火中没有幸存的证人。

关于这个问题的初步听证会首先听取了政府证人的证词，他们做证说，哈德尔是自愿认罪的，并没有受到胁迫。审讯他的人都否认曾经折磨过他。而我认为，他受到的待遇是否上升到酷刑的程度并不是问题的关键所在。我准备做证说，即使在没有酷刑的情况下，一名在拘留营那样的条件下被囚禁的15岁少年也极易受到影响而提供虚假供词。即使在更温和的审讯条件下，也已经发生了数十起青少年提供虚假供词的案件。当然，除了哈德尔和他的审讯人员，没有人真正知道审讯过程中发生了什么，但至少可以说，一个像哈德尔这样受到惊吓和严重伤害的15岁少年可能会告诉他的审讯者他们想听到的东西，这也是情理之中的。

事实证明，我实际上根本不用出庭做证。听证会甚至没有持续足够长的时间让政府充分陈述自己的观点，更不用说辩护团队了。听证会开始的第二天就是巴拉克·奥巴马的就职典礼，在他宣誓就任总统后不久，他就暂停了所有关塔那摩法庭的审判。哈德尔的案件最终在第二年达成协议，他在协议中承认犯有战争罪、阴谋罪、间谍罪和为恐怖主义者提供物资支持罪。2012年，作为该协议的一部分，他从拘留营获释，并被转移到加拿大的一所监狱，在那里他需要再服刑7年。

青少年很难理解警告的真正意义

青少年相对更倾向于提供虚假的供述，这在多起著名的案件中已经成为显著的问题，其中最为人们所熟知的是1989年的"中央公园慢跑者案"。在该案中，五名青少年被错误地判定为袭击并强奸了一名在公园跑步的28岁女子。导致男孩们被定罪的关键证据是五名嫌疑人中四名的供述，这些供述后来被发现是不真实的。据男孩们的律师称，他们是被胁迫的。12年后，真正罪犯的身份才浮出水面，并得到了DNA证据的证实。对男孩们的定罪于2002年被撤销，但那时，这五个人都已服刑了一段时间，他们对纽约市提起的诉讼至今仍未解决。

许多人无法理解，为什么有人会承认自己没有犯下的罪行，但实际上，这种情况比大家所认为的要常见得多。在美国，审讯人员被允许在审问嫌疑人时使用欺骗手段，许多审讯员使用的策略已被证明会增加人们承认自己没有做过的事情的可能性。青少年尤其容易受到这些审讯技巧的影响，不仅因为他们不如成年人聪明，还因为这些方法利用了青少年的认知不成熟。

最常见的技巧之一是"最小化"，即审讯者淡化被指控的行为（比如，"毕竟，你只是在做你朋友告诉你要做的事。"）。[5] 嫌疑人会被引导相信，承认自己的罪行会得到更友善的对待，并有助于更快地获释（比如，"如果你配合我，我会看看我们是否能尽快把你带出去，这样你就可以回家见到你的父母了。"）。由于青少年，特别是年龄较小的青少年，更加倾向于追求即时奖励，往往未能深入思考自己行为的长远后果，因此他们比成年人更容易对这种技巧产生积极的响应。

即使青少年的供述是真实的，也可能存在问题，因为在获取这些供词时，青少年往往并未被充分告知其陈述可能会在法庭上被用作对其不利的证据。从理论上说，要求青少年阅读他们的米兰达权利（如"你有权保持沉默"等）的目的是避免他们提供虚假或不明智的供述。但研究表明，15岁以下的青少年很难真正理解米兰达警告的真正意义。[6] 我曾询问一个非常聪明的12岁孩子，他是否明白警察告诉某人"你有权保持沉默"的含义。（他提到，他经常在电视剧《法律与秩序》中看到人们被告知此项权利。）这个孩子思考了片刻后回答："这句话的意思是，在警察开始提问之前，你可以选择什么都不说。"

年龄界限的划分

对于青少年容易提供虚假供述以及他们应负的刑事责任的研究，是我们讨论如何界定法定成年年龄这一更大问题的一部分。每个社会都必须仔细权衡：哪个年龄段的青少年已经足够成熟，能够为自己的行为承担法律责任，并享有成年的权利，而哪个年龄段的青少年仍然处于不成熟阶段，不应承担这些责任。曾经有一个时期，社会主要根据青少年的身体成熟度或他们是否扮演了某种特定的社会角色（如是否拥有财产）来判定他们是否成年，但这种定义在世界的绝大部分地方已经过时。在现代社会，这种区别通常是基于实际年龄，大多数国家选择18岁为法定成年年龄，并将其用于所有的法律目的。同样年龄的人会受到同样的待遇，无论他们与同龄人相比有多成熟。

对"成年"进行统一的定义确实是有效的，也避免了可能的偏见，而基于每个个体的心理成熟度来进行判断不仅操作困难，而且可能带有主观性。这也是为什么我不太赞同最高法院中那些保守的法官的观点，这些法官在禁止未成年人被判死刑或不得假释的终身监禁的案件中，反对大多数人的意见。这些持有不同意见的法官确实承认大部分青少年的心智成熟度不及成年人，但他们认为应该有例外。他们提出，与其禁止所有18岁以下的青少年被判死刑或终身监禁，为什么不允许法官和陪审团根据每个具体情况来决定呢？这样，对于那些思维和行为都表现得像成年人的青少年，就可以对他们进行和成年人一样的法律审判。

从理论上讲，这是有道理的，然而在实践中充满了潜在的问题，对青少年成熟度的判断也充满了错误和偏见。例如，研究发现，即使是让黑人做判断，黑人青少年也会被判断为比犯下同样罪行的白人青少年更像成年人。[7]此外，青少年可以让自己看起来更成熟（通过穿成人服装）或不那么成熟（通过打扮得像个孩子）。青少年的外表或行为的某些方面并不能真正表明其成熟，例如面部表情或姿势，它们可能会在不知不觉中影响人们对青少年的判断。

诚然，用实际年龄来判断一个人是不是成年人不允许有合理的例外，例如，允许特别成熟的16岁青少年投票，或禁止异常不负责任的22岁青少年买酒。但另一种选择并不现实，即公平准确地评估一个人的心理成熟度，这样做也会带来巨大的负担。想象一下，如果通过成熟度"测试"（如果有）才能被要求买酒或被允许观看限制级影片，那会是什么样子。

仅凭实际年龄来划定法定成年界限也存在问题。对于不同类型的决定，相同的年龄，可能并不适用。与世界上大多数国家不同，美国是通过具体问题具体分析来决定什么年龄是"足够成熟"的，从而解决这一问题。虽然美国像大多数国家一样，法定成年年龄是18岁，但我们偏离这一准则的次数比坚持这一准则要多。例如，我们应当思考：何时人们才有资格独立做出医疗决定、驾车、从事某类工作、决定辍学、在不需父母同意的情况下结婚、在没有成人陪同的情况下观看限制级影片、投票、参军、签署合同、买香烟或者买酒？这些行为所要求的法定年龄通常介于15岁到21岁之间。当然，也存在例外，比如在某些州，14岁的青少年便可能被视为成年人接受审判，甚至一些州允许被指控犯有谋杀罪的儿童以成年人的身份受审，无论其实际年龄。再比如，有些地方的年轻人可以在不额外支付"未成年人保险费"的前提下租车，但这要看具体的租车公司，年龄限制可能高达25岁。

虽然具体问题具体分析的方法从原则上说似乎很合理，但我们在应用此方法时却遇到了难题。由于在确定某个年龄应具备的特定权利或承担的责任时，并没有充分借助科学知识，因此我们制定的法律显得混乱和不连贯，至少在科学层面上如此。举个例子：我的一个朋友领导着一个全国性组织，该组织为触犯法律的青少年辩护。有一次，他接到了一家成人监狱的负责人打来的电话，询问如何处理一名想吸烟，但未达到购买烟草的最低法定年龄的青少年囚犯的请求。换言之，让这名青少年作为成年人被起诉和惩罚是可以的，但让他在成年监狱服刑期间享受成年人的特权是违法的！我们为什么能在青少年还没到可以买香烟的年龄就把他们送进成人监狱，或者在他们还没到能买啤酒的年龄时就把他们送上战场呢？答案是，制定区分青少年和成年人的政策有各种各样的原因，而科学只是众多考虑因素之一。

美国将 16 岁定为最低驾驶年龄就是一个很好的例子。几乎没有哪种行为比驾驶更为危险。在青少年尚未形成成熟的判断力时，我们让他们做的所有事情中，驾车无疑是最没有意义的。汽车刚刚问世时，其实并没有驾驶年龄限制，那时候甚至还没有驾驶证这一说。但随着交通安全问题逐渐凸显，美国各州开始实行驾驶证制度，并规定了最低驾驶年龄，多数定为 18 岁，这也成为现今大部分发达国家的标准。

在 20 世纪 20 年代和 30 年代，很多州把驾驶的最低年龄从 18 岁调整到了 16 岁。这样的改变并非基于 16 岁青少年比预想的更为成熟。在城市，这一改革使得十六七岁的人可以从事需要开车或驾驶货车的工作，而在乡村，此举使得青少年得以驾驶机动车在公路上运送农业机械。需要注意的是，虽然在家庭农场内，即使是更年幼的孩子也被允许操作某些机械，但并不意味着他们可以在公路上驾驶这些机械。近年来，鉴于对青少年高发的驾驶事故深感担忧，很多州都推出了"驾驶证分级"政策，也就是说，虽然 16 岁的青少年可以开车，但他们驾驶的条件是受限的，如车上不能有其他乘客，或者规定某些时间内不能驾驶等。

对于饮酒的年龄限制，同样并未完全基于青少年发展科学。禁酒令被废止后，大多数州将最低饮酒年龄定为 21 岁。[8] 在 20 世纪 70 年代初，其中几个州将这一年龄降至 18 岁、19 岁或 20 岁。其背后的原因是，当时投票的合法年龄被确定为 18 岁，部分是因为如爱德华·肯尼迪这样的政治人物坚信，可以将 18 岁的青年派遣至越南作战，但却不允许他们投票，这样的做法显然不太公平。于是，一些州便按此逻辑，将饮酒的年龄和军事征召、新的投票年龄设定得更为接近。这些政治家认为，既然允许这些青年在军队中服役，那么剥夺他们的饮酒权利同样是不公平的。

由于降低饮酒年龄后导致的公路交通事故死亡率上升，一些社会团体开始倡议并努力说服各州重新将法定饮酒年龄提高到 21 岁。面对这样的倡议，一些州同意调整，但还有些州未予采纳。这导致了一种情况：未成年人会驾车跨州买酒，甚至在喝酒后开车返回本州。到 1984 年，联邦政府通过了一项立法，决定削减那些未将法定饮酒年龄设为 21 岁的州的高速公路建设资金，这才使得各州纷纷改回这一规定。

目前，美国与冰岛和日本并列，成为全球发达国家中仅有的三个不允许 18 岁青少年饮酒的国家（冰岛和日本的法定饮酒年龄为 20 岁）。但值得注意的是，这一法定年龄的规定并不是基于最新的青少年发展研究。现今的青少年在成熟度上，与过去那些 18 岁时被允许买酒的同龄人相比，并没有明显的差异。

青少年的堕胎决定权

在美国最高法院废除未成年人死刑之后，青少年的法定成年年龄在不同法律案件中的普适性成为人们关注的争议问题。[9] 在案件审理过程中，法院广泛参考了美国心理学协会所提交的"法庭之友"①意

---

① "法庭之友"，通常是指案件当事人以外的对法院所审理案件的事实和法律问题具有专门知识或独到见解的人与组织。——编者注

见书。心理学家在意见书中引用了脑科学和行为科学的研究，认为由于青少年大脑发育不成熟，他们不应像成年人那样受到责备。

虽然上述论点有着坚实的科学依据，但与美国心理学协会在一个早期涉及未成年人是否应在不通知父母的情况下堕胎的案件中所持立场相矛盾。[10] 心理学家在向该案件提供的案情摘要中主张青少年的决策能力与成年人相当，没有理由要求年轻女性在终止妊娠前通知父母。

美国心理学协会想要两者兼得，既反对未成年人死刑，认为青少年不如成年人成熟，又主张青少年可以在不告知父母的情况下有堕胎决定权，认为青少年足够成熟。一些观察者认为，发育成熟度的论点似乎只是自由派儿童心理学家为了满足他们的政治目标而编造的一个借口。

在废除未成年人死刑后的两年间，美国最高法院审理了一起关于父母参与青少年堕胎决定的新案件。[11] 那些反对青少年独立做出堕胎决定的人士紧紧抓住了法院在未成年人死刑案中关于他们不够成熟的论调，用以支持父母应参与该决定的观点。他们认为，若未成年人因为不成熟而不应被判死刑，那同样的不成熟也使他们不宜独立决定是否堕胎。

这场辩论凸显了我们在青少年与成年人之间划定每一项法律界限时所面临的共同难题：是否应该采用一个年龄来界定。简单来说，每个年龄段都存在心智未成熟的情况。

大脑的不同区域会按照不同的时间表发展，因此不同的能力会在不同的年龄阶段达到成年人的成熟水平。直到 18 岁或 18 岁以上，我们才能可靠地控制自己的冲动，承受同伴的压力，并抑制因追求诱人回报而冒险的诱惑。然而，在适当的环境下，当没有过多的激动情绪、时间限制或他人的压力时，十五六岁的孩子的判断力和成年人相当。

因此，建议在某个年龄段可以被判处死刑，而在另一个年龄段允许未经父母同意终止妊娠，并不是虚伪或矛盾的，这只是根据每个案件的情况而定。青少年实施犯罪的决定（如果可以称为"决定"）通常是冲动和鲁莽的，而且往往是在同龄人面前做出的，比如导致约瑟夫·马奥尼终身监禁的杂货店抢劫案。然而，他们做出终止妊娠的决定可以更加从容，并与成年人进行协商。实际上，为了确保不会草率地做出堕胎决定，美国超过 2/3 的州要求所有试图堕胎的女性，无论年龄，都需要在手术前接受特定类型的咨询，通常包括接受详细的程序说明以及了解有关堕胎和怀孕的健康风险的信息。[12] 此外，有 25 个州规定在咨询和走医疗程序之间至少要间隔 24 小时。很少有怀孕的年轻女性会匆忙做出终止妊娠的决定，或在没有成年人的建议下终止妊娠，这几乎是不可能的情况。

但就犯罪而言，情况并非如此。青少年犯罪往往是冲动和无计划的，通常是与同龄人一起犯下的，情绪往往会妨碍他们做出正确的判断。因此，在每种情况下，定义"成熟"行为的条件显然是不同的。相比于堕胎决定，在犯罪决策中，抵制同伴的影响和控制自己的冲动要重要得多，部分原因是在堕胎决定情境中，社会体系鼓励青少年与成年人协商，避免仓促做出决定。

迄今为止，有关青少年大脑发育的研究对刑法产生了最深远的影响。除了美国最高法院禁止未成年人死刑和限制无假释终身监禁的案件，有几个州已经修改或正在重新考虑其关于青少年是否可以作为成年人受审的法律。研究表明，控制冲动的大脑系统发育缓慢，一些州提高了青少年在成人法庭上被起诉的年龄；另一些州则规定，在将青少年当成人对待之前，必须评估他们的受审能力。[13] 一些州还强制要求对接受审讯的青少年提供额外的保护，例如要求其父母或律师在场，或对审讯过程进行录像，以便之后进行审查，以评估是否使用了不当的胁迫手段。

对青少年与成年期边界的再思考

我们尚不清楚有关青少年大脑发育的研究结果是否会对刑法以外的领域产生影响。当法庭将科学事实当作证据时，关于青少年大脑发育的研究通常用来作为已经有其他方面支持的法律修订的证据。毕竟，目前没有充分的科学理由将最低法定驾驶年龄保持在 16 岁，而且有大量证据表明这一年龄太小了，但将驾驶年龄提高到 18 岁的尝试并不受欢迎。通常最激烈的反对者是父母，他们对不得不一直开车接送青少年感到恼火。[14]

关于青少年大脑发育的研究并没有明确指出一个年龄界限，用来清晰划分青少年和成年人在法律上的区别。一般来说，科学研究表明，个体在 15~22 岁之间，各方面都已达到成熟。在能够从容做出决定和与他人协商的情境下（心理学家称为"冷认知"），青少年的判断力可能在 16 岁时已经与成年人的水平相当。然而，与此相比，在情绪激发、时间紧张或遭遇潜在社会胁迫等情境下（心理学家称为"热认知"），青少年的判断力不太可能在 18 岁之前像成年人一样成熟，当然也不会早于 18 岁，甚至可能要到 21 岁才成熟。

在我看来，如果发展科学是确定法定成年年龄的重要考虑因素，那么在开始阶段就要将其分为两套规则：冷认知的因素和热认知的因素。冷认知涉及诸如投票、医疗程序（包括堕胎）的知情同意或者成为科学研究对象，以及出庭受审能力等事宜。在这些情况下，青少年在做出决定前可以花时间收集证据，向顾问（如他们的父母、医生或律师）咨询，时间压力和同伴压力通常不会成为影响因素。如果有足够的等待期和与成年人讨论决定的机会，我不明白为什么一个怀孕的16岁女孩在没有父母参与的情况下不能堕胎或避孕，也不明白为什么不应该让16岁的孩子投票（这些年轻的个体可以在奥地利、阿根廷、巴西、厄瓜多尔和尼加拉瓜投票）。

尽管如此，我也不会出于以上目的而建议将法定成年年龄都改为16岁。在像开车、喝酒和承担刑事责任这类需要热认知能力的事情上，将年龄稍作推迟是比较明智的。这些事情通常会使青少年表现出最糟糕的判断力，他们经常会在即时奖励的诱惑与对长期成本的谨慎考虑之间挣扎，而且这些事情通常发生在情绪比较激动以及同龄人在场时。这些正是青少年的决策过程比成年人更加冲动、冒险和短视的原因。鉴于这一点，我认为我们应该将最低驾驶年龄提高到18岁，将承担刑事责任的最低年龄定为18岁，并且继续限制未成年人接触酒精、烟草等。

是否应该将饮酒年龄从21岁降低到18岁是一个困难而有争议的问题。我必须承认，对于禁止年轻人21岁之前买酒，却允许他们在18岁（实际上，在征得父母同意后可以是17岁）时参军去面对残酷的战争，我有一个哲学上的问题。虽然饮酒明显有风险，需要禁止未成年人饮酒，但说到战争对未成年人的危险时，却很少有人反对未成年人去参加战争。

这并不奇怪，如果不招募这个年龄段的青少年，军队将很难满足其人员配备要求。[15] 17~19岁的男性约占男性平民人口的3%，但占军队所有男性的6%以上。女性也是如此，17~19岁的女性在平民人口中所占的比例不到4%，但在军队中几乎占所有女性的8%。青少年男性占海军陆战队所有男性的13%，青少年女性占海军陆战队所有女性的16%。

除了公平问题，关于最低法定饮酒年龄的争论双方都有经验证据。一方面，有经验证据表明将最低法定饮酒年龄定为21岁减少了年轻司机的车祸死亡人数，尽管证据并不像人们想象的那么明确。[16] 另一方面，1984年将饮酒年龄提高到21岁时，致命车祸数量确实有所下降，但在解释这一现象时存在一个问题，即在饮酒年龄改变之前，由于汽车安全性的提高和对酒驾危险认识的提高，车祸死亡人数已经下降了。[17] 目前尚不清楚饮酒年龄的提高在多大程度上能够进一步加速这一趋势。鉴于在所有年龄段（尤其是21~30岁）的车祸死亡人数中酒驾死亡人数占比很大，所以无论将饮酒年龄提高到多少岁都会减少车祸死亡人数。不过，选择21岁作为购买酒精的最低年龄并没有什么奇怪的，正如我早些时候指出的，美国是发达国家中法定饮酒年龄限制最高的国家。

饮酒年龄似乎也不是主要问题，至少就高速公路安全而言如此。事实上，所有将驾驶年龄和饮酒年龄都定为18岁的欧洲国家，车祸死亡率都明显低于美国。[18] 如果我们真的关心改善青少年的健康问题，那么提高驾驶年龄这一政策将是我们能做出的最重要的改变。一个有科学依据的论证可能会导致将18岁设定为驾驶和饮酒的最低年龄，这就是那些车祸死亡人数远低于美国的国家的做法。[19]

然而，我对于利用科学证据来影响政策制定并不抱有太大的期望。决策者和游说团体利用科学证据，有时更像是醉鬼依靠着路灯柱一样，更多是为了找到支撑而不是在寻求照明。[20]在缺乏政治意愿的情况下，即使科学证据再有说服力，也难以改变法律的现状。

结 论

给父母、教育工作者和决策者的建议

青少年期是大脑可塑性最强的时期，在许多方面可与生命的最初几年相媲美，这一发现应该会从根本上改变我们对这一时期的看法。传统上，我们认为青少年期是一个充满困难的时期，对年轻人来说是一个危险的时期，对他们的家庭来说是一个令人担忧的时期，对他们的老师来说是一个令人恼火的时期，因此我们一直致力于帮助青少年、父母和教育工作者尽量避免那些我们认为不可避免的陷阱和危险。这导致了一个误区：青少年期是年轻人必须经历的一场搏斗，也是照顾他们的成年人必须忍受的一场战争。

毫不奇怪，我们影响青少年发展的大部分努力都是为了预防或治疗问题，而不是帮助他们以健康的状态发展。我们对0~3岁孩子的工作重点主要是通过早期干预和教育鼓励孩子积极成长和发展。与0~3岁工作重点不同的是，我们对于青少年期的工作重点几乎完全是预防问题。我们花时间告诉青少年他们不应该做什么，而不是引导他们应该和能够做什么。

正如在第一章中所描述的，我们目前对待青少年期的方法显然没有奏效。美国在学校改革方面做出了不懈努力，但是美国高中生的成绩 30 年来没有改善，在全球排名中已经处于或接近垫底。调查显示，虽然美国在教育年轻人认识危险和不健康行为方面投入了大量资金，但是在青少年和年轻人中，出现心理健康问题和不快乐的比例仍然很高，而且我们还面临着青少年肥胖、酗酒、暴力和不安全性行为持续蔓延的问题。

当我们本应该帮助年轻人"茁壮"成长的时候，我们目前的做法却仅仅为了帮助他们"生存"。当然，青少年的茁壮成长首先取决于培养年轻人强大的自我控制能力。无数的研究表明，那些在调节自己的情绪、思想和行为方面能力更强的人在学校和职场中更成功，更不易受到各种心理问题（如抑郁、焦虑和饮食失调）的影响，也不太可能从事危险行为，如吸毒、犯罪、鲁莽驾驶和无保护措施的性行为。如果能帮助儿童和青少年发展更好的自我调节能力，我们将极大地改善并增强整个国家的健康和福祉。

事实上，青少年期持续的时间比以往任何时候都长，这使得这个目标更加重要和紧迫。青少年期的延长，是青春期年龄提前和年轻人进入成人角色年龄延后的综合产物。这种延长产生了三方面的深刻影响。

首先，青少年期的延长使得自我控制比以往任何时候都更加重要，因为人们必须能够更长时间地推迟因成年后的独立而带来的那种满足感。我曾经用"等到一个人结婚后才发生性行为"的例子来说明在青少年期开始和结束之间忍受这么长一段时间是多么的困难（即使并非不可能），但这个例子也合理地隐喻了青少年期的现状。从第一次尝到成年的滋味到有机会满足它所激发的欲望，这是一段令人难以置信的漫长时间。正如我所指出的，青春期激发的不仅是性欲，各种各样的欲望都开始觉醒。事实上，今天发生这些事情的时间比过去早得多，这意味着从"引擎"点火到"刹车"成熟之间的时间比过去要长得多。这使得青少年期成为一个更具风险的时期。

其次，青少年期开始得更早，持续的时间更长，这一事实使富人比弱势群体享有更多的优势，因为前者更有可能拥有成功进行自我调节所必需的神经生物学、心理、家庭和制度资本。在中产阶层家庭中长大的青少年一开始就有更强的自制力，他们不仅更有可能在促使自控力更成熟的抚养方式下成长，而且更容易获得促进发展的教育和课外体验。在他们的生活中，有人可以保护他们，使他们免受这个年龄段不可避免的偶尔失控的可怕后果。没有这些优势的青少年不仅不太可能获得在职场上取得成功所需要的那些额外的学习时间，而且更有可能早早地承担起成人的角色，使得他们不得不缩短青少年期。这会导致他们在经济上、神经生物学和心理上同时受到伤害。与其把矛头对准那些足够幸运的、能够在成年前有更多时间的年轻人，我们倒不如想想应如何让那些在心理和社会经济上不那么幸运的人分享这个机会。

最后，青少年期开始和结束之间的时间越长，意味着大脑对环境的异常敏感所造成的风险和机会之窗打开的时间也越长。当然，青少年期的大脑可塑性增强是一个特别好的消息，因为支配自我控制的大脑系统具有很高的可塑性。作为父母、教育工作者和关心年轻人幸福的成年人，我们面临的挑战是弄清楚如何利用这次机会，通过为青少年提供新的经验和责任来促使他们的大脑发育，且在他们的自我控制能力不成熟的时候，限制他们接触那些威胁他们健康的环境和物质。

一些建议

我们对青少年期的新理解应该激励我们在如何培养、教育和对待年轻人方面做出重大改变。基于这些新知识，我向家长、教育工作者、雇主和政策制定者提出以下建议。

1. 给父母的建议

减少你的孩子过早进入青春期的机会。青春期提前增加了青少年期男孩和女孩的冒险行为、药物滥用和不良行为，并增加了女孩患抑郁和饮食失调的风险。青春期提前也增加了女性患癌症的概率（目前还不清楚对男性是否有类似的影响）。一个世纪前，青春期的提前主要是由于健康和营养的改善，然而今天却主要是由更令人担忧的原因造成的，比如肥胖、内分泌干扰物的扩散以及暴露在人造光下的时间增加等。

为了减少肥胖的机会，父母应该让孩子少吃糖、少摄入脂肪，多吃新鲜水果和蔬菜，每天至少进行一小时的有氧运动。为了减少孩子接触人造光，父母必须建立并实施合理的就寝时间（学龄前儿童每天需要11~12个小时的睡眠，小学生至少需要10个小时的睡眠），限制孩子的屏幕娱乐活动，因为屏幕娱乐活动不仅会导致整体光线接触时间增加，还会扰乱他们的睡眠。

人们越来越认识到内分泌干扰物的有害影响，如果对监管机构施加足够的压力，禁止使用内分泌干扰物，它们就会在环境中减少。同时，父母应尽量减少孩子与农药和塑料的接触，因为这些东西含有干扰正常激素分泌的化学物质。不幸的是，这些化学物质在现代社会中无处不在，阅读产品标签时要特别小心，避免接触有强烈气味的软乙烯基产品、某些塑料（特别是那些标有 3 和 7，或已知含有双酚 A 的塑料），还有邻苯二甲酸酯类（在许多软塑料和化妆品中都有发现）或苯甲酸酯类物质（一种防腐剂，在许多化妆品、洗发水和防晒霜中都有）。

采取措施减少儿童肥胖、屏幕使用时间和接触有害化学物质的时间，除了能推迟青春期，还会带来其他好处。肥胖是许多疾病的危险因素，包括心血管疾病和糖尿病。儿童在电视和计算机屏幕前花费的时间增加，会导致睡眠不足，而这与学业成绩下降、心理障碍和意外伤害的发生率较高有关。接触那些改变生物功能的人造化学物质与许多疾病有关，最明显的是癌症。

实行权威型育儿。青春期提前使得父母帮助孩子培养更强的自我调节能力变得比以往任何时候都更加重要。对孩子在童年期和青少年期实行权威型育儿，将会提高青少年的学业成绩，降低他们从事冒险和鲁莽行为的概率，隔绝他们使用或滥用酒精、烟草和非法药物的机会，避免他们陷入法律纠纷，防止他们过早尝试无保护措施的性行为，并降低他们出现抑郁、焦虑和饮食失调等心理健康问题的概率。

权威型育儿方式要求父母自身尽可能经常且始终如一地做好三件事：温暖、坚定和支持。父母可以共同努力来增加他们与孩子之间的亲密程度，在孩子值得称赞的时候更主动地表扬他们，更积极地参与孩子的生活，更关心和回应孩子的情感需求。因为孩子的情感需求会随着年龄的增长而发生变化，所以了解孩子成长过程中的不同发展阶段是很有益的。[1]父母花时间和孩子在一起玩也很重要，而且每一次互动都不需要讲授太多的人生大道理。

父母可以通过清楚地表达和解释他们对孩子行为的期望，以一致且灵活的方式执行规则，并对不良行为施加惩罚，来确保自己的坚定。然而，父母不应使用体罚或言语攻击。如果家长很难控制自己的行为，很难避免对孩子进行身体或语言上的攻击，那么就应该向专业人士寻求帮助，否则一不小心，就会将自己糟糕的自我调节能力传递给孩子。

父母可以通过几种方式帮助孩子培养自我控制能力。第一，使用"脚手架"方法（见第七章）来创造学习环境，在这种环境中，孩子虽然会受到挑战，但成功的机会也会增多。第二，不要事无巨细地管理孩子的生活，这样会剥夺他们做决定或练习自我控制的机会。第三，当你表扬孩子的成就时，关注他所付出的努力投入，而不只是关注结果或他的天赋。通过关注他的努力，你在传达一个重要的信息：决心和努力是成功的关键。

鼓励参与可能有助于自我调节的活动。孩子的自我调节能力可以通过刻意练习来加强。请记住，一次成功的自我控制会带来更多的自我控制。一些具体的锻炼可以帮助你的孩子，比如正念冥想、瑜伽以及像跆拳道或太极拳之类系统性的体育活动。书籍和应用程序中有很多有用的冥想资源。这些应用程序通常都有一个解说员，他会解释这种训练方法，并引导你完成整个过程。冥想也可通过工作室和课堂指导来教授，瑜伽、太极拳和跆拳道也是如此。瑜伽和太极拳也有视频教学。

在有理解并真正关心运动员心理和身体健康的教练监督下，有组织的体育运动也有助于培养自我控制、勇气和团队合作能力。即使对那些不喜欢有组织的体育运动的年轻人来说，充足的有氧运动和休息——包括充足的睡眠——也是至关重要的。所有这些因素不仅有助于儿童和青少年的身心健康，也有助于成年人的身心健康，所以你应该尝试去做这些体育运动。

要意识到情绪和社会环境会削弱孩子的判断力。许多青少年在最佳状态下表现出卓越的判断力和良好的自我调节能力，但在压力、疲劳或与其他青少年在一起时却没有表现出来。注意这类情况，若出现时，父母应尽量提供额外的支持和监督。青少年与同伴在一起的无监督、无组织的时间里，他们往往会做出冒险和鲁莽的行为。你越限制青少年在这些环境中的时间，他就会越安全。如果你所在的州已经施行了驾驶证分级制度，禁止青少年新司机搭载其他青少年乘客，你要确保你的孩子遵守规定，否则就取消他的驾驶特权。如果你所在的州没有施行这样的法律，明智的做法是将它作为家庭规则来执行。因为青少年驾驶的车上若有多名青少年乘客，会和酒后驾驶一样危险。

减少孩子的压力。正如通过冥想或瑜伽等自律练习有助于增强这种能力一样，压力也会破坏这种能力，导致心理学家所说的"调节异常"。让你的家尽可能地温和平静将有助于减少孩子的情绪失调，这意味着尽量减少争吵（包括你和你的孩子以及你和你的伴侣之间）。孩子会受益于一个充满爱和幸福的家庭，在这个家庭里，人们都是善良的，身心上充满爱和放松。相反，如果生活在一个充满冲突、紧张、不可预测或疯狂的家庭中，他们也会受到伤害。

努力避免外界的压力，比如工作，影响到你的家庭环境。我意识到这已变得越来越困难，因为家庭和工作之间的界限已经被不间断的电子通信打破。但是如果让你的家庭充满工作压力，这种压力会对你家庭中每个人的心理健康产生负面影响，不仅仅是你自己。你可能并不觉得你需要一个远离办公室的避难所（如果你真的相信这一点，那只是在自欺欺人），但是这并不意味着你的孩子也需要生活在你的"高压舱"里。一个健康的家庭环境应该是平静而愉快的，人们可以在这里放松和娱乐，而不是一个充满压力、具有时间紧迫感的工作场所的延伸。

同样的原则也适用于孩子自己活动的压力。孩子从课外活动中受益，但他们也需要在放学后和周末放松一下，什么也不做。尤其对于那些在要求很高的学校上学的青少年，他们更需要时间来缓解繁忙的一天所带来的压力。

不用担心你 20 多岁的孩子是否还需要很长时间才能长大。延长青少年期不一定是坏事，在适当的情况下，它甚至可能是有益的。一个人沉浸在充满新奇和刺激性体验的世界中的时间越长，他从这种体验对大脑产生的积极影响中受益的时间就越长。

对你和你的孩子来说，重要的是要记住，这个时期是成长的机会，但并不保证一定是，因为成长完全取决于新的活动在多大程度上适合一个人的需求和才能。对许多人来说，大学将是激励的主要来源，但并不是所有的青少年都做好了高中毕业后立即接受高等教育的心理准备。他们可能会在军队服役或参与一些具有挑战性的服务机会，如参加美国志愿者社区服务计划。这些活动比从事无刺激性的入门级工作要好，比如在快餐店工作。

2. 给教育工作者和雇主的建议

反思中学可以完成什么。人们对发展包括自我调节在内的非认知技能越来越感兴趣，这是值得欢迎的。学校现在必须将培养非认知技能的活动纳入课程。这些活动包括以计算机为基础的锻炼执行功能的训练、冥想、有氧运动、需要集中注意力的有组织的体育活动，以及明确设计用来教授自我调节的项目。在学校预算缩减的时候，我意识到任何增加课程的呼吁都不会受到热烈欢迎，还可能会被嘲笑为奢侈。对于这种抵制，我只能说，虽然我们迫使青少年忍受相对较长的学校生活，但我们的中学成绩一直持续平庸，这表明我们有足够的空间去反思如何更有效地利用这段时间。鉴于我们了解了锻炼对自我调节能力发展的重要性，学校每天就应该有一小时的时间用于体育教育，这可能比额外的辅导班更能提高学生的考试成绩。

将社交和情感学习纳入中学课程。我在第八章中指出，有充分的证据表明，SEL 项目有助于自我调节的发展，特别是在小学或初中实施该项目时，只要它们遵循 SAFE 原则，即有序、主动、专注和明确。任何有兴趣将 SAFE SEL 项目引入学校的人都可以参考学术、社会和情感学习合作组织（CASEL）的网站（CASEL 是一个对 SEL 项目有效性进行系统评估的非营利性组织），以及美国教育部的有效教育策略资料中心（What Works Clearinghouse）网站，后者保留了一系列以学校为基础的社会和情感学习项目的列表，这些项目都有成功的记录。

提高高中生活的要求。虽然我们在学校中加入更多提高非认知技能的活动是值得称赞的，但我们不能继续忽视这样一个事实，即美国学生毕业时的学术能力远远低于他们应有的水平。最近一份关于成人读写能力、数学和技术熟练程度的报告表明，美国人在国际上的排名实际上正在变差——对于 30 年来密集的学校改革结果，这的确令人遗憾。在 55~65 岁，也就是 1970 年左右高中毕业的人群中，美国成年人的水平高于世界其他地区的平均水平；在 45~54 岁的 1980 年左右毕业的人群中，美国人在世界排名中处于中间位置；但在 45 岁以下的成年人，也就是毕业于 1990 年左右或更晚的人群中，美国人的表现远远低于国际平均水平。[2]

有很多因素可能导致了这种令人失望的趋势。一个主要原因是，美国高中的要求比其他工业化国家要低得多。美国青少年认为学校枯燥乏味，没有挑战性，在美国度过部分青少年期的其他国家的学生也持同样的观点。事实上，过多的教学旨在死记硬背。除了那些即将进入美国最负盛名的学院和大学的学生，以及那些参加 AP 和其他高级课程的学生，年轻人很少能够被逼得超出他们目前的能力，这就导致他们得不到开发支持高级认知技能和自我调节能力的大脑区域所必需的刺激。很不幸的是，神经科学告诉我们，在大脑具有可塑性的时期，新奇和挑战是十分重要的。我们一方面需要测试学生、监督学校的表现，另一方面需要学校帮助学生培养批判性思维，但目前我们却错误地将这两个方面对立起来，实际上我们可以，也应该做到两者兼顾。

在以课堂为基础的健康教育上花费更少的金钱和时间。人们肯定都会赞同，我们必须阻止青少年从事危险活动，如鲁莽驾驶和无保护措施的性行为，但我们的努力仍然收效甚微。这是因为青少年的冒险行为并没有因为课堂教学而大大减少，课堂教学只是一种习惯性的预防措施。我们的学校和社区每年在健康教育项目上花费数亿美元，这些项目要么被证明是无效的，要么从未经过严格的评估。当然，为了向学生传达信息和事实，一些指导是必要的，但学校所做的很多工作都是在浪费时间和资源。与传统的毒品教育、性教育和安全驾驶教育相比，共同努力促进自我管理可能会在减少药物使用、无保护措施的性行为和鲁莽驾驶方面发挥更大作用。

推广权威型育儿方式。学校和社区可以教育父母在家里怎样做才能更有效地养育孩子。这可以通过社区家长教育项目、卫生保健从业者关于有效养育的咨询项目、学校开办的家长"诊所"和公共服务项目来实现。如果孩子的父母不采取权威型育儿方式，那么孩子在学校和工作中就会处于明显的劣势。

让青少年为上大学做好心理需求的准备，而不仅仅是学业需求的准备。促进高中以后的认知发展对于缩小贫富差距至关重要，然而，这不能简单地通过扩大上大学的机会来实现。事实上，鼓励学生都上大学将会带来灾难性的后果，除非我们的高中毕业生有自控力，并具有完成大学学位要求的学术技能和经济资源。大学辍学率之高，反映出我们在为高中生适应大学对自我约束的严格要求方面准备得多么不足。我们需要反思大学预科教育，在培养学术技能的同时，还应包括有助于自我控制的活动。与高中毕业相比，上几年大学不再能带来任何职业或经济上的优势。增加上大学的人数，而不是获得学位的人数（这是当前的趋势），只会导致更多的人背负无法偿还的债务。

雇用青少年和年轻人的雇主应该了解关于青少年大脑和行为发展的最新发现。对雇主来说，最重要的新消息是：青少年明显倾向于即时奖励，很少关注错误决定带来的潜在的负面影响；他们目光短浅，很难控制自己的冲动；当他们与同龄人在一起时，更有可能做出鲁莽的决定。对青少年员工进行更细致、更科学的管理，可以增强年轻人的工作经验，并提高雇主的损益底线。

3. 给政策制定者的建议

反思我们针对年轻人制定的公共卫生政策。许多青少年的冒险行为源于神经生物学上的不成熟，而不是无知或信息错误。试图改变青少年和年轻人生活环境的公共卫生政策，比试图改变他们的本性更有可能减少鲁莽和危险的行为。有许多有效的"情境化"方法可以阻止冒险行为。比如，驾驶证分级制度大大减少了青少年导致的车祸；将购买烟草的最低年龄提高到21岁可以阻止吸烟，这将有助于阻止高中生群体吸烟；加强对禁止向未成年人出售酒精的法律的执法力度，以及加强对为青少年"代购"的成年人进行惩罚的法律，将降低青少年饮酒的比例；学校诊所提供避孕套，可以在不增加性行为的情况下降低无保护措施的性行为的比例；为青少年提供更广泛的课外活动将减少导致青少年犯罪的无组织、无监督的时间。

将犯罪的未成年人视为未成年人，而不是成年人。在实践中，这意味着要为18岁以下的青少年维持一个独立的少年司法系统，一种强调改造而不是惩罚的青少年量刑方法，以及严格限制将青少年当作成年人进行审判。最后一种选择应该很少被使用，并且应禁止对初犯者、非暴力罪犯和15岁以下罪犯使用。把青少年移交到成人司法系统会增加而不是减少他们再犯罪的风险。[3]

反思青少年和成人之间的年龄界限，使之更符合科学研究的结果。根据我们对青少年思维方式的了解，我们的许多法律界限根本没有意义。到了16岁，当有机会思考事情时，人们有能力做出与成年人相当的明智决定。因此，应允许16岁的人投票，对接受医疗保健服务（包括堕胎和避孕服务）给予知情同意，作为研究对象参与研究而不需要父母的许可，以及观看和购买与成人相同的大众传媒内容。但是，在情绪激动和与朋友相处时，青少年在控制冲动和做出合理判断方面比成年人差。出于这个原因，我们应该在合法的情况下将驾驶年龄提高到18岁，维持并强制执行购买酒精等物质的最低年龄规定。

最后的一些想法

无论如何，我不是第一个对美国年轻人的幸福表示担忧的人。但我认为，我们需要开展一些对话，这些对话在以下几个方面将与过去的对话有所不同。

第一，谈话者不能仅限于一方。父母、教育工作者、政治家、商人、医疗保健专业人士以及其他帮助我们抚养青少年的成年人都需要参与进来，因为这几类人中没有任何一类群体是造成青少年问题的唯一原因，也没有任何一类群体可以提供解决方案。把这些问题归咎于社会的任何一个部门也是没有用的。一味指责对我们没有任何帮助，因为我们的青少年所表现出来的问题是由多重因素决定的，通常来自许多微小但却意义重大的力量。这使得我们几乎不可能通过孤立地解决任何一个方面来取得进展，因为每个方面本身只是造成问题的一小部分。

第二，对话需要围绕我们要解决的所有问题，不要将它们视为独立的问题，而是将它们视为相互关联的问题。看似不同的问题在青少年时期很常见，如肥胖、鲁莽驾驶、辍学、滥用药物、意外怀孕、欺凌和自杀想法，这些问题都有许多相同的潜在原因，而我们未能认识到它们的共性，阻碍了我们改善这些问题的进程。许多导致一些青少年酗酒的因素，也是引起一些青少年进行无保护措施的性行为、犯罪、在学校表现不佳等问题的共同因素。不幸的是，对这些问题的研究和为解决这些问题的方案所提供的资金不足以支持科学家研究或解决它们相互关联或共同的原因。跨学科合作的必要性得到了大量的口头支持，但到目前为止，这还只是个例而非常规现象。

第三，讨论不仅要集中在如何防止问题的发生上，还要着眼于如何促进积极进展。当然，预防问题是至关重要的，但是我们大多数人都希望年轻人能够更好地度过青少年期，而不仅仅是活过青少年期。我们希望青少年和年轻人健康而充满活力，而不仅仅是远离疾病；希望他们乐观而生命力旺盛，而不仅仅是"不抑郁"；希望他们有道德感而富有同情心，而不仅仅是遵纪守法；希望他们有求知欲，并渴望他们在学术和职业追求上取得成功，而不仅仅是满足于做必须做的事情来避免失败；期望他们以目标为导向和充满希望，而不仅仅是满足于维持现状。大多数写给父母和教育从业者的书都是为了预防或治疗问题，而不是优化健康发展，这种情况需要改变。

第四，对话需要建立在一个新的青少年期概念的基础上，即认识到青少年期现在是一个更长、更重要的发展阶段。这场对话还必须应用过去二三十年来出现的关于青少年大脑发育的见解。我们需要在全美国范围内引起对这一年龄段的关注，其关注程度应与对 0~3 岁年龄段的关注程度类似。

在大脑可塑性增强的时期，我们的经历可能会产生持久的影响。我们早就知道，生命的最初几年就是这样一个可塑时期；我们现在知道，青少年期是另一个这样的时期。

青少年期之后，大脑再也不会像这个时期那样具有可塑性了。我们不能浪费第二次帮助年轻人变得更快乐、更健康、更成功的机会。青少年期是我们做出改变的最后，也是最好的一个时机。

致 谢

我从事青少年研究已经 40 多年了。这本书汇集了这段时间我参与的许多不同的研究，包括青少年大脑发育、心理成熟度的增加、青少年决策和冒险行为、青春期对心理功能的影响、权威型养育的重要性、学业成绩和学校参与度、青少年对同伴压力的易感性、未成年人犯罪和违法行为，以及心理学科学对社会和法律政策的影响。因此，我需要感谢许多人和组织。

在过去的二三十年里，我非常幸运地成为由约翰·D. 麦克阿瑟和凯瑟琳·T. 麦克阿瑟基金会资助的三个不同跨学科项目的成员，我的思维方式在很大程度上受到了这些项目的影响。我关于"青少年大脑发育如何影响冒险决策"的一些想法，源于多年来与基金会精神病理学与发展项目成员的合作。关于青少年发展与法律政策的大部分思考，我受到了基金会青少年发展与青少年司法项目同事的影响。由于参与了基金会法律与神经科学项目，我对青少年大脑发育的认识更加深化。

在本书中，我描述了自己参与过的一些具体项目。衷心感谢玛丽·班尼奇、贝丝·考夫曼、桑德拉·格雷厄姆和珍·伍拉德，我和她们合作完成了关于青少年决策的初始研究；感谢肯·道奇、珍·兰斯福德，以及我们的国际合作伙伴在这个项目的跨国后续研究中提供的帮助；感谢埃德·马尔维和Pathways团队的其他成员对我们未成年犯罪调查工作所做出的贡献；感谢贾森·尚和天普大学神经认知实验室团队，他们对我们关于同伴影响过程的研究做出了许多贡献。我希望我能在这里逐一感谢这些年来参与这些项目的所有本科生、研究生、博士后研究员和同事，但是名单实在太长，无法全部列出。我想特别提到的是我的长期行政助理马尼亚·戴维斯，她的组织才能仅次于她那不断散发出来的阳光般的乐观态度。

虽然这本书的很大一部分都是基于青少年大脑发育的研究，但我的专业并非神经科学，这20年来，我不得不依赖许多慷慨的同事提供的深入辅导。我特别要感谢B.J.凯西、贾森·尚、罗恩·达尔、查克·纳尔逊、丹尼·派因和琳达·斯皮尔。此外，我在写本书时引用了许多研究，这些研究人员花时间耐心地回答了关于他们工作中的一些问题。感谢克利夫·亚伯拉罕、达夫妮·巴韦利埃、富尔顿·克鲁斯、阿莱夫·埃里希尔、罗恩·哈斯金斯、玛西娅·赫尔曼-吉登斯、托尼·科莱斯基、玛丽娜·克瓦斯科夫、安琪琳·利拉德、布鲁斯·麦克尤恩、简·门德尔、林恩·塞莱蒙、谢里尔·西斯克和卡利·切西尼奥夫斯基。当然，对于如何准确地表达他们的科学成果，我全权负责。

一些朋友、学生和同事阅读了我的部分初稿，并在我努力理解事物的过程中与我讨论了书中的各个部分。我要特别感谢安杰拉·达克沃思、埃伦·格林伯格、延斯·路德维希、凯特·蒙诺汉、英格丽德·奥尔森、鲍勃·施瓦茨、伊丽莎白·斯科特、利兹·舒尔曼、卡罗尔·席尔瓦、阿什利·史密斯和玛莎·温劳布,他们对本书提出了宝贵的见解和建议。我在访问杜克大学、埃默里大学、宾夕法尼亚大学和弗吉尼亚大学时,与同人讨论了构成本书基础的观点,并感谢他们对我的批评和建议。此外,我也感谢2013年秋季参加我组织的青少年发展研讨会的研究生,在研讨会上我们讨论了几章初稿。

本书所提到的研究需要巨额资金,如果没有众多资助机构和基金会的慷慨支持,这些科学研究就无法开展。我要特别感谢劳里·加尔杜克和她在麦克阿瑟基金会的同事长期以来对我工作的大力支持;感谢雅各布斯基金会,他们的资助使我能够进行跨国决策研究;感谢青少年司法和预防违法行为办公室、美国国家司法研究所、美国国家药物滥用研究所、美国疾病控制与预防中心、麦克阿瑟基金会、威廉·T.格兰特基金会、罗伯特·伍德·约翰逊基金会、威廉·佩恩基金会以及亚利桑那州和宾夕法尼亚州政府等,它们资助了我们关于青少年罪犯的研究;同时要感谢美国国家药物滥用研究所、美国国家酒精滥用和酗酒中毒研究所以及美国陆军医学研究与器材指挥部,它们支持了我们关于同伴影响青少年冒险行为的研究。在过去二三十年中,我的所属单位天普大学一直给予我极大的支持,许多最终发展成为本书内容的想法最初都是在我们获得学校批准的学术假期期间产生的。

本书的最终成书在很大程度上受到了我的经纪人吉姆·莱文和编辑埃蒙·多兰的精心塑造,他们使书稿得到了实质性的提升。我无法充分表达他们在此项目中从始至终所付出的努力。如果业界有比吉姆·莱文更勤奋的文学代理人,我很想认识一下;如果还有比埃蒙·多兰更细致或者要求更高的编辑——好吧,我想我宁愿不要。我也感谢 Houghton Mifflin Harcourt 出版社的整个团队，尤其是本·海曼、塔里涅·罗德和梅丽莎·多布森，梅丽莎对稿件进行了仔细的审校。

在致谢的结尾，作家通常会感谢他们的家人在写作过程中给予的爱和支持。我也很幸运地拥有一个充满爱和支持的家庭，但我的更幸运之处在于，除了家人无条件的关爱和鼓励，他们还能为我提供专业知识方面的帮助。我的妻子温迪是一名作家，在过去两年里，她几乎每天都会和我讨论这本书（更不用说在过去的日子里，她耐心地忍受了我关于青少年期的无休止的对话）。她阅读了整部初稿，在很多地方大大提高了文字水平，特别是涉及向非专业人士解释大脑科学方面。当我首次构思这本书时，我们的儿子本在一家大型出版社担任非虚构类图书的编辑。他阅读了无数次书稿的提案草稿，在我寻找出版机会时给我提供了明智的建议，并在我气馁时鼓励我。所以，当我说没有他们两个人我就做不到这件事时，我是认真的。

注 释

序言

1 Laurence Steinberg, "We Know Some Things: Parent-Adolescent Relationships in Retrospect and Prospect," *Journal of Research on Adolescence* 11, no. 1 (2001), 1–20.

2 Sally Satel and Scott O. Lilienfield, *Brainwashed: The Seductive Appeal of Mindless Neuroscience* (New York: Basic Books, 2013).

3 Robert Plomin, "Genetics and Experience," *Current Opinion in Psychiatry* 7, no. 4 (1994), 297–99.

4 Michael Males, "Does the Adolescent Brain Make Risk-Taking Inevitable?" *Journal of Adolescent Research* 24, no. 1 (2009), 3–20.

5 "The Teenage Brain," special issue, *Current Directions in Psychological Science* 22, no. 2 (2013).

6 Ibid.

7 关于青少年药物滥用的数据来源于 Monitoring the Future survey, www.monitoringthefuture.org.

8 关于青少年犯罪的数据来源于美国联邦调查局的逮捕统计, www.fbi.gov.

9 关于青少年怀孕的数据来源于 National Campaign to Prevent Teen and Unplanned Pregnancy, www.thenationalcampaign.org.

第一章 抓住时机

1 Sonya Negriff and Elizabeth J. Susman, "Pubertal Timing, Depression, and Externalizing Problems: A Framework, Review, and Examination of Gender Differences," *Journal of Research on Adolescence* 21, no. 3 (2011), 717–46; Emily C. Walvoord, "The Timing of Puberty: Is It Changing? Does It Matter?" *Journal of Adolescent Health* 47, no. 5 (2010), 433–39.

2 Kali H. Trzesniewski and M. Brent Donnellan, "'Young People These Days...': Evidence for Negative Perceptions of Emerging Adults," *Emerging Adulthood*, February 18, 2014, doi:10.1177/2167696814522620; Jeffrey J. Arnett, Kali H. Trzesniewski, and M. Brent Donnellan, "The Dangers of Generational Myth-Making: Rejoinder to Twenge," *Emerging Adulthood* 1, no. 1 (2013), 17–20.

3 The first published study of the adolescent brain was Terry L. Jernigan et al., "Maturation of Human Cerebrum Observed *In Vivo* During Adolescence," *Brain* 114, no. 5 (1991), 2037–49.

4 Anthony J. Koleske, "Molecular Mechanisms of Dendrite Stability," *Nature Reviews Neuroscience* 14 (2013), 536–50; Angeline S. Lillard and Alev Erisir, "Old Dogs Learning New Tricks: Neuroplasticity Beyond the Juvenile Period," *Developmental Review* 31, no. 4 (2011), 207–39.

5 Monitoring the Future, www.monitoringthefuture.org.

6 Centers for Disease Control and Prevention, Youth Risk Behavior Surveillance System, www.cdc.gov.

7 Kenneth C. Land, *The 2011 FCD-CWI Special Focus Report on Trends in Violent Bullying Victimization in School Contexts for 8th, 10th, and 12th Graders, 1991–2009* (Durham, NC: Foundation for Child Development and Child and Youth Well-Being Index [FCD-CWI] Project, Duke University, 2011).

8 Dinah Sparks and Nat Malkus, *First-Year Undergraduate Remedial Coursetaking* (Washington, DC: National Center for Education Statistics, 2013).

9 OECD, *Education at a Glance 2013: OECD Indicators* (Paris: OECD, 2013).

10 Laurence Steinberg, "A Social Neuroscience Perspective on Adolescent Risk-Taking,"

Developmental Review 28, no. 1 (2008), 78-106.

11 Amanda Petteruti, Tracy Velázquez, and Nastassia Walsh, *The Costs of Confinement: Why Good Juvenile Justice Policies Make Sense* (Washington, DC: Justice Policy Institute, 2009).

12 数据来源于 National Assessment of Educational Progress, U.S. Department of Education.

13 Daniel Koretz, "How Do American Students Measure Up? Making Sense of International Comparisons," *Future of Children* 19, no. 1 (2009), 37-51.

14 Complete College America, *Remediation: Higher Education's Bridge to Nowhere* (Washington, DC: Complete College America, 2012).

15 OECD, *Education at a Glance* 2013.

16 Catherine Rampell, "Data Reveal a Rise in College Degrees Among Americans," *New York Times*, June 12, 2013.

17 OECD, *Education at a Glance 2013*.

18 有关饮酒和药物滥用的数据来自 Monitoring the Future, www.monitoringthefuture.org.

19 George C. Patton et al., "Health of the World's Adolescents: A Synthesis of Internationally Comparable Data," *Lancet* 379, no. 9826 (2012), 1665-75.

20 National Campaign to Prevent Teen and Unplanned Pregnancy.

21 有关青少年怀孕和性传播疾病的数据来源于 National Campaign to Prevent Teen and Unplanned Pregnancy. 有关堕胎的数据来自 Gilda Sedgh et al., "Legal Abortion Levels and Trends by Woman's Age at Termination," *Perspectives on Sexual and Reproductive Health* 45, no. 1 (2013), 13-22.

22 Centers for Disease Control and Prevention, Youth Risk Behavior Surveillance System, www.cdc.gov.

23 Dirk Enzmann et al., "Self-Reported Youth Delinquency in Europe and Beyond: First Results of the Second International Self-Report Delinquency Study in the Context of Police and Victimization Data," *European Journal of Criminology* 7, no. 2 (2010), 159-83; National Research Council, *U.S. Health in International Perspective: Shorter Lives, Poorer Health* (Washington, DC: National Academies Press, 2013).

24 National Center for Education Statistics, School Staffing Survey; Dorothy Espelage et al., "Understanding and Preventing Violence Directed Against Teachers," *American Psychologist* 68, no. 2(2013), 75-87.

25 U.S. Department of Education, National Center for Education Statistics, 2005–06, 2007–08, and 2009–10 School Survey on Crime and Safety (SSOCS).

26 Allan Schwarz and Sarah Cohen, "ADHD Seen in 11% of U.S. Children as Diagnoses Rise," *New York Times*, March 31, 2013.

27 Richard Scheffler et al., "The Global Market for ADHD Medications," *Health Affairs* 26, no. 2 (2007), 450–57.

28 有关青少年肥胖的数据来源于 Harvard School of Public Health, Obesity Prevention Source, www.hsph.harvard.edu/obesity-prevention-source. International comparisons from National Research Council and Institute of Medicine, 2013.

29 U.S. Department of Health and Human Services, Health Resources and Services Administration, *U.S. Teens in Our World* (Rockville, MD: U.S. Department of Health and Human Services, 2003).

30 Centers for Disease Control and Prevention.

31 World Health Organization, WHO Mortality Database, 2011.

32 U.S. Department of Health and Human Services, Health Resources and Services Administration, 2003.

33 Carlos Blanco et al., "Mental Health of College Students and Their Non-College-Attending Peers," *Archives of General Psychiatry* 65, no. 12 (2008), 1429–37.

34 Jean M. Twenge et al., "Birth Cohort Increases in Psychopathology Among Young Americans, 1938–2007: A Cross-Temporal Meta-Analysis of the MMPI," *Clinical Psychology Review* 30 (2010), 145–54.

35 Terrie Moffitt, Richie Poulton, and Avshalom Caspi, "Lifelong Impact of Early Self-Control: Childhood Self-Discipline Predicts Adult Quality of Life," *American Scientist* 101, no. 5 (2013), 352–59.

第二章　可塑的大脑

1 David C. Rubin et al., "Autobiographical Memory Across the Adult Life Span," in *Autobiographical Memory*, edited by David C. Rubin (Cambridge, UK: Cambridge University Press, 1986), 202–21.

2. Lars-Göran Nilsson, "Memory Function in Normal Aging," *Acta Neurologica Scandinavia* 107, sup. 179, 7–13. But see Timothy A. Salthouse, "When Does Age-Related Cognitive Decline Begin?" *Neurobiology of Aging* 30, no. 4 (2009), 507–14, and Lars-Göran Nilsson et al., "Challenging the Notion of an Early-Onset of Cognitive Decline," *Neurobiology of Aging* 30, no. 4 (2009), 521–24.

3 Alafair Burke, Friderike Heuer, and Daniel Reisberg, "Remembering Emotional Events," *Memory & Cognition* 20, no. 3 (1992), 277–90.

4 Martin A. Conway, Jefferson A. Singer, and Angela Tagini, "The Self and Autobiographical Memory: Correspondence and Coherence," *Social Cognition* 22, no. 5 (2004), 491–529.

5 Herbert F. Crovitz and Harold Schiffman, "Frequency of Episodic Memories as a Function of Their Age," *Bulletin of the Psychonomic Society* 4, no. 5 (1974), 517–18.

6 Steve M. J. Janssen, Antonio G. Chessa, and Jaap M. J. Murre, "Temporal Distribution of Favourite Books, Movies, and Records: Differential Encoding and Re-sampling," *Memory* 15, no. 7 (2007), 755–67.

7 Brian Knutson and R. Alison Adcock, "Remembrance of Rewards Past," *Neuron* 45, no. 3 (2005), 331–32.

8 Charles A. Nelson III and Margaret A. Sheridan, "Lessons from Neuroscience Research for Understanding Causal Links Between Family and Neighborhood Characteristics and Educational Outcomes," in *Whither Opportunity?: Rising Inequality, Schools, and Children's Life Chances*, edited by Greg J. Duncan and Richard J. Murnane (New York: Russell Sage Foundation, 2011), 27–46.

9 Ibid.

10 Richard S. Nowakowski, "Stable Neuron Numbers from Cradle to Grave," *Proceedings of the National Academy of Sciences* 103, no. 33 (2006), 12219–20.

11 Jane W. Couperus and Charles A. Nelson, "Early Brain Development and Plasticity," in *Blackwell Handbook of Early Childhood Development*, edited by Kathleen McCartney and Deborah Phillips (Malden, MA: Blackwell, 2008), 85–105.

12 Jamie Ward, *The Student's Guide to Cognitive Neuroscience*, 2nd ed. (New York: Psychology Press, 2010).

13 Zdravko Petanjek et al., "Extraordinary Neoteny of Synaptic Spines in the Human Prefrontal

Cortex," *Proceedings of the National Academy of Sciences* 108, no. 32 (2011), 13281–86; Fulton Crews, Jun He, and Clyde Hodge, "Adolescent Cortical Development: A Critical Period of Vulnerability for Addiction," *Pharmacology, Biochemistry, and Behavior* 86, no. 2 (2007), 189–99.

14 Angeline S. Lillard and Alev Erisir, "Old Dogs Learning New Tricks: Neuroplasticity Beyond the Juvenile Period," *Developmental Review* 31, no. 4 (2011), 207–39.

15 Linda Patia Spear, "Adolescent Neurodevelopment," *Journal of Adolescent Health* 52, no. 2, sup. 2 (2013), S7–S13.

16 Lillard and Erisir, "Old Dogs Learning New Tricks."

17 Sheena A. Josselyn and Paul W. Frankland, "Infantile Amnesia: A Neurogenic Hypothesis," *Learning and Memory* 19, no. 9 (2012), 423–33.

18 Sharon E. Fox, Pat Levitt, and Charles A. Nelson III, "How the Timing and Quality of Early Experiences Influence the Development of Brain Architecture," *Child Development* 81, no. 1 (2010), 28–40.

19 Spear, "Adolescent Neurodevelopment."

20 William T. Greenough, James E. Black, and Christopher S. Wallace, "Experience and Brain Development," *Child Development* 58, no. 3 (1987), 539–59.

21 P. A. Howard-Jones, E. V. Washbrook, and S. Meadows, "The Timing of Educational Investment: A Neuroscientific Perspective," *Developmental Cognitive Neuroscience* 2, sup. 1 (2012), S18–S29.

22 Susan L. Andersen, "Preliminary Evidence for Sensitive Periods in the Effect of Childhood Sexual Abuse on Regional Brain Development," *Journal of Neuropsychiatry and Clinical Neuroscience* 20, no. 3 (2008), 292–301.

23 R. Douglas Fields, "Myelination: An Overlooked Mechanism of Synaptic Plasticity?" *Neuroscientist* 11, no. 6 (2005), 528–31; Julie A. Markham and William T. Greenough, "Experience-Driven Brain Plasticity: Beyond the Synapse," *Neuron Glia Biology* 1, no. 4 (2004), 351–63; Robert J. Zattore, R. Douglas Fields, and Heidi Johansen-Berg, "Plasticity in Gray and White: Neuroimaging Changes in Brain Structure During Learning," *Nature Neuroscience* 15, no. 4 (2012), 528–36.

24 L. A. Glantz et al., "Synaptophysin and Postsynaptic Density Protein 95 in the Human

Prefrontal Cortex from Mid-Gestation into Early Adulthood," *Neuroscience* 149, no. 3 (2007), 582–91; Anthony J. Koleske, "Molecular Mechanisms of Dendrite Stability," *Nature Reviews Neuroscience* 14 (2013), 536–50; Zattore et al., "Plasticity in Gray and White."

25 Eleanor A. Maguire, "London Taxi Drivers and Bus Drivers: A Structural MRI and Neuropsychological Analysis," *Hippocampus* 16, no. 12 (2006), 1091–1101.

26 Lillard and Erisir, "Old Dogs Learning New Tricks."

27 Ibid.

28 Martin Lovden et al., "A Theoretical Framework for the Study of Adult Cognitive Plasticity," *Psychological Bulletin* 136, no. 4 (2010), 659–76.

29 L. S. Vygotsky, *Mind in Society: The Development of Higher Psychological Processes* (Cambridge, MA: Harvard University Press, 1978).

30 K. Anders Ericsson, Ralf Th. Krampe, and Clemens Tesch-Romer, "The Role of Deliberate Practice in the Acquisition of Expert Performance," *Psychological Review* 100, no. 3 (1993), 363–406.

31 Wickliffe C. Abraham and Mark F. Bear, "Metaplasticity: The Plasticity of Synaptic Plasticity," *Trends in Neurosciences* 19, no. 4 (1996), 126–30; Wickliffe C. Abraham, "Metaplasticity: Tuning Synapses and Networks for Plasticity," *Nature Reviews Neuroscience* 9 (2008), 387–99; Sarah R. Hulme, Owen D. Jones, and Wickliffe C. Abraham, "Emerging Roles of Metaplasticity in Behaviour and Disease," *Trends in Neurosciences* 36, no. 6 (2013), 353–62.

32 Hulme, Jones, and Abraham, "Emerging Roles of Metaplasticity in Behaviour and Disease."

33 Angela M. Brant et al., "The Nature and Nurture of High IQ: An Extended Sensitive Period for Intellectual Development," *Psychological Science* 24, no. 8 (2013), 1487–95.

34 "The Teenage Brain," special issue, *Current Directions in Psychological Science* 22, no. 2 (2013).

35 R. C. Kessler et al., "Lifetime Prevalence and Age-of-Onset Distributions of DSM-IV Disorders in the National Comorbidity Survey Replication," *Archives of General Psychiatry* 62, no. 6 (2005), 593–602.

36 Michael G. Hardin and Monique Ernst, "Functional Brain Imaging of Development-Related Risk and Vulnerability for Substance Use in Adolescents," *Journal of Addiction Medicine*

3, no. 2 (2009), 47–54; Nora Volkow and Ting-Kai Li, "The Neuroscience of Addiction," *Nature Neuroscience* 8 (2005), 1429–30.

37 Ralph W. Hingson, Timothy Heeren, and Michael R. Winter, "Age at Drinking Onset and Alcohol Dependence: Age at Onset, Duration, and Severity," *Archives of Pediatric and Adolescent Medicine* 160, no. 7 (2006), 739–46; Maria Orlando et al., "Developmental Trajectories of Cigarette Smoking and Their Correlates from Early Adolescence to Young Adulthood," *Journal of Consulting and Clinical Psychology* 72, no. 3 (2004), 400–410.

38 C. C. Reddy, M. Collins, and G. A. Gioia, "Adolescent Sports Concussions," *Physical Medicine Rehabilitation Clinics of North America* 19, no. 2 (2008), 247–69; E. Toledo et al., "The Young Brain and Concussion: Imaging as a Biomarker for Diagnosis and Prognosis," *Neuroscience and Biobehavioral Reviews* 36, no. 6 (2012), 1510–31.

39 Zattore, Fields, and Johansen-Berg, "Plasticity in Gray and White."

40 Dietsje D. Jolles and Eveline A. Crone, "Training the Developing Brain: A Neurocognitive Perspective," *Frontiers in Human Neuroscience* 6 (April 9, 2012), doi:10.3389/fnhum.2012.00076.

41 Catarina Freitas, Faranak Farzan, and Alvaro Pascual-Leone, "Assessing Brain Plasticity Across the Lifespan with Transcranial Magnetic Stimulation: Why, How, and What Is the Ultimate Goal?" *Neuroscience* 7 (April 2, 2013), doi:10.3389/fnins.2013.00042.

42 Julia B. Pitcher et al., "Physiological Evidence Consistent with Reduced Neuroplasticity in Human Adolescents Born Preterm," *Journal of Neuroscience* 32, no. 46 (2012), 16410–16.

43 Susan L. Andersen, "Trajectories of Brain Development: Point of Vulnerability or Window of Opportunity?" *Neuroscience and Biobehavioral Reviews* 27, nos. 1–2 (2003), 3–18; Ezekiel P. Carpenter-Hyland and L. Judson Chandler, "Adaptive Plasticity of NMDA Receptors and Dendritic Spines: Implications for Enhanced Vulnerability of the Adolescent Brain to Alcohol Addiction," *Pharmacology, Biochemistry, and Behavior* 86, no. 2 (2007), 200–208; Crews, He, and Hodge, "Adolescent Cortical Development"; K. Cohen Kadosh, D. E. Linden, and J. Y. Lau, "Plasticity During Childhood and Adolescence: Innovative Approaches to Investigating Neurocognitive Development," *Developmental Science* 16, no. 4 (2013), 574–83; Russell D. Romeo and Bruce S. McEwen, "Stress and the Adolescent Brain," *Annals of the New York Academy of Sciences* 1094 (2006), 202–14; L. D. Selemon,

"A Role for Synaptic Plasticity in the Adolescent Development of Executive Function," *Translational Psychiatry* 3, no. 3 (2013), e238; Cheryl L. Sisk and Julia L. Zehr, "Pubertal Hormones Organize the Adolescent Brain and Behavior," *Frontiers in Neuroendocrinology* 26, nos. 3–4 (2005), 163–74. *hard to document in an animal with such a short lifespan:* I am grateful to Elizabeth Shirtcliff for pointing this out.

44 Jean-Jacques Rousseau, *Emile: or, On Education* (New York: Basic Books, 1979).

45 Lisa Eiland and Russell D. Romeo, "Stress and the Developing Adolescent Brain," *Neuroscience* 249 (2013), 162–71; Laura R. Stroud et al., "Stress Response and the Adolescent Transition: Performance Versus Peer Rejection Stressors," *Development and Psychopathology* 21, no. 1 (2009), 47–68.

46 Leah H. Somerville et al., "The Medial Prefrontal Cortex and the Emergence of Self-Conscious Emotion in Adolescence," *Psychological Science* 24, no. 8 (2013), 1554–62.

47 Jiska S. Peper et al., "Sex Steroids and Connectivity in the Human Brain: A Review of Neuroimaging Studies," *Psychoneuroendocrinology* 36, no. 8 (2011), 1101–13; Bruce S. McEwen et al., "Estrogen Effects on the Brain: Actions Beyond the Hypothalamus via Novel Mechanisms," *Behavioral Neuroscience* 126, no. 1 (2012), 4–16.

48 I. G. Campbell et al., "Sex, Puberty, and the Timing of Sleep EEG Measured Adolescent Brain Maturation," *Proceedings of the National Academy of Sciences* 109, no. 15 (2012), 5740–43; R. A. Hill, "Interaction of Sex Steroid Hormones and Brain-Derived Neurotrophic Factor-Tyrosine Kinase B Signalling: Relevance to Schizophrenia and Depression," *Journal of Neuroendocrinology* 24, no. 12 (2012), 1553–61; Cecile D. Ladouceur et al., "White Matter Development in Adolescence: The Influence of Puberty and Implications for Affective Disorders," *Developmental Cognitive Neuroscience* 2, no. 1 (2012), 36–54; M. A. Mohr and C. L. Sisk, "Pubertally Born Neurons and Glia Are Functionally Integrated into Limbic and Hypothalamic Circuits of the Male Syrian Hamster," *Proceedings of the National Academy of Sciences* 110, no. 12 (2013), 4792–97; Tomas Paus, "How Environment and Genes Shape the Adolescent Brain," *Hormones and Behavior* 64, no. 2 (2013), 195–202; Jennifer S. Perrin et al., "Growth of White Matter in the Adolescent Brain: Role of Testosterone and Androgen Receptor," *Journal of Neuroscience* 28, no. 38 (2008), 9519–24.

49 Siobhan S. Pattwell et al., "Altered Fear Learning Across Development in Both Mouse and

Human," *Proceedings of the National Academy of Sciences* 109 no. 40 (2012), 16318–23.

50 Spear, "Adolescent Neurodevelopment."

51 Jun He and Fulton T. Crews, "Neurogenesis Decreases During Brain Maturation from Adolescence to Adulthood," *Pharmacology, Biochemistry, and Behavior* 86, no. 2 (2007), 327–33; Koleske, "Molecular Mechanisms of Dendrite Stability"; Yi Zuo et al., "Development of Long-Term Dendritic Spine Stability in Diverse Regions of Cerebral Cortex," *Neuron* 46, no. 2 (2005), 181–89.

52 Feras V. Akbik et al., "Anatomical Plasticity of Adult Brain Is Titrated by Nogo Receptor 1," *Neuron* 77, no. 5 (2013), 859–66.

53 Spear, "Adolescent Neurodevelopment."

54 Siobhan S. Pattwell et al., "Selective Early-Acquired Fear Memories Undergo Temporary Suppression During Adolescence," *Proceedings of the National Academy of Sciences* 108, no. 3 (2011), 1182–87.

55 Lovden et al., "A Theoretical Framework for the Study of Adult Cognitive Plasticity."

56 Kimberly G. Noble et al., "Higher Education Is an Age-Independent Predictor of White Matter Integrity and Cognitive Control in Late Adolescence," *Developmental Science* 16, no. 5 (2013), 653–64.

第三章　最漫长的十年

1 S. F. Daw, "Age of Boys' Puberty in Leipzig, 1727–49, as Indicated by Voice Breaking in J. S. Bach's Choir Members," *Human Biology* 42, no. 1 (1970), 87–89; Jane Mendle and Joseph Ferrero, "Detrimental Psychological Outcomes Associated with Pubertal Timing in Adolescent Boys," *Developmental Review* 32, no. 1 (2012), 49–66.

2 Joshua R. Goldstein, "A Secular Trend Toward Earlier Male Sexual Maturity: Evidence from Shifting Ages of Male Young Adult Mortality," *PLoS ONE* 6, no. 8 (2011), e14826.

3 Marcia E. Herman-Giddens et al., "Secondary Sexual Characteristics in Boys: Data from the Pediatric Research in Office Settings Network," *Pediatrics* 130, no. 5 (2012), e1058–68.

4 U.S. Bureau of the Census.

5 Frank M. Biro et al., "Pubertal Assessment Method and Baseline Characteristics in a Mixed

Longitudinal Study of Girls," *Pediatrics* 126, no. 3 (2010), e583.

6 Alejandro Lomniczi et al., "Epigenetic Control of Female Puberty," *Nature Neuroscience* 16, no. 3 (2013), 281–89.

7 A. K. Roseweir and R. P. Millar, "The Role of Kisspeptin in the Control of Gonadotrophin Secretion," *Human Reproduction Update* 15, no. 2 (2009), 203–12.

8 Valé-rie Simonneaux et al., "Kisspeptins and RFRP-3 Act in Concert to Synchronize Rodent Reproduction with Seasons," *Frontiers in Neuroscience* 7, no. 22 (2013), doi:10.3389/fnins.2013.00022; Sandra Steingraber, *The Falling Age of Puberty in U.S. Girls: What We Know, What We Need to Know* (San Francisco: Breast Cancer Fund, 2007).

9 Steingraber, *The Falling Age of Puberty in U.S. Girls*; Emily C. Walvoord, "The Timing of Puberty: Is It Changing? Does It Matter?" *Journal of Adolescent Health* 47, no. 5 (2010), 433–39.

10 Ibid.

11 Jay Belsky et al., "Family Rearing Antecedents of Pubertal Timing," *Child Development* 78, no. 4 (2007), 1302–21.

12 Sabrina Tavernise, "Obesity Studies Tell Two Stories, Both Right," *New York Times*, April 14, 2014.

13 Nancy L. Galambos, Erin T. Barker, and Lauree C. Tilton-Weaver, "Who Gets Caught at Maturity Gap? A Study of Pseudomature, Immature, and Mature Adolescents," *International Journal of Behavioral Development* 27, no. 3 (2003), 253–63.

14 Sonya Negriff and Elizabeth J. Susman, "Pubertal Timing, Depression, and Externalizing Problems: A Framework, Review, and Examination of Gender Differences," *Journal of Research on Adolescence* 21, no. 3 (2011), 717–46.

15 Laurence D. Steinberg, *Adolescence*, 10th ed. (New York: McGraw-Hill, 2014).

16 M. Celio, N. S. Karnik, and H. Steiner, "Early Maturation as a Risk Factor for Aggression and Delinquency in Adolescent Girls: A Review," *International Journal of Clinical Practice* 60, no. 10 (2006), 1254–62; Penelope K. Trickett et al., "Child Maltreatment and Adolescent Development," *Journal of Research on Adolescence* 21, no. 1 (2011), 3–20.

17 Dale A. Blyth, Roberta G. Simmons, and David F. Zakin, "Satisfaction with Body Image for Early Adolescent Females: The Impact of Pubertal Timing Within Different School

Environments," *Journal of Youth and Adolescence* 14, no. 3 (1985), 207–26; Xiaojia Ge et al., "Parenting Behaviors and the Occurrence and Co-Occurrence of Adolescent Depressive Symptoms and Conduct Problems," *Developmental Psychology* 32, no. 4 (1996), 717–31.

18 David Magnusson, Hakan Stattin, and Vernon L. Allen, "Differential Maturation Among Girls and Its Relation to Social Adjustment in a Longitudinal Perspective," in *Life-Span Development and Behavior*, vol. 7, edited by David L. Featherman and Richard M. Lerner (Hillsdale, NJ: Erlbaum, 1986).

19 Ashley R. Smith, Jason Chein, and Laurence Steinberg, "Impact of Socio-Emotional Context, Brain Development, and Pubertal Maturation on Adolescent Decision-Making," *Hormones and Behavior* 64, no. 2 (2013), 323–32.

20 Steingraber, *The Falling Age of Puberty in U.S. Girls*.

21 Ibid.

22 密歇根大学研究人员对高中生进行的"监测未来"研究，在参与者20多岁时进行了每两年一次的后续跟踪调查。

23 OECD, *Education at a Glance 2013: OECD Indicators* (Paris: OECD, 2013).

24 Robin Marantz Henig, "What Is It About 20-Somethings?" *New York Times Magazine*, August 18, 2010.

25 Kimberly G. Noble et al., "Higher Education Is an Age-Independent Predictor of White Matter Integrity and Cognitive Control in Late Adolescence," *Developmental Science* 16, no. 5 (2013), 653–64.

26 Stephen A. Anderson, Candyce S. Russell, and Walter R. Schumm, "Perceived Marital Quality and Family Life-Cycle Categories: A Further Analysis," *Journal of Marriage and the Family* 45, no. 1 (1983), 105–14.

27 Laurence Steinberg, "A Social Neuroscience Perspective on Adolescent Risk-Taking," *Developmental Review* 28, no. 1 (2008), 78–106.

28 Dustin Albert and Laurence Steinberg, "Judgment and Decision Making in Adolescence," *Journal of Research on Adolescence* 21, no. 1 (2011), 211–24.

29 Susan Aud, Angelina KewalRamani, and Lauren Frohlich, *America's Youth: Transitions to Adulthood*, NCES 2012–026 (Washington, DC: U.S. Department of Education, National Center for Education Statistics, 2011).

30 Carlos Blanco et al., "Mental Health of College Students and Their Non-College-Attending Peers," *Archives of General Psychiatry* 65, no. 12 (2008), 1429–37; Kim Fromme, William R. Corbin, and Marc I. Kruse, "Behavioral Risks During the Transition from High School to College," *Developmental Psychology* 44, no. 5 (2008), 1497–1504; Wendy S. Slutske et al., "Do College Students Drink More Than Their Non-College-Attending Peers? Evidence from a Population-Based Longitudinal Female Twin Study," *Journal of Abnormal Psychology* 113, no. 4 (2004), 530–40.

第四章　青少年如何思考

1 有关自残和意外溺水的数据来自美国疾病控制与预防中心；有关犯罪的数据来自美国联邦调查局的逮捕统计；有关交通事故的数据来自美国道路安全保险协会；有关意外怀孕的数据来自 Lawrence Finer and Mia Zolna, "Unintended Pregnancy in the United States: Incidence and Disparities," *Contraception* 84, no. 5 (2011), 478–85; 有关吸毒的数据来自 Wilson M. Compton et al., "Prevalence, Correlates, Disability, and Comorbidity of DSM-IV Drug Abuse and Dependence in the United States," *Archives of General Psychiatry* 64, no. 5 (2007), 566–76.

2 Laurence Steinberg, "A Social Neuroscience Perspective on Adolescent Risk-Taking," *Developmental Review* 28, no. 1 (2008), 78–106.

3 Snezana Urošević et al., "Longitudinal Changes in Behavioral Approach System Sensitivity and Brain Structures Involved in Reward Processing During Adolescence," *Developmental Psychology* 48, no. 5 (2012), 1488–1500.

4 J. A. Desor and G. K. Beauchamp, "Longitudinal Changes in Sweet Preferences in Humans," *Physiology and Behavior* 39, no. 5 (1987), 639–41.

5 Monica Luciana et al., "Dopaminergic Modulation of Incentive Motivation in Adolescence: Age-Related Changes in Signaling, Individual Differences, and Implications for the Development of Self-Regulation," *Developmental Psychology* 48, no. 3 (2012), 844–61.

6 Laurence Steinberg et al., "Age Differences in Sensation Seeking and Impulsivity as Indexed by Behavior and Self-Report: Evidence for a Dual Systems Model," *Developmental Psychology* 44, no. 6 (2008), 1764–78.

7   Adriana Galvan et al., "Earlier Development of the Accumbens Relative to Orbitofrontal Cortex Might Underlie Risk-Taking Behavior in Adolescents," *Journal of Neuroscience* 26, no. 25 (2006), 6885–92; Janna Marie Hoogendam et al., "Different Developmental Trajectories for Anticipation and Receipt of Reward During Adolescence," *Developmental Cognitive Neuroscience* 6 (October 2013), 113–24; Leah H. Somerville, "The Teenage Brain: Sensitivity to Social Evaluation," *Current Directions in Psychological Science* 22, no. 2 (2013), 129–35.

8   Anastasia Christakou et al., "Neural and Psychological Maturation of Decision-Making in Adolescence and Young Adulthood," *Journal of Cognitive Neuroscience* 25, no. 11 (2013), 1807–23; Monique Ernst, Daniel S. Pine, and Michael Hardin, "Triadic Model of the Neurobiology of Motivated Behavior in Adolescence," *Psychological Medicine* 36, no. 3 (2006), 299–312.

9   Richard G. Bribiescas and Peter T. Ellison, "How Hormones Mediate Trade-offs in Human Health and Disease," in *Evolution in Health and Disease*, edited by Stephen C. Stearns and Jacob C. Koella, 2nd ed. (New York: Oxford University Press, 2008), pp. 77–93.

10 David B. Dunson, Bernardo Colombo, and Donna D. Baird, "Changes with Age in the Level and Duration of Fertility in the Menstrual Cycle," *Human Reproduction* 17, no. 5 (2002), 1399–1403.

11 Jean-Claude Dreher et al., "Menstrual Cycle Phase Modulates Reward-Related Neural Function in Women," *Proceedings of the National Academy of Sciences* 104, no. 7 (2007), 2465–70; Adriana Galván, "The Teenage Brain: Sensitivity to Rewards," *Current Directions in Psychological Science* 22, no. 2 (2013), 88–93.

12 "The Teenage Brain," special issue, *Current Directions in Psychological Science* 22, no. 2 (2013); Monica Luciana, ed., "Adolescent Brain Development: Current Themes and Future Directions," special issue, *Brain and Cognition* 72, no. 1 (2010).

13 C. F. Geier et al., "Immaturities in Reward Processing and Its Influence on Inhibitory Control in Adolescence," *Cerebral Cortex* 20, no. 7 (2010), 1613–29; Theresa Teslovich et al., "Adolescents Let Sufficient Evidence Accumulate Before Making a Decision When Large Incentives Are at Stake," *Developmental Science* 17, no. 1 (2014), 59–70.

14 Nico U. F. Dosenbach et al., "Prediction of Individual Brain Maturity Using fMRI," *Science*

329, no. 5997 (2010), 1358–61.

15 该案例被报道在 J.S., a Minor By and Through His Parents and Natural Guardians, H.S. and I.S., Appellants v. Bethlehem Area School District, Commonwealth Court of Pennsylvania, No. 2259 C.D. 1999.

16 Christian D. Berg, "'Dr. Laura' Rips 'Scummy' Web-Threat Teen," *Allentown (PA) Morning Call*, May 21, 1999, A1.

17 "Pennsylvania High Court Upholds Student's Expulsion over Web Site," Associated Press, September 27, 2002.

18 Lauri Rice-Maue, "Swidler Says He Created Site to Vent," *Allentown (PA) Morning Call*, Northampton County edition, October 28, 2000.

19 Lauri Rice-Maue, "Professor Testifies on Swidler's Behalf," *Allentown (PA) Morning Call*, Northampton County edition, November 1, 2000.

20 Steinberg, "A Social Neuroscience Perspective on Adolescent Risk-Taking."

21 Luciana et al., "Dopaminergic Modulation of Incentive Motivation in Adolescence."

22 Ibid.

第五章　青少年的自我保护

1 Alex R. Piquero, David P. Farrington, and Alfred Blumstein, "The Criminal Career Paradigm," in *Crime and Justice: A Review of Research*, edited by Michael Tonry, vol. 30 (Chicago: University of Chicago Press, 2003), 359–506.

2 美国疾病控制与预防中心对许多形式的危险行为进行了统计。

3 National Highway Traffic Safety Administration, *National Survey of Speeding and Other Unsafe Driving Actions* (Washington, DC: NHTSA, 1998).

4 Rachael D. Seidler et al., "Motor Control and Aging: Links to Age-Related Brain Structural, Functional, and Biochemical Effects," *Neuroscience and Biobehavioral Reviews* 34, no. 5 (2010), 721–33.

5 Anne T. McCartt, "Rounding the Next Curve on the Road Toward Reducing Teen Drivers' Crash Risk," *Journal of Adolescent Health* 53, no. 1 (2013), 3–5; Divera A. M. Twisk and Colin Stacey, "Trends in Young Driver Risk and Countermeasures in European Countries,"

Journal of Safety Research 38, no. 2 (2007), 245–57.

6 R. E. Dahl, "Adolescent Brain Development: A Period of Vulnerabilities and Opportunities," *Annals of the New York Academy of Sciences* 1021 (June 2004), 1–22.

7 Centers for Disease Control and Prevention.

8 Robert W. Blum and Kristin Nelson-Mmari, "The Health of Young People in a Global Context," *Journal of Adolescent Health* 35, no. 5 (2004), 402–18; Elizabeth M. Ozer and Charles E. Irwin Jr., "Adolescent and Young Adult Health: From Basic Health Status to Clinical Interventions," in *Handbook of Adolescent Psychology*, edited by Richard M. Lerner and Laurence Steinberg, vol. 1, 3rd ed. (Hoboken, NJ: Wiley, 2009), 618–41.

9 Steinberg, "A Social Neuroscience Perspective on Adolescent Risk-Taking."

10 Susan G. Millstein and Bonnie L. Halpern-Felsher, "Perceptions of Risk and Vulnerability," *Journal of Adolescent Health* 31, no. 1, parts I–II, sup. 1 (2002), 10–27.

11 Abigail A. Baird, Jonathan A. Fugelsang, and Craig M. Bennett, "'What Were You Thinking?': An fMRI Study of Adolescent Decision Making" (被展示在以下会议上: the 12th Annual Cognitive Neuroscience Society [CNS] Meeting, New York, April 2005).

12 Bruce Simons-Morton, Neil Lerner, and Jeremiah Singer, "The Observed Effects of Teenage Passengers on the Risky Driving Behavior of Teenage Drivers," *Accident Analysis and Prevention* 37, no. 6 (2005), 973–82.

13 数据来源于美国司法部的全美犯罪受害调查(National Crime Victimization)。

14 Laurie Chassin, Andrea Hussong, and Iris Beltran, "Adolescent Substance Use," in *Handbook of Adolescent Psychology*, edited by Richard M. Lerner and Laurence Steinberg, vol. 1, 3rd ed. (Hoboken, NJ: Wiley, 2009), 723–63.

15 Silvia Bonino, Elena Cattelino, and Silvia Ciairano, *Adolescents and Risk: Behaviors, Functions, and Protective Factors* (New York: Springer, 2005).

16 Margo Gardner and Laurence Steinberg, "Peer Influence on Risk Taking, Risk Preference, and Risky Decision Making in Adolescence and Adulthood: An Experimental Study," *Developmental Psychology* 41, no. 4 (2005), 625–35.

17 Bruce G. Simons-Morton et al., "The Effect of Passengers and Risk-Taking Friends on Risky Driving and Crashes/Near Crashes Among Novice Teenagers," *Journal of Adolescent Health* 49, no. 6 (2011), 587–93.

18 Stephanie Burnett et al., "The Social Brain in Adolescence: Evidence from Functional Magnetic Resonance Imaging and Behavioural Studies," *Neuroscience and Biobehavioral Reviews* 35 (2011), 1654–64.

19 Carrie L. Masten et al., "An fMRI Investigation of Responses to Peer Rejection in Adolescents with Autism Spectrum Disorders," *Developmental Cognitive Neuroscience* 1, no. 3 (2011), 260–70.

20 K. L. Mills et al., "Developmental Changes in the Structure of the Social Brain in Late Childhood and Adolescence," *Social Cognitive and Affective Neuroscience* 9, no. 1 (2014), 123–31.

21 C. Nathan DeWall et al., "Acetaminophen Reduces Social Pain: Behavioral and Neural Evidence," *Psychological Science* 21, no. 7 (2010), 931–37.

22 Lihong Wang, Scott Huettel, and Michael D. De Bellis, "Neural Substrates for Processing Task-Irrelevant Sad Images in Adolescents," *Developmental Science* 11, no. 1 (2008), 23–32.

23 James Surowiecki, *The Wisdom of Crowds: Why the Many Are Smarter Than the Few and How Collective Wisdom Shapes Business, Economies, Societies, and Nations* (New York: Doubleday, 2004).

24 Piotr Winkielman et al., "Affective Influence on Judgments and Decisions: Moving Towards Core Mechanisms," *Review of General Psychology* 11, no. 2 (2007), 179–92.

25 Eric Stice et al., "Youth at Risk for Obesity Show Greater Activation of Striatal and Somatosensory Regions to Food," *Journal of Neuroscience* 31, no. 12 (2011), 4360–66.

26 Piotr Winkielman, Kent C. Berridge, and Julia L. Wilbarger, "Unconscious Affective Reactions to Masked Happy Versus Angry Faces Influence Consumption Behavior and Judgments of Value," *Personality and Social Psychology Bulletin* 31, no. 1 (2005), 121–35.

27 Amanda E. Guyer et al., "Probing the Neural Correlates of Anticipated Peer Evaluation in Adolescence," *Child Development* 80, no. 4 (2009), 1000–1015.

28 Elena I. Varlinskaya et al., "Social Context Induces Two Unique Patterns of c-Fos Expression in Adolescent and Adult Rats," *Developmental Psychobiology* 55, no. 7 (2013), 684–97.

29 Dustin Albert, Jason Chein, and Laurence Steinberg, "The Teenage Brain: Peer Influences

on Adolescent Decision-Making," *Current Directions in Psychological Science* 22, no. 2 (2013), 114–20.

30　Jason Chein et al., "Peers Increase Adolescent Risk Taking by Enhancing Activity in the Brain's Reward Circuitry," *Developmental Science* 14, no. 2 (2011), F1–F10.

31　Lia O'Brien et al., "Adolescents Prefer More Immediate Rewards When in the Presence of Their Peers," *Journal of Research on Adolescence* 21, no. 4 (2011), 747–53; Alexander Weigard et al., "Effects of Anonymous Peer Observation on Adolescents' Preference for Immediate Rewards," *Developmental Science* 17, no. 1 (2014), 71–78.

32　Ashley Smith, Jason Chein, and Laurence Steinberg, "Peers Increase Adolescent Risk-Taking Even When the Probabilities of Negative Outcomes Are Known," *Developmental Psychology* 17 (2014), 79–85.

33　Viviana Trezza, Patrizia Campolongo, and Louk J.M.J. Vanderschuren, "Evaluating the Rewarding Nature of Social Interactions in Laboratory Animals," *Developmental Cognitive Neuroscience* 1, no. 4 (2011), 444–58.

34　Cary J. Roseth, David W. Johnson, and Roger T. Johnson, "Promoting Early Adolescents' Achievement and Peer Relationships: The Effects of Cooperative, Competitive, and Individualistic Goal Structures," *Psychological Bulletin* 134, no. 2 (2008), 223–46.

35　Sheree Logue et al., "Adolescent Mice, Unlike Adults, Consume More Alcohol in the Presence of Peers Than Alone," *Developmental Science* 17, no. 1 (2014), 79–85.

36　Susan P. Baker, Li-Hui Chen, and Guohua Li, *National Evaluation of Graduated Driver Licensing Programs*, report no. DOT HS 810 614 (Washington, DC: National Highway Traffic Safety Organization, 2006), www.nhtsa.gov.

37　D. Wayne Osgood, Amy L. Anderson, and Jennifer N. Shaffer, "Unstructured Leisure in the After-School Hours," in *Organized Activities as Contexts of Development: Extracurricular Activities, After-School, and Community Programs*, edited by Joseph L. Mahoney, Reed W. Larson, and Jacquelynne S. Eccles (Mahway, NJ: Erlbaum, 2005), 45–64.

38　Kate Taylor, "Posters on Teenage Pregnancy Draw Fire," *New York Times*, March 6, 2013.

39　Richard V. Reeves, "Shame Is Not a Four-Letter Word," *New York Times*, March 15, 2013.

40　Steinberg, "A Social Neuroscience Perspective on Adolescent Risk-Taking."

41　Karen Hein, *Issues in Adolescent Health: An Overview* (Washington, DC: Carnegie Council on Adolescent Development, 1988).

42 数据来源于美国疾病控制与预防中心每年进行的青少年危险行为调查（Youth Risk Behavior Survey）。

43 有关各种冒险行为的数据来源于美国疾病控制与预防中心每年进行的青少年危险行为调查。

44 Cynthia L. Ogden et al., "Prevalence of Obesity and Trends in Body Mass Index Among U.S. Children and Adolescents, 1999–2010," *Journal of the American Medical Association* 307, no. 5 (2012), 483–90.

45 数据来源于 Monitoring the Future, www.monitoringthefuture.org.

46 Jonathan Gruber, "Youth Smoking in the 1990s: Why Did It Rise, and What Are the Long-Run Implications?" *American Economic Review* 91, no. 2 (2001), 85–91.

47 S. T. Ennett et al., "How Effective Is Drug Abuse Resistance Education? A Meta-Analysis of Project DARE Outcome Evaluations," *American Journal of Public Health* 84, no. 9 (1994), 1394–1401.

48 Christopher Trenholm et al., *Impacts of Four Title V, Section 510 Abstinence Education Programs* (Princeton, NJ: Mathematica Policy Research, 2007).

49 National Research Council, *Preventing Teen Motor Crashes: Contributions from the Behavioral and Social Sciences* (Washington, DC: National Academies Press, 2007).

50 Daniel Romer et al., "Can Adolescents Learn Self-Control?: Delay of Gratification in the Development of Control over Risk Taking," *Prevention Science* 11 (2010), 319–30.

51 Gilbert J. Botvin, "Advancing Prevention Science and Practice: Challenges, Critical Issues, and Future Directions," *Prevention Science* 5, no. 1 (2004), 69–72.

52 Committee on the Science of Adolescence, Institute of Medicine and the National Research Council, *The Science of Adolescent Risk-Taking* (Washington, DC: National Academies Press, 2011).

第六章　自我调节的重要性

1 Walter Mischel et al., "'Willpower' over the Life Span: Decomposing Self-Regulation," *Social Cognitive Affective Neuroscience* 6, no. 2 (2011), 252–56.

2. Yuichi Shoda, Walter Mischel, and Philip K. Peake, "Predicting Adolescent Cognitive and Self-Regulatory Competencies from Preschool Delay of Gratification: Identifying Diagnostic Conditions," *Developmental Psychology* 26, no. 6 (1990), 978–86.

3. Mischel et al., "'Willpower' over the Life Span."

4. B. J. Casey et al., "Behavioral and Neural Correlates of Delay of Gratification 40 Years Later," *Proceedings of the National Academy of Sciences* 108, no. 36 (2011), 14998–15003.

5. Laurence Steinberg et al., "Age Differences in Future Orientation and Delay Discounting," *Child Development* 80, no. 1 (2009), 28–44.

6. Amy L. Odum, "Delay Discounting: I'm a K, You're a K," *Journal of the Experimental Analysis of Behavior* 96, no. 3 (2011), 427–39; Rosalyn E. Weller et al., "Obese Women Show Greater Delay Discounting Than Healthy-Weight Women," *Appetite* 51, no. 3 (2008), 563–69.

7. Tom Loveless, *Brown Center Report on American Education 2006* (Washington, DC: Brookings Institution, 2006).

8. Laurence Steinberg, with B. Bradford Brown and Sanford M. Dornbusch, *Beyond the Classroom: Why School Reform Has Failed and What Parents Need to Do* (New York: Simon & Schuster, 1996).

9. U.S. Census Bureau, *Current Population Survey*, 2012, Table A–3.

10. Jason DeParle, "For Poor, Leap to College Often Ends in a Hard Fall," *New York Times*, December 22, 2012, A1.

11. Ron Haskins and Cecilia Elena Rouse, "Time for Change: A New Federal Strategy to Prepare Disadvantaged Students for College," policy brief, *Future of Children* 23, no. 1 (2013), 1–6.

12. Ron Haskins, Harry Holzer, and Robert Lerman, *Promoting Economic Mobility by Increasing Postsecondary Education* (Philadelphia: Pew Charitable Trusts, 2009).

13. OECD, *Education at a Glance 2013: OECD Indicators* (Paris: OECD, 2013).

14. Ulric Neisser et al., "Intelligence: Knowns and Unknowns," *American Psychologist* 51, no. 2 (1996), 77–101.

15. Angela Duckworth et al., "Grit: Perseverance and Passion for Long-Term Goals," *Journal of Personality and Social Psychology* 92, no. 6 (2007), 1087–1101.

16 James J. Heckman, Jora Stixrud, and Sergio Urzua, "The Effects of Cognitive and Noncognitive Abilities on Labor Market Outcomes and Social Behavior," *Journal of Labor Economics* 24 (2006), 411–82.

17 Paul Tough, *How Children Succeed: Grit, Curiosity, and the Hidden Power of Character* (New York: Houghton Mifflin Harcourt, 2012).

18 Angela L. Duckworth and Martin E. P. Seligman, "Self-Discipline Outdoes IQ in Predicting Academic Performance of Adolescents," *Psychological Science* 16, no. 12 (2005), 939–44; Angela L. Duckworth, Patrick D. Quinn, and Eli Tsukayama, "What No Child Left Behind Leaves Behind: The Roles of IQ and Self-Control in Predicting Standardized Achievement Test Scores and Report Card Grades," *Journal of Educational Psychology* 104, no. 2 (2012), 439–51.

19 Adele Diamond, "Executive Functions," *Annual Review of Psychology* 64 (2013), 135–68; Terrie Moffitt, Richie Poulton, and Avshalom Caspi, "Lifelong Impact of Early Self-Control," *American Scientist* 101, no. 5 (2013), 352–59.

20 Flavio Cunha, James J. Heckman, and Susanne M. Schennach, "Estimating the Technology of Cognitive and Noncognitive Skill Formation," *Econometrica* 78, no. 3 (2010), 883–931.

21 Gail Davies et al., "Genome-Wide Association Studies Establish That Human Intelligence Is Highly Heritable and Polygenic," *Molecular Psychiatry* 16, no. 10 (2011), 996–1005; MacIej Trzaskowski et al., "DNA Evidence for Strong Genetic Stability and Increasing Heritability of Intelligence from Age 7 to 12," *Molecular Psychiatry* 19, no. 3 (2014), 380–84.

22 Arthur W. Toga and Paul M. Thompson, "Genetics of Brain Structure and Intelligence," *Annual Review of Neuroscience* 28 (2005), 1–23.

23 Sharon Niv et al., "Heritability and Longitudinal Stability of Impulsivity in Adolescence," *Behavior Genetics* 42, no. 3 (2012), 378–92.

24 Caroline Brun et al., "Mapping the Regional Influence of Genetics on Brain Structure Variability—a Tensor-Based Morphometry Study," *NeuroImage* 48, no. 1 (2009), 37–49.

25 Moffitt, Poulton, and Caspi, "Lifelong Impact of Early Self-Control."

26 Mark W. Lipsey et al., *Improving the Effectiveness of Juvenile Justice Programs: A New Perspective on Evidence-Based Practice* (Washington, DC: Center for Juvenile Justice

Reform, Georgetown University, 2010).

27 Jay Belsky and Michael Pluess, "Beyond Diathesis Stress: Differential Susceptibility to Environmental Influence," *Psychological Bulletin* 135, no. 6 (2009), 885–908; Bruce J. Ellis and W. Thomas Boyce, "Biological Sensitivity to Context," *Current Directions in Psychological Science* 17, no. 2 (2005), 183–87.

28 Jay Belsky and Michael Pluess, "Beyond Risk, Resilience, and Dysregulation: Phenotypic Plasticity and Human Development," *Development and Psychopathology* 25, no. 4, pt. 2 (2013), 1243–61; Jay Belsky and Michael Pluess, "Cumulative-Genetic Plasticity, Parenting, and Adolescent Self-Regulation," *Journal of Child Psychology and Psychiatry* 52, no. 5 (2011), 619–26.

29 Nancy Eisenberg et al., "Conscientiousness: Origins in Childhood ?" *Developmental Psychology*, December 17, 2012, doi:10.1037/a0030977.

第七章　父母如何产生影响

1 Laurence Steinberg, *The Ten Basic Principles of Good Parenting* (New York: Simon & Schuster, 2004).

2 Nancy Darling and Laurence Steinberg, "Parenting Style as Context: An Integrative Model," *Psychological Bulletin* 113, no. 3 (1993), 487–96.

3 Amy Chua, *Battle Hymn of the Tiger Mother* (New York: Penguin, 2011).

4 Charles Q. Choi, "Does Science Support the Punitive Parenting of 'Tiger Mothering' ?" *Scientific American*, January 8, 2011.

5 Su Yeong Kim et al., "Does 'Tiger Parenting' Exist? Parenting Profiles of Chinese Americans and Adolescent Developmental Outcomes," *Asian American Journal of Psychology* 4, no. 1 (2013), 7–18.

6 Steinberg, *The Ten Basic Principles of Good Parenting*.

第八章　重塑高中

1 National Commission on Excellence in Education, *A Nation at Risk: The Imperative for*

Educational Reform (Washington: U.S. Department of Education, 1983).

2   Daniel Koretz, "How Do American Students Measure Up? Making Sense of International Comparisons," *Future of Children* 19, no. 1 (2009), 37–51.

3   Jon Douglas Willms, *Student Engagement at School: A Sense of Belonging and Participation; Results from Pisa 2000* (Paris: OECD, 2003).

4   Danuta Wasserman, Qi Cheng, and Guo-Xin Jiang, "Global Suicide Rates Among Young People Aged 15–19," *World Psychiatry* 4, no. 2 (2005), 114–20.

5   Reed Larson and Maryse Richards, "Waiting for the Weekend: Friday and Saturday Night as the Emotional Climax of the Week," *New Directions for Child and Adolescent Development* 82 (Winter 1998), 37–52.

6   Jean Johnson et al., *Getting By: What American Teenagers Really Think About Their Schools* (New York: Public Agenda, 1997).

7   Laurence Steinberg, with B. Bradford Brown and Sanford M. Dornbusch, *Beyond the Classroom: Why School Reform Has Failed and What Parents Need to Do* (New York: Simon & Schuster, 1996).

8   U.S. Department of Education, "States Report New High School Graduation Rates Using More Accurate, Common Measure," press release, November 26, 2012.

9   Tom Loveless, *Brown Center Report on American Education* (Washington, DC: Brookings Institution, 2002), Amanda Ripley, *The Smartest Kids in the World* (New York: Simon & Schuster, 2013).

10 数据来源于美国教育部国家教育进步评估项目。

11 Jal Mehta, "Teachers: Will We Ever Learn?" *New York Times*, April 12, 2013.

12 Loveless, *Brown Center Report on American Education*.

13 数据来源于美国教育部国家教育统计中心（National Center on Education Statistics）。

14 Ibid.

15 OECD, *Education at a Glance 2012*.

16 Ibid.

17 National Council on Teacher Quality, *Teacher Prep Review* (Washington, DC: National Council on Teacher Quality, 2013).

18 Steinberg, *Beyond the Classroom*.

19 Carola Suarez-Orozco, Jean Rhodes, and Michael Milburn, "Unraveling the Immigrant Paradox: Academic Engagement and Disengagement Among Recently Arrived Immigrant Youth," *Youth & Society* 41, no. 2 (2009), 151–85.

20 Arthur E. Poropat, "A MetaAnalysis of the Five-Factor Model of Personality and Academic Performance," *Psychological Bulletin* 135, no. 2 (2009), 322–38.

21 Richard J. Davidson et al., "Contemplative Practices and Mental Training: Prospects for American Education," *Child Development Perspectives* 6, no. 2 (2012), 146–53.

22 Melvin Kohn, *Class and Conformity: A Study in Values*, 2nd ed. (Chicago: University of Chicago Press, 1977).

23 信息来源于 KIPP 网站, www.kipp.org. *a best-selling book*: Paul Tough, *How Children Succeed: Grit, Curiosity, and the Hidden Power of Character* (New York: Houghton Mifflin Harcourt, 2012).

24 Steinberg, *Beyond the Classroom*.

25 Christina Clark Tuttle et al., *KIPP Middle Schools: Impacts on Achievement and Other Outcomes* (Washington, DC: Mathematica Policy Research, 2013).

26 KIPP Foundation, *The Promise of College Completion: KIPP's Early Successes and Challenges* (San Francisco: KIPP, 2011).

27 Sarah-Jayne Blakemore and Silvia A. Bunge, "At the Nexus of Neuroscience and Education," *Developmental Cognitive Neuroscience* 2S (2012), S1–S5; Lisa A. Kilpatrick et al., "Impact of Mindfulness-Based Stress Reduction Training on Intrinsic Brain Connectivity," *NeuroImage* 56, no. 1 (2011), 290–98; Allyson P. Mackey, Alison T. Miller Singley, and Silvia A. Bunge, "Intensive Reasoning Training Alters Patterns of Brain Connectivity at Rest," *Journal of Neuroscience* 33, no. 11 (2013), 4796–4803; Yi-Yuan Tang, Rongxiang Tang, and Michael I. Posner, "Brief Meditation Training Induces Smoking Reduction," *Proceedings of the National Academy of Sciences* 110, no. 34 (2013), 13971–75.

28 Diamond, "Executive Functions."

29 Alexandra B. Morrison and Jason M. Chein, "Does Working Memory Training Work? The Promise and Challenges of Enhancing Cognition by Training Working Memory," *Psychonomic Bulletin and Review* 18 (2011), 46–60.

30 Ibid.

31 Davidson et al., "Contemplative Practices and Mental Training"; Alexandra B. Morrison et al., "Taming a Wandering Attention: Short-Form Mindfulness Training in Student Cohorts," *Frontiers in Human Neuroscience* 7 (January 6, 2014), doi:10.3389/fnhum.2013.00897.

32 Scott R. Bishop et al., "Mindfulness: A Proposed Operational Definition," *Clinical Psychology Science and Practice* 11, no. 3 (2004), 230–41; Britta K. Hölzel et al., "How Does Mindfulness Meditation Work? Proposing Mechanisms of Action from a Conceptual and Neural Perspective," *Perspectives on Psychological Science* 6, no. 6 (2011), 537–59.

33 Jon Kabat-Zinn, *Full Catastrophe Living: Using the Wisdom of Your Body and Mind to Face Stress, Pain, and Illness* (New York: Delta, 2005).

34 Paul Grossman et al., "Mindfulness-Based Stress Reduction and Health Benefits: A Meta-Analysis," *Journal of Psychosomatic Research* 57, no. 1 (2004), 35–43; Richard J. Davidson et al., "Alterations in Brain and Immune Function Produced by Mindfulness Meditation," *Psychosomatic Medicine* 65, no. 4 (2003), 564–70; Robert H. Schneider et al., "Stress Reduction in the Secondary Prevention of Cardiovascular Disease: Randomized, Controlled Trial of Transcendental Meditation and Education in Blacks," *Circulation: Cardiovascular Quality and Outcomes* 5 (November 2012), 750–58.

35 John R. Best, "Effects of Physical Activity on Children's Executive Function: Contributions of Experimental Research on Aerobic Exercise," *Developmental Review* 30, no. 4 (2010), 321–51; Lot Verburgh et al., "Physical Exercise and Executive Functions in Preadolescent Children, Adolescents and Young Adults: A Meta-Analysis," *British Journal of Sports Medicine*, March 6, 2013, doi:10.1136/bjsports-2012-091441.

36 Diamond, "Executive Functions."

37 Joseph L. Mahoney et al., "Adolescent Out-of-School Activities," in *Handbook of Adolescent Psychology*, edited by Richard M. Lerner and Laurence Steinberg, vol. 2, 3rd ed. (New York: Wiley, 2009), 228–69.

38 Mark T. Greenberg and Alexis R. Harris, "Nurturing Mindfulness in Children and Youth: Current State of Research," *Child Development Perspectives* 6, no. 2 (2012), 161–66.

39 J. A. Durlak et al., "The Impact of Enhancing Students' Social and Emotional Learning: A Meta-Analysis of School-Based Universal Interventions," *Child Development* 82, no. 1

(2011), 405–32.

40　Ibid.

41　Angela Lee Duckworth et al., "Self-Regulation Strategies Improve Self-Discipline in Adolescents: Benefits of Mental Contrasting and Implementation Intentions," *Educational Psychology* 31, no. 1 (2011), 17–26.

42　Peter M. Gollwitzer and Gabriele Oettingen, "Planning Promotes Goal Striving," in *Handbook of Self-Regulation: Research, Theory, and Applications*, edited by Kathleen D. Vohs and Roy F. Baumeister, 2nd ed. (New York: Guilford, 2011).

43　Angela Lee Duckworth et al., "From Fantasy to Action: Mental Contrasting with Implementation Intentions (MCII) Improves Academic Performance in Children," *Social Psychological and Personality Science* 4, no. 6 (2013), 745–53.

44　Diamond, "Executive Functions."

45　Ibid.

46　K. Anders Ericsson, Ralf Th. Krampe, and Clemens Tesch-Romer, "The Role of Deliberate Practice in the Acquisition of Expert Performance," *Psychological Review* 100, no. 3 (1993), 363–406; K. Anders Ericsson, Kiruthiga Nandagopal, and Roy W. Roring, "Toward a Science of Exceptional Achievement: Attaining Superior Performance Through Deliberate Practice," *Annals of the New York Academy of Sciences* 1172 (August 2009), 199–217.

第九章　赢家与输家

1　World Bank, *World Development Indicators*, http://data.worldbank.org.

2　Kimberly G. Noble et al., "Neural Correlates of Socioeconomic Status in the Developing Human Brain," *Developmental Science* 15, no. 4 (2012), 516–27.

3　Elliot M. Tucker-Drob, "How Many Pathways Underlie Socioeconomic Differences in the Development of Cognition and Achievement?" *Learning and Individual Differences* 25 (June 2013), 12–20.

4　Naomi P. Friedman et al., "Individual Differences in Executive Functions Are Almost Entirely Genetic in Origin," *Journal of Experimental Psychology: General* 137, no. 2 (2008), 201–25.

5 Arthur W. Toga and Paul M. Thompson, "Genetics of Brain Structure and Intelligence," *Annual Review of Neuroscience* 28 (2005), 1–23.

6 Christine R. Schwartz, "Trends and Variation in Assortative Mating: Causes and Consequences," *Annual Review of Sociology* 39 (2013), 451–70; Anna A. E. Vinkhuyzen et al., "Reconsidering the Heritability of Intelligence in Adulthood: Taking Assortative Mating and Cultural Transmission into Account," *Behavior Genetics* 42, no. 2 (2012), 187–98.

7 J. L. Hanson et al., "Early Neglect Is Associated with Alterations in White Matter Integrity and Cognitive Functioning," *Child Development* 84, no. 5 (2013), 1566–78; Eamon McCrory, Stephane A. De Brito, and Essi Viding, "The Impact of Childhood Maltreatment: A Review of Neurobiological and Genetic Factors," *Frontiers in Psychiatry* 2 (July 28, 2011), doi:10.3389/fpsyt.2011.00048; Pia Pechtel and Diego A. Pizzagalli, "Effects of Early Life Stress on Cognitive and Affective Function: An Integrated Review of Human Literature," *Psychopharmacology* 214, no. 1 (2011), 55–70.

8 Martha J. Farah, "Mind, Brain, and Education in Socioeconomic Context," in *The Developmental Relations Between Mind, Brain, and Education: Essays in Honor of Robbie Case*, edited by Michel Ferrari and Ljiljana Vuletic (Dordrecht: Springer, 2010).

9 Jamie L. Hanson et al., "Family Poverty Affects the Rate of Human Infant Brain Growth," *PLoS One* 8, no. 12 (2013), e80954; Gwendolyn M. Lawson et al., "Associations Between Children's Socioeconomic Status and Prefrontal Cortical Thickness," *Developmental Science* 16, no. 5 (2013), 641–52.

10 Pechtel and Pizzagalli, "Effects of Early Life Stress on Cognitive and Affective Function."

11 Amy L. Wax, *Race, Wrongs, and Remedies: Group Justice in the 21st Century* (Lanham, MD: Rowman and Littlefield, 2009).

12 数据来源于 the U.S. Census Bureau, Current Population Reports.

13 Sean F. Reardon, "The Widening Academic Achievement Gap Between the Rich and the Poor: New Evidence and Possible Explanations," in *Whither Opportunity? Rising Inequality and the Uncertain Life Chances of Low-Income Children*, edited by Greg J. Duncan and Richard J. Murnane (New York: Russell Sage Foundation Press, 2011).

14 Edward P. Mulvey, *Highlights from Pathways to Desistance: A Longitudinal Study of Serious Adolescent Offenders* (Washington, DC: Office of Juvenile Justice and Delinquency

Prevention, U.S. Department of Justice, 2011).

15　Terrie E. Moffitt, "Adolescence-Limited and Life-Course-Persistent Antisocial Behavior: A Developmental Taxonomy," *Psychological Review* 100, no. 4 (1993), 674–701.

16　Kathryn C. Monahan et al., "Trajectories of Antisocial Behavior and Psychosocial Maturity from Adolescence to Young Adulthood," *Developmental Psychology* 45, no. 6 (2009), 1654–68.

17　Alex R. Piquero, David P. Farrington, and Alfred Blumstein, "The Criminal Career Paradigm," in *Crime and Justice: A Review of Research*, edited by Michael Tonry, vol. 30 (Chicago: University of Chicago Press, 2003), 359–506.

18　这几条规则有多个版本，最初是由伊莎贝尔·索希尔（Isabel Sawhill）和克里斯托弗·詹克斯（Christopher Jencks）提出的，后来得到普及：Juan Williams, *Enough: The Phony Leaders, Dead-End Movements, and Culture of Failure That Are Undermining Black America—and What We Can Do About It* (New York: Broadway Books, 2007).

19　Wax, *Race, Wrongs, and Remedies*.

20　Kathryn Monahan et al., "Psychosocial (Im)maturity from Adolescence to Early Adulthood: Distinguishing Between Adolescence-Limited and Persistent Antisocial Behavior," *Development and Psychopathology* 25, no. 4, pt. 1 (2013), 1093–1105.

21　Michael R. Gottfredson and Travis Hirschi, *A General Theory of Crime* (Stanford, CA: Stanford University Press, 1990).

22　Elizabeth T. Gershoff, "Spanking and Child Development: We Know Enough Now to Stop Hitting Our Children," *Child Development Perspectives* 7, no. 3 (2013), 133–37.

23　Erica Hoff-Ginsberg and Twila Tardif, "Socioeconomic Status and Parenting," in *Handbook of Parenting*, edited by Marc H. Bornstein, vol. 2, *Biology and Ecology of Parenting*, 2nd ed. (Mahwah, NJ: Erlbaum, 2002), 231–52.

24　Vonnie C. McLoyd, "The Impact of Economic Hardship on Black Families and Children: Psychological Distress, Parenting, and Socioemotional Development," *Child Development* 61, no. 2 (1990), 311–46.

25　Gerald R. Patterson, *Coercive Family Process* (Eugene, OR: Castalia, 1982).

26　Paul Tough, *How Children Succeed: Grit, Curiosity, and the Hidden Power of Character* (New York: Houghton Mifflin Harcourt, 2012).

27 Lindsay McLaren, "Socioeconomic Status and Obesity," *Epidemiologic Reviews* 29 (2007), 29-48; Cynthia L. Ogden et al., "Prevalence of Obesity and Trends in Body Mass Index Among US Children and Adolescents, 1999-2010," *Journal of the American Medical Association* 307, no. 5 (2012), 483-90.

28 Richard E. Behrman and Adrienne Stith Butler, eds., *Preterm Birth: Causes, Consequences, and Prevention* (Washington, DC: National Academies Press, 2007).

29 Ngaire Coombs et al., "Children's and Adolescents' Sedentary Behaviour in Relation to Household Socioeconomic Position," *Journal of Epidemiology and Community Health*, 67, no. 10, (2013), 868-74; Emmanuel Stamatakis et al., "Television Viewing and Other Screen-Based Entertainment in Relation to Multiple Socioeconomic Status Indicators and Area Deprivation: the Scottish Health Survey 2003," *Journal of Epidemiology and Community Health* 63, no. 9 (2009), 734-40; Pooja S. Tandon et al., "Home Environment Relationships with Children's Physical Activity, Sedentary Time, and Screen Time by Socioeconomic Status," *International Journal of Behavioral Nutrition and Physical Activity* 9 (2012), 88.

30 Brian Crosby, Monique K. LeBourgeois, and John Harsh, "Racial Differences in Reported Napping and Nocturnal Sleep in 2-to 8-Year-Old Children," *Pediatrics* 115, sup. 1 (2005), 225-32; Valerie McLaughlin Crabtree et al., "Cultural Influences on the Bedtime Behaviors of Young Children," *Sleep Medicine* 6, no. 4 (2005), 319-24; M. El-Sheikh et al., "Children's Sleep and Adjustment over Time: The Role of Socioeconomic Context," *Child Development* 81, no. 3 (2010), 870-83; Christine A. Marco et al., "Family Socioeconomic Status and Sleep Patterns of Young Adolescents," *Behavioral Sleep Medicine* 10, no. 1 (2012), 70-80.

31 Mark Mather, U.S. *Children in Single-Mother Families* (Washington, DC: Population Reference Bureau, 2010).

32 Jessica W. Nelson et al., "Social Disparities in Exposures to Bisphenol A and Polyfluoroalkyl Chemicals: A Cross-Sectional Study Within NHANES 2003-2006," *Environmental Health* 11, no. 10 (2012).

33 Chandra M. Tiwary, "Premature Sexual Development in Children Following Use of Estrogen- or Placenta-Containing Hair Products," *Clinical Pediatrics* 37, no. 12 (1998), 733-40.

34 Laurence Steinberg, *Adolescence*, 10th ed. (New York: McGraw-Hill, 2014).

35 Xiaojia Ge et al., "Contextual Amplification of Pubertal Transition Effects on Deviant Peer Affiliation and Externalizing Behavior Among African American Children," *Developmental Psychology* 38, no. 1 (2002), 42–54.

36 Robert E. Larzelere and Gerald R. Patterson, "Parental Management: Mediator of the Effect of Socioeconomic Status on Early Delinquency," *Criminology* 28, no. 2 (1990), 301–24.

37 Joseph Mahoney et al., "Adolescent Out-of-School Activities," in *Handbook of Adolescent Psychology*, edited by Richard M. Lerner and Laurence Steinberg, vol. 2, 3rd ed. (New York: Wiley, 2009).

38 Robert J. Sampson, "Collective Regulation of Adolescent Misbehavior: Validation Results from Eighty Chicago Neighborhoods," *Journal of Adolescent Research* 12, no. 2 (1997), 227–44.

39 Kimberly G. Noble, Bruce D. McCandliss, and Martha J. Farah, "Socioeconomic Gradients Predict Individual Differences in Neurocognitive Abilities," *Developmental Science* 10, no. 4 (2007), 464–80; Kimberly G. Noble and Martha J. Farah, "Neurocognitive Consequences of Socioeconomic Disparities: The Intersection of Cognitive Neuroscience and Public Health," *Developmental Science* 16, no. 5 (2013), 639–40; G. Lawson et al., "Socioeconomic Status and Neurocognitive Development: Executive Function," in *Executive Function in Preschool Age Children: Integrating Measurement, Neurodevelopment, and Translational Research*, edited by J. A. Griffin, L. S. Freund, and P. McCardle (Washington, DC: American Psychological Association Press, forthcoming); Kimberly G. Noble et al., "Higher Education Is an Age-Independent Predictor of White Matter Integrity and Cognitive Control in Late Adolescence," *Developmental Science* 16, no. 5 (2013), 653–64.

40 Pierre Bourdieu, "The Forms of Capital," in *Handbook of Theory and Research for the Sociology of Education*, edited by John G. Richardson (New York: Greenwood, 1986).

41 Allyson P. Mackey, Kirstie J. Whitaker, and Silvia A. Bunge, "Experience-Dependent Plasticity in White Matter Microstructure: Reasoning Training Alters Structural Connectivity," *Frontiers in Neuroanatomy* 6 (August 22, 2012), doi:10.3389/fnana.2012.00032.

42 Frederick S. Stinson et al., "Prevalence, Correlates, Disability, and Comorbidity of Personality Disorder Diagnoses in a DSM-IV Narcissistic Personality Disorder: Results from

the Wave 2 National Epidemiologic Survey on Alcohol and Related Conditions," *Journal of Clinical Psychiatry* 69, no. 7 (2008), 1033-45.

43 Kali H. Trzesniewski and M. Brent Donnellan, "Rethinking 'Generation Me': A Study of Cohort Effects from 1976-2006," *Perspectives in Psychological Science* 5, no. 1 (2010), 58-75; Kali H. Trzesniewski, M. Brent Donnellan, and Richard W. Robins, "Do Today's Young People Really Think They Are So Extraordinary? An Examination of Secular Trends in Narcissism and Self-Enhancement," *Psychological Science* 19, no. 2 (2008), 181-88.

44 有关 AmeriCorps 的信息请登录网站 www.nationalservice.gov。

第十章 受审判的大脑

1 Elizabeth S. Scott and Laurence Steinberg, *Rethinking Juvenile Justice* (Cambridge, MA: Harvard University Press, 2008).

2 Deena Skolnick Weisberg et al., "The Seductive Allure of Neuroscience Explanations," *Journal of Cognitive Neuroscience* 20, no. 3 (2008), 470-77.

3 Deanna Kuhn, "Adolescent Thinking," in *Handbook of Adolescent Psychology*, edited by Richard M. Lerner and Laurence Steinberg, vol. 1, 3rd ed. (New York: Wiley, 2009).

4 Saul M. Kassin et al., "Police-Induced Confessions: Risk Factors and Recomm-endations," *Law and Human Behavior* 34, no. 1 (2010), 49-52.

5 Ibid.

6 Thomas Grisso, "Juveniles' Capacities to Waive Miranda Rights: An Empirical Analysis," *California Law Review* 68, no. 6 (1980), 1134-66.

7 Sandra Graham and Brian S. Lowery, "Priming Unconscious Racial Stereotypes About Adolescent Offenders," *Law and Human Behavior* 28, no. 5 (2004), 483-504.

8 Jeffery A. Miron and Elena Tetelbaum, "Does the Minimum Legal Drinking Age Save Lives?" *Economic Inquiry* 47, no. 2 (2009), 317-36.

9 Laurence Steinberg et al., "Are Adolescents Less Mature Than Adults? Minors' Access to Abortion, the Juvenile Death Penalty, and the Alleged APA 'Flip-Flop,'" *American Psychologist* 64, no. 7 (2009), 583-94.

10 Hodgson v. Minnesota, 497 U.S. 417 (1990).

11 Ayotte v. Planned Parenthood of Northern New England, 546 U.S. 320 (2006).
12 Guttmacher Institute, "Counseling and Waiting Periods for Abortion," *State Policies in Brief*, May 2008, www.guttmacher.org.
13 Scott and Steinberg, *Rethinking Juvenile Justice*.
14 Martha Irvine, "Teen Driving Age Should Be Raised, Says Auto Safety Group," *Huffington Post*, September 9, 2008.
15 有关青少年参军的数据来源于the U.S. Department of Defense, *Population Representation in the Military Services*, 2011。
16 Christopher Carpenter and Carlos Dobkin, "The Minimum Legal Drinking Age and Public Health," *Journal of Economic Perspectives* 25, no. 2 (2011), 133–56.
17 Miron and Tetelbaum, "Does the Minimum Legal Drinking Age Save Lives？"
18 International Transport Forum, *Road Safety Annual Report* 2013 (Paris: OECD, 2013).
19 Ibid.
20 版权归苏格兰诗人安德鲁·朗（Andrew Lang）。

结论

1 有关青少年发展指南，请参见我的早期作品：*You and Your Adolescent: The Essential Guide to Ages 10–25* (New York: Simon & Schuster, 2011).
2 OECD, *Skilled for Life* (Paris: OECD, 2013).
3 Scott and Steinberg, *Rethinking Juvenile Justice*.